生物降解塑料发展现状与趋势

周　治　朱晨杰　欧阳平凯 等　著

科 学 出 版 社

北　京

内 容 简 介

本书共分六章：第 1 章绪论；第 2 章生物降解塑料的概况与发展前沿，主要包括生物降解塑料的分类、国内外生物降解塑料的发展历程、国内外生物降解塑料的研究进展、生物降解塑料的科学前沿；第 3 章生物降解塑料的生成原料与技术路径研究，主要涉及天然基生物降解塑料、生物基生物降解塑料、石油基生物降解塑料的原料来源及其制备过程和研究进展；第 4 章国内外生物降解塑料的产业化状况与市场格局，主要从不同来源生物降解塑料的产能、生产、需求、应用情况进行市场分析；第 5 章通过对生物降解塑料发展趋势、生物降解塑料技术和政策发展建议、生物降解塑料未来应重点发展的品种进行分析，浅谈生物降解塑料的发展趋势与建议；第 6 章为总结与研究展望。

本书可供高等院校生物工程、生物化工、发酵工程、化学工程、高分子材料等专业的本科生和研究生做知识拓展使用，也可供相关专业的教学工作者、科研工作者和工程技术人员参考。

图书在版编目（CIP）数据

生物降解塑料发展现状与趋势 / 周治等著. —北京：科学出版社，2021.1

ISBN 978-7-03-066397-9

Ⅰ. ①生…　Ⅱ. ①周…　Ⅲ. ①生物降解－塑料－研究　Ⅳ. ①X783.205

中国版本图书馆 CIP 数据核字（2020）第 199022 号

责任编辑：李明楠　李丽娇 / 责任校对：杜子昂
责任印制：吴兆东 / 封面设计：蓝正设计

科 学 出 版 社 出版

北京东黄城根北街 16 号
邮政编码：100717
http://www.sciencep.com

北京虎彩文化传播有限公司 印刷

科学出版社发行　各地新华书店经销

*

2021 年 1 月第　一　版　开本：720 × 1000　1/16
2023 年 4 月第五次印刷　印张：14 1/2
字数：292 000

定价：118.00 元

（如有印装质量问题，我社负责调换）

前　言

生态环境是人类生存的基础和社会发展的基石，生态文明建设关乎全面建成小康社会这一伟大目标的成败。在过去的数十年里，塑料制品凭借其质轻、易加工、机械性能好等优点已成为人们生活中不可或缺的一类重要材料。品种繁多的塑料制品给人们的生活带来极大的便利，但废弃后的塑料制品由于处置不当导致出现了包括“白色污染”在内的各类环境污染问题，尤其是传统的一次性使用的塑料制品，使用寿命短、回收难、乱丢弃现象严重、自然降解难，严重危害土地、水体生态安全及人类和动物生命健康，已成为我国环境污染治理中的一类顽疾。

生物降解塑料能在自然环境或堆肥化等条件下，被微生物分解成二氧化碳、水等自然界碳素循环组成部分。它将成为未来一次性塑料制品的理想材料和解决塑料废弃物污染的源头治理方案之一。目前全球研发的生物降解塑料已达十余种，已批量生产或工业化生产的品种有聚乳酸［poly（lactic acid），PLA］、聚对苯二甲酸-己二酸丁二醇酯［poly（butylene adipate-*co*-terephthalate），PBAT］、聚丁二酸丁二醇酯［poly（butylene succinate），PBS］、聚羟基脂肪酸酯（poly hydroxy alkanoates，PHA）、聚己内酯（polycaprolactone，PCL）、二氧化碳共聚物（PPC）等，以及各类生物降解塑料与天然高分子如淀粉、植物纤维等的混合物。我国传统一次性塑料制品年产量约 2000 万 t，如采用生物降解塑料替代，则可节约原油 1.2 亿 t、减少二氧化碳排放 6000 万 t 以上。由此可见，生物降解塑料如能大规模地被应用并替代传统一次性塑料制品，不仅具有巨大的经济价值，而且有重要的社会意义。

本书在中国工程院咨询项目“国内外生物降解塑料发展现状与趋势研究”的支持下，调研了生物降解塑料的品种、总量和技术水平，总结了生物降解塑料在一次性塑料制品中的应用现状，提出生物降解塑料替代传统一次性塑料制品的比重、发展路线和产业政策。本书由南京工业大学周治副研究员、朱晨杰教授、欧阳平凯教授（院士）共同草拟内容框架并撰写、统稿。全书共 6 章，包括第 1 章绪论，第 2 章生物降解塑料的概况与发展前沿，第 3 章生物降解塑料的生成原料与技术路径研究，第 4 章国内外生物降解塑料的产业化状况与市场格局，第 5 章生物降解塑料的发展趋势与建议，第 6 章总结与研究展望。其中第 1 章、第 2 章、第 5 章由周治副研究员执笔，第 3 章由朱晨杰教授执笔，第 4 章由陈庭强教授执笔，第 6 章由欧阳平凯教授执笔。

本书论述系统，内容翔实，从生物降解塑料的合成、应用以及发展建议多角度反映了当前生物降解塑料的研发与应用状况及其发展动向。本书的出版得到了中国工程院咨询项目的资助以及中国塑料加工工业协会降解塑料专业委员会翁云宣教授等的大力支持，在此表示由衷的感谢！

限于著者的学识与水平，书中不妥之处在所难免，敬请有关专家和读者提出宝贵的意见与建议。

著　者

2020 年 10 月

目　录

第1章　绪　　论

1.1　研 究 背 景

塑料是人工合成的树脂，人类历史上第一种人工合成的塑料是酚醛树脂（又称贝克兰塑料），它是由苯酚和甲醛聚合而成的一种有机高分子化合物。这种塑料一旦成型便不可更改，在燃烧处理时，会产生甲苯、氯化氢等有毒气体。目前塑料主要由石油和天然气两种原料制成，原料经过裂解工艺形成单体，再由单体聚合成高分子聚合物——塑料。通用塑料，如聚乙烯（PE）、聚丙烯（PP）、聚氯乙烯（PVC）、聚苯乙烯（PS）等，在自然界中都很稳定，难以降解，燃烧时易产生有害物质，是目前垃圾处置的难题；另外，一次性塑料制品在农业、包装及医疗行业中广泛使用，造成了严重的“白色污染”。为解决这个问题，各国政府、国际机构均提出不同的政策性解决措施。国际上，2018 年联合国启动全球反塑料污染行动，第 73 届联合国大会主席埃斯皮诺萨指出，八成的一次性塑料制品最终流入海洋，预计到 2050 年，海洋中的塑料将超过鱼类。与此同时，欧盟于 2018 年提出“塑料战略”，为了确保 2030 年之前欧洲范围内的所有包装都是可重复使用或可回收的，欧盟将投入 3.5 亿欧元进行新型材料研制。同年，英国首相特雷莎·梅也向公众承诺，英国政府将在 2042 年前淘汰所有可避免的塑料垃圾。我国作为世界最大的塑料制品生产和消费大国，2017 年全国塑料制品行业总产量 7515.54 万 t，面临像餐盒等塑料制品回收利用难的问题。对此，我国生态环境部高度重视海洋垃圾和塑料垃圾防治，并提出集中整治废塑料加工利用集散地，加大回收利用过程的环境监管。

治理塑料产生的“白色污染”和寻找新的环境友好型可降解塑料是当前全球关注的重要课题，其中生物降解塑料在健康环保方面表现出了显著的优越性。以塑料袋为例，普通塑料袋是以石油为原料制成的，其分子结构很稳定，埋在土壤中几百年都难以降解。不仅如此，消费者在购买熟食时，由于塑料袋本身会释放有害气体，用塑料袋包装后就会污染食物，我们食用被污染的食物后会危害自身的身体健康。而生物降解型塑料袋在自然土壤或工业堆肥条件下 180 天可分解成二氧化碳和水。生物降解材料是由聚酯生物降解原料通过独特的加工工艺制备而成的环保产品，具有无毒、抑菌抗霉、无刺激性和可堆肥等特点，因而生物降解塑料袋具有安全、健康、环保的特性优势。另外，可降解塑料制品中所谓的“降解”，指的是生物分解，需要一定的环境，在高温、高湿、微生物等特定的环境下才会发生的分解，而在居民家中或是商场、库房内，不会达到分解条件。这种环境下，可降解塑料制品与传统塑料制品一样，可以正常储存和使用，而在强度、承重等方面的特性与传统塑料制品没有明显的差异。

具体而言，生物降解塑料是指在自然界如土壤或沙土等环境中，以及在特定条件如堆肥化、厌氧消化或水性培养液中，由自然界存在的微生物如细菌、真菌和藻类等作用引起降解，并最终完全降解变成二氧化碳（CO_2）、甲烷（CH_4）、水（H_2O）及其所含元素的矿化无机盐以及新的生物质的塑料。在众多的生物材料中，聚羟基脂肪酸酯（PHA）、聚乳酸（PLA）、聚己内酯（PCL）和聚丁二酸丁二醇酯（PBS）的研发技术相对成熟、产业化规模较大，也是目前市场消费的主要品种。按原料来源划分，生物降解塑料既可以来自可再生材料（如生物质材料，指自然界中存在的天然高分子材料，主要包括植物纤维、淀粉、纤维素、蛋白质、木质素及壳聚糖类等），又可以来自化石资源（如石油、天然气和煤炭等）。如果一种材料既来源于可再生材料，又具备生物降解性能，则符合可再生、再循环的环保与节能减排的理念。从化学反应过程来划分，生物降解塑料又分为不完全降解与完全降解两种。其中，完全降解塑料可以在废弃后被自然界中的微生物自然分解，变成低分子量化合物，并最终变成水、二氧化碳等无机物，因此，完全生物降解塑料又被称为“绿色塑料”，有着强大的环境保护功效。从生物降解方式划分，可分为微生物合成降解塑料和化学合成降解塑料。在生物降解塑料的发展过程中，微生物合成降解塑料以其强大的转化能力而备受青睐。微生物合成降解塑料是指微生物将有机物作为食物，在微生物进行生命活动的过程中合成高分子化合物。此类生物降解材料多为PHA类聚酯，其物理性、热塑性、力学性均与塑料材料十分相近，环境友好度高。

另外，通过化学合成降解塑料也是生物降解塑料行业的大潮。通过化学合成法合成的 PCL、PBS、PLA 结构的降解塑料，具有熔点低、相容性高、降解速率快等特点，可以用于制作具有完全生物降解性的薄膜，加工性能、热塑性能、生物降解性能、力学性能等指标均十分优异。另外，据欧洲生物塑料协会调查，2019 年全球生物降解塑料占塑料年产量（约 3.35 亿 t）的 1%，随着新产品新应用的增加，预计至 2023 年全球生物降解塑料的生产能力将从 2018 年的 211 万 t 增长到 262 万 t。相对于普通塑料，生物降解塑料可降低 30%～50%石油资源的消耗，同时在整个生产过程中，消耗二氧化碳和水（植物光合作用将其变成淀粉）；生物降解塑料可以和有机废弃物（如厨余垃圾）一起堆肥处理，这样将大大方便垃圾的收集和处理。

1.2 研究对象及其发展现状

1.2.1 研究对象

可降解塑料是指在自然条件下能够自行降解的塑料，一般分为四大类：光降解塑料、生物降解塑料、光-生物降解塑料、水降解塑料。尽管上述可降解塑料都具有环境友好型特征，但在技术成本和实际运作中仍有较大差别。例如，光降解塑料是在塑料中掺入光敏剂，在日照下使塑料逐渐分解。它属于较早的一代降解塑料，但其缺点是降解时间因日照和气候变化难以预测，因而无法控制降解时间。同样地，以乙烯和CO为原料合成的聚乙烯光降解塑料在一定条件下，经过一定时间会降解成小分子或被微生物分解，克服了难分解、难腐烂的缺点。但由于目前生产这种可降解塑料成本较高，还不可能大面积推广使用。而生物降解塑料能被自然界中的细菌、真菌、藻类等微生物作用而近乎完全分解，参与自然界的碳素循环，它可分为不完全生物降解塑料和全生物降解塑料（或称完全生物降解塑料）。在不完全生物降解塑料的制备过程中，常以淀粉改性（或填充）PE、PP、PVC等普通塑料制品，如淀粉基塑料、纤维素基塑料和蛋白质基塑料等。全生物降解塑料主要是由天然高分子（淀粉、纤维素、甲壳素等）或农副产品经微生物发酵后具有生物降解性的塑料制品。脂肪族聚酯、聚乳酸等均属此种塑料。这种塑料能被微生物完全降解，又因添加了淀粉、PVA等具有良好相容性的物质，其性能接近甚至超过普通塑料。生物降解塑料能被环境降解，达到人们的期望。这两类塑料在降解后都不会对环境造成严重的污染，全生物降解塑料的生产不需要石油，降解更彻底。

另外，作为第一代成熟的技术，生物降解塑料所用的生物基单体主要由糖含量或淀粉含量较高的植物（如玉米、甘蔗等粮食作物）发酵制成。据统计，2014年全球用于种植生物基塑料原料的土地为68万hm^2，约占农业用地的0.01%。由于该技术涉及粮食安全，与民争粮、与粮争地问题限制了生物基原料的发展，所以目前技术发展的方向是使用非粮作物，如以玉米秸秆和甘蔗渣等木质纤维素作为原料，使生产生物基单体的原料来源得到保障。目前技术上成熟的降解塑料的生物基单体有丁二酸、乳酸、丁二醇、丙二醇等。

总的来说，生物降解塑料应用瓶颈正在被打破。虽然从全球范围内看，几年前就形成了生物降解塑料热，但由于可生物降解塑料价格相对高昂，某些性能指标与传统塑料还有一定差距，其市场接受度还不是很高。价格高是生物降解塑料推广难的最主要原因，尤其是在国际油价相对比较低的时候，传统塑料的价格优势非常明显。

1.2.2 生物降解塑料的发展现状

生物降解塑料不仅在生产过程中有节能减排的效果，而且在使用过程中也具有环境友好的特征。普通聚烯烃塑料的合成会排放大量CO_2等尾气及污染物，而塑料制品大量使用，尤其是农用薄膜和包装材料又造成了日益严重的“白色污染”。但生物降解塑料则不然，其原料来源可以是可再生的农作物。农作物在生长过程中通过光合作用可以吸收CO_2放出O_2，其制品废弃物可以在掩埋堆肥条件下完全降解成水和CO_2，无污染物产生。我国已成功开发的新型降解塑料——二氧化碳塑料，是以工业废气CO_2和烃为原料共聚而制成的，其中CO_2含量为31%～50%。与普通塑料相比，二氧化碳塑料不仅利用工业废气CO_2变废为宝，可有效减少温室效应，而且对烃类及上游原料石油的消耗也大大减少。

现生产降解塑料的主要国家有美国、意大利、德国、加拿大、日本、中国等。美国有专门的塑料降解研究联合体（PDRC）、生物/环境降解塑料研究会（BEOPS）等，其宗旨在于进行有关降解材料合成、加工工艺、降解试验、测试技术和方法标准体系的建立。近年日本相继成立了生物降解塑料研究会、生物降解塑料实用化检讨委员会，日本通产省已将生物降解塑料作为继金属材料、无机材料、高分子材料之后的“第四类新材料”。欧洲Bhre-Eurae对生物降解塑料建立了完善的降解评价体系。意大利政府立法于2010年禁用非生物降解塑料袋。截至2019年全球宣布投资建设全生物降解塑料的企业很多，但是真正能够大批量供货的企业很少。主要的厂商有德国巴斯夫（BASF）公司，已有14万t产能，应用于膜级产品；美国的NatureWorks公司，具备14万t PLA产能，同时在泰国新建15万t产能工厂；与公司产品形成直接竞争的只有巴斯夫公司，但是由于行业仍处于垄断供应，全球市场供不应求，因此暂时仍不存在竞争压力。

随着未来生物降解塑料产量增长、成本下降以及市场推广力度的加大，在农用薄膜市场上的应用将有望成为无需政策推动而具备内生需求的市场。不可降解的农用塑料薄膜残留在土地里，将造成严重的污染。对于某些经济作物，如烟草等，残留塑料薄膜会严重影响作物的产量和质量。清除土地中残留塑料薄膜的人工成本很高，未来仍有上涨趋势。生物降解塑料使用后无需除膜，直接翻土即可完成降解，不影响作物的产量和质量，既不产生污染又节省了除膜的人工成本。另外，随着“白色污染”问题和非可再生能源危机的日趋严重，开发和使用生物降解塑料成为缓解这一问题的有效途径之一。生物降解塑料包括PLA、PCL、PBS等，其中PBS由于具有较好的生物降解性能和耐热性能等，成为生物降解塑料家族中的佼佼者。PBS是由丁二酸和丁二醇经缩合聚合而得到的脂肪族聚酯，其应用广泛，可制备一次性购物袋、生物医用高分子材料、包装瓶等。PBS 制品废弃物在泥土或者水中能够很快地降解，其降解产物无毒，原料丁二酸可由农作物生物发酵获得，是一种生态可循环的高分子合成材料。与 PCL 相比，PBS 拥有更高的熔点，具有优越的耐热性能及机械性能；与聚 β-羟基丁酸酯（PHB）等降解材料相比，PBS 的价格较低，仅为 PHB 的 1/3，且在力学性能、加工性能等方面表现优异。随着经济发展及民众环保意识的不断增强，PBS 的需求量也逐年增高。作为全球生物降解塑料产业的主力品种，目前淀粉基塑料（PSM）、PLA 和 PBS 三大生物降解塑料产能合计接近全球总产能的 90%。

根据 2017～2022 年生物降解塑料市场行情监测及投资可行性研究报告显示，我国目前是全球唯一可以生产所有生物降解塑料产品种类的国家，各个品种的产品研究也处于世界前列，而且近年来产能扩张迅速。但是，现阶段我国生物降解塑料市场还没有打开，需求量相对较少，国内大量生物降解塑料产量用于出口，内销规模相对较小。

1.3 研究思路与研究方法

本书对生物降解塑料的发展现状、发展趋势进行全面梳理，参照国内外现有生物降解技术对生物降解塑料每个分类下的原料提取和制备技术展开详尽介绍并做出相应评价，同时对国内外生物降解塑料的实际应用状况、产业化现状和市场格局进行分析和总结。

发展现状部分：该部分包括生物降解塑料的分类及其发展方向、生物降解塑料的原料分类和现有技术分析。首先对生物降解塑料按其原料来源分为四类：天然基生物降解塑料、生物基生物降解塑料、石油基生物降解塑料、共混型生物降解塑料，同时整理、归纳了我国生物降解塑料的发展历程，并对国内外生物降解塑料的研究进展进行梳理；然后从原料、转化路径以及总体技术水平三个方面对生物降解塑料进行阐述。

发展趋势部分：该部分包括国内外生物降解塑料总体产业化情况和市场格局以及生物降解塑料的发展趋势与建议。主要采用文献分析法、经验总结法、资料查询法和国际比较法。在总结归纳生物降解塑料的分类和国内外现有提取技术的基础上，对其实际应用和产业化状况进行整体分析，并对生物降解塑料市场格局展开梳理，最后依据前文所述给出生物降解塑料的发展趋势与发展建议。

第 2 章　生物降解塑料的概况与发展前沿

生物降解的实质是酶促使塑料氧化、水解，导致主链断裂，分子量降低，从而失去了原有的机械性能，更易被微生物所摄取。因此，本章基于生物降解塑料的特性及生物降解塑料形成的要素，针对其降解技术的不同，对生物降解塑料的原料来源和研究机制进行剖析。

2.1　生物降解塑料的分类

2.1.1　天然基生物降解塑料

天然基生物降解塑料是由天然高分子制备的生物降解塑料。存在于动植物体内的天然高分子经过一定的加工后均可作为可降解材料使用，包括植物来源的纤维素、木质素、淀粉、多糖等，动物来源的甲壳素、明胶等。这类天然高分子材料原料来源丰富且价格低廉，加上极易被微生物降解，而且产物安全无毒，因而日益受到重视。但与石油基高分子材料相比，天然基生物降解塑料的力学、热学、加工等性能差，不能满足现阶段材料多样化和功能化的要求。目前主要通过一定的加工手段对天然高分子物质进行改性，以满足作为工程材料的各种性能要求。

发展天然基生物降解塑料的关键在于提高改性技术与控制成本。天然高分子材料虽具有优良的完全生物降解特性，但是它的耐高温性能不好，由天然高分子制备的生物降解塑料一般在 50～55℃就会发生变形。另外，它的抗拉伸性能及柔韧性也较差。因此，必须经过化学及物理改性，研发出以改性为中心的完善工艺和专用设备，才能获得具有广泛使用价值的天然高分子降解塑料。例如，应用纳米改性技术将天然高分子与纳米添加剂复合后制得的食品包装材料，能有效地解决天然高分子材料机械强度和阻隔性能差的问题；并且纳米材料也能赋予新复合材料更多的功能特性。

1. 淀粉基生物降解塑料

1）淀粉基生物降解塑料的特性

淀粉是来源丰富、品种多、成本低廉的一类天然高分子物质，可在多种环境下被生物降解，最终降解产物为 CO_2 和 H_2O，不会对环境产生任何污染，通过改性塑化可用于生产淀粉基生物降解塑料。因而淀粉基生物降解塑料成为国内外研究开发最多的一类生物降解塑料。

2）淀粉基生物降解塑料的合成方式

淀粉是植物体中储存的一种养分，主要存在于种子和块茎中。不同的植物品种，其淀粉颗粒的形态、大小以及直链淀粉和支链淀粉含量都各不相同。大米中淀粉含量为 62%～86%，麦子中淀粉含量为 57%～75%，玉米中淀粉含量为 65%～72%，马铃薯中淀粉含量则超过 90%。淀粉有直链淀粉和支链淀粉两类，其结构如图 2-1 所示。直链淀粉一般由几百个葡萄糖单元构成，支链淀粉则有多达几千个葡萄糖单元，且分子间存在氢键，溶解性差。在天然淀粉中直链淀粉占 20%～26%，其余的则为支链淀粉。

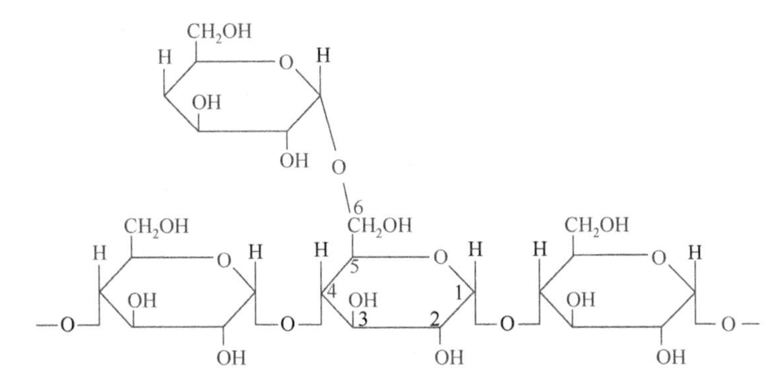

图 2-1　淀粉结构示意图

淀粉的性质与淀粉的分子量、支链长度以及直链淀粉和支链淀粉的比例有关。实验证明，高直链含量的淀粉更适合制备塑料，所得制品具有较好的机械性能。填充型淀粉生物降解塑料降解的仅是其中的淀粉，其他组分被降解成碎片或粉末，不能完全解决白色污染问题。而全淀粉型塑料以淀粉为原料，添加少量助剂也是可降解的，因此可实现完全降解。支链淀粉含量超过 70%则难以加工成功能化塑料，虽然通过加水烘干可以形成膜，但是质脆无韧性，不能满足作为功能塑料的要求。

3）填充型淀粉塑料

20 世纪 80 年代以前，Griffin 首次获得淀粉表面改性填充塑料的专利。到 80 年代，一些国家以 Griffin 于 1973 年申请的专利为基础，开发出淀粉填充型生物降解塑料。

填充型淀粉塑料又称生物破坏性塑料，其制造工艺是在通用塑料中加入一定量的淀粉和其他少量添加剂，然后加工成型，淀粉含量不超过 30%。填充型淀粉塑料技术成熟，生产工艺简单，因此目前国内可降解淀粉塑料产品大多为此类型。

淀粉是一种天然高分子聚合物，其分子中含有大量羟基，因此淀粉大分子间相互作用力很强，导致原淀粉难以熔融加工。而合成树脂的极性较小，为疏水性物质，因此两者的相容性也差。但这些羟基能够发生酯化、醚化、接枝、交联等化学反应，利用这些化学反应对天然淀粉进行表面处理，以提高疏水性和其与高聚物的相容性。目前主要改性方法可分为物理改性和化学改性两种。物理改性是指淀粉细微化、通过挤压机破坏淀粉结构或添加偶联剂、增塑剂等添加剂，以增加淀粉与其他聚合物的相容性。化学改性通常是向淀粉分子引入疏水基团，增强淀粉和合成树脂之间的相容性。

4）光-生物双降解型淀粉基塑料

生物降解塑料在干旱或缺乏土壤等特殊环境下难以降解，而光降解塑料被掩埋在土壤中时也不能被有效降解，光-生物降解塑料则是结合光氧化与生物全面降解作用，以期得到在不同环境中均能进行降解的塑料。为此，美国、日本等发达国家率先开发了一类兼具生物降解性和光降解性的光-生物双降解塑料。光-生物降解塑料由淀粉、光敏剂、合成树脂及少量助剂制成，其中光敏剂主要是过渡金属的有机化合物或盐。其降解机理是淀粉被生物降解，使可降解塑料原料高聚物母体变疏松，增大比表面积；同时，日光、热、氧等引发光敏剂，导致高聚物断链，分子量下降。

我国曾把光-生物降解地膜研究列为国家“八五”重点科技攻关计划，对淀粉型光-生物降解地膜进行了研究。在淀粉的微细化、淀粉衍生物及母料吸水、淀粉及其衍生物与 PE 的相容性、诱导期可控制等技术难题方面，取得了重大技术突破。通过对淀粉的改性处理，使淀粉表面疏松，增加了其与聚合物的相容性，其降解产品在生物环境下的降解速率是普通塑料的 100 倍以上。

5）共混型生物淀粉基塑料

淀粉共混塑料是淀粉与合成树脂或其他天然高分子共混而成的淀粉塑料，主要成分为淀粉（30%～60%），少量的 PE 合成树脂、乙烯-丙烯酸（EAA）共聚物、乙烯-乙烯醇（EVOH）共聚物、聚乙烯醇（PVA）、纤维素、木质素等，其特点是淀粉含量高，部分产品可完全降解。

日本开发了改性淀粉-EVOH 共聚物与低密度聚乙烯（LDPE）共混、二甲基硅氧烷环氧改性处理淀粉，然后与 LDPE 共混，意大利 Novamont 公司的 Mater-Bi 塑料和美国 Warner-Lambert 公司的“Novon”系列产品也属于此类产品。Mater-Bi 塑料是连续的 EVOH 相和淀粉相的物理交联网络形成的高分子合金。由于两种成分都含有大量的羟基，产品具有亲水性，吸水后力学性能会降低，但不溶于水。目前日本开发的淀粉共混型生物降解塑料，连续相都是采用具有生物降解性的塑料，而且淀粉经无序化处理形成了热塑性淀粉，大大改善了淀粉的分散程度和界面状态，可使淀粉的组分增大到 67%以上。

6）全生物淀粉塑料

20 世纪 90 年代后，以淀粉为主要原料的塑料在全生物降解领域取得了重要研究进展。通过改变淀粉分子结构使其无序化，再加入极少量的增塑剂等助剂，形成具有热塑性的全淀粉树脂。其淀粉含量可达 90%以上，而加入的少量其他物质也是无毒且可以完全降解的，所以全淀粉塑料是真正的完全降解塑料。塑料加工方法均可应用于加工全淀粉塑料，但传统塑料加工要求几乎无水，而全淀粉塑料的加工需要一定的水分来起增塑作用，加工时含水量以 8%～15%为宜，且温度不能过高，以避免烧焦。日本住友商事株式会社、美国 Warner-Lambert 公司和意大利的 Ferrizz 公司等宣称成功研制出 90%～100%淀粉含量的全淀粉塑料，产品能在 3 个月至 1 年内完全生物降解且无残留、无污染，可用于制造各种容器、薄膜和垃圾袋等。美国 Battelle 研究所用直链淀粉含量超高的改良青豌豆淀粉研制出可降解塑料，可用传统方法加工成型，作为 PVC 的替代品，在潮湿的自然环境中可完全降解。目前，我国还没有全淀粉塑料的生产工艺，用玉米淀粉和纤维素等混合制得全淀粉塑料，其力学性能等基本能达到传统塑料的性能标准，且降解性能非常好，通过控制配方，可达到 3 个月、6 个月及 1 年的不同降解速率，但是材料吸水后，力学性能明显下降。

2. 纤维素基生物降解塑料

纤维素分子是由葡萄糖经 β-1, 4-糖苷键连接成的链式分子，通过同向平行排列折叠，并在范德瓦耳斯力的作用下，相互聚集形成高度结晶的多层堆砌结构基纤维，聚集成纤维素纤维。目前，对于以植物纤维为主体的复合材料一般集中在纤维板材和纤维素薄膜上。

1）纤维素基生物降解塑料改性方法

纤维素也是一种资源丰富的天然高分子，在纤维素酶的作用下，纤维素可分解为葡萄糖。日本、俄罗斯、美国均已开展了以纤维素衍生物为主体的生物降解塑料研究开发工作。纤维素分子结构如图 2-2 所示。纤维素有晶区和非晶区，其强度、弹性视结晶部分而定，而溶剂浸透性、膨润能力、反应性、柔软性与无定形部分有关。纤维素分子间有强氢键，取向度、结晶度高，且不溶于一般溶剂，高温下分解而不熔融，用作塑料具有物理性能差和加工性能差的缺点，须对其进行改性处理。纤维素改性的方法主要有酯化、醚化，以及氧化成醛、酮、酸等。改性后的纤维素可用作生产塑料，纤维素塑料可作包装材料，也可制成薄膜，如乙酸纤维素、硝酸纤维素、苯基纤维素等。而纤维素改性后对其生物降解性能产生很大影响，使其在自然环境中难以降解。一般来说，用作生物降解塑料的纤维素衍生物基本上以带短链侧基的酯为主，如乙酸纤维素、丙酸纤维素等，这类纤维素的主要缺点是降解过程缓慢且不完全。

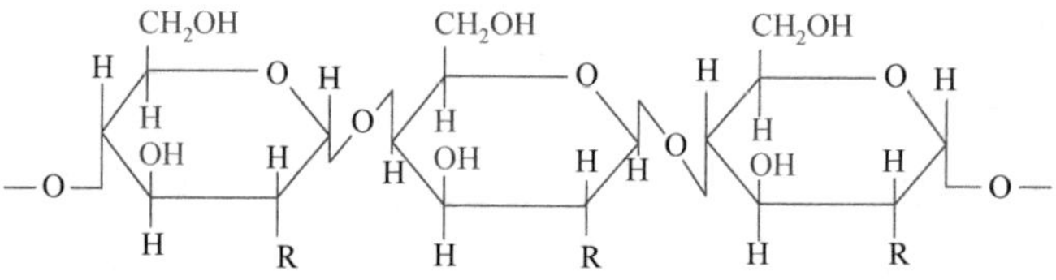

图 2-2　纤维素分子结构图

对纤维素进行酯化，尤其是长支链酯化接枝比较困难，原因在于纤维素的每个 D-葡萄糖基均有两个羟基，分别是仲醇基和伯醇基，二者形成酯的能力不同，伯醇基易形成酯，而仲醇基较困难。要使纤维素分子中羟基都酯化，须用酸酐或氯酐，而且由于纤维素大分子不溶于酯化混合物中，反应只在两相的表面进行，内部不完全甚至未酯化，因此酯化比较困难。在我国，对纤维素降解塑料的研究报道很少。有的学者以纤维素为原料通过酰氯酯化法对纤维素进行改性，制备出取代度不同的纤维素酯。通过对其反应条件、结晶性能、热性能、生物降解性能的研究，得出长支链纤维素酯均为良好生物可降解性物质。细菌对纤维素酯的降解起主要作用，真菌次之，放线菌最小。土埋 CO_2 释放量测试结果表明，合成的纤维素酯能够在土壤中降解，但制备条件苛刻，腐蚀设备严重且需要较高的成本。

采用物理方法对天然纤维素进行改性，例如采用高压热蒸汽对纤维素进行闪爆处理，实现纤维素分子间氢键断裂及类酸解的过程，改变其超分子结构，使纤维素直接溶于稀碱溶液，制备高品质、多相反应难以合成的功能纤维素衍生物，实现这项技术的工业化将是天然纤维素工业的一场革命。

2）纤维素基生物降解塑料优势

纤维素塑料是对纤维素进行化学改性的产物，属热塑性材料。纤维素是植物细胞的主要成分，产生于光合作用，常同木质素、树脂等伴生一起。棉纤维、林木、草秆和甘蔗渣等都含有纤维素，纤维素本身不因加热而熔融，不是热塑性的。

纤维素与特定的酸和酐反应，一般以硫酸为催化剂，得到纤维素酯。纤维素酯在加热和加压条件下，与增塑剂、稳定剂、紫外线抑制剂等混合，必要时加入颜料或染料，制成 3.175 mm 左右的柱状或粒状的纤维素塑料。纤维素塑料有透明的、半透明的和不透明的，色泽各异，包括特殊颜色如珠光、荧光和金属色等。

各种纤维素塑料都具有理想的综合性能，容易加工，有卓越的透明度和着色性，坚韧而刚硬，可用辐射和环氧乙烷消毒；其外观和光学性能优于大多数其他塑料。

纤维素塑料的机械性能因增塑剂含量差异而不同。增塑剂含量低的，其硬度、刚度和抗张强度高。随着增塑剂含量的增加，这些性能呈下降趋势，而冲击强度提高。

3. 甲壳素基生物降解塑料

甲壳素又名甲壳质、壳多糖、几丁质，是由 *N*-乙酰基-D-葡糖胺通过 *β*-1, 4-糖苷键连接而成的大分子直链多糖，多糖链间氢键相连导致甲壳素不熔且不溶。甲壳素经浓碱液处理，变成壳聚糖（chitosan），又称脱乙酰甲壳素、可溶性甲壳素或聚氨基葡萄糖，溶解性能大大改善，能溶于 1%乙酸溶液。

甲壳素广泛存在于甲壳动物（如虾、蟹）的外壳、昆虫体表，以及真菌的细胞壁，是自然界中生物量仅次于纤维素的多糖基复合高分子。据估计，世界每年可以生物合成甲壳素大约 10 万 t，我国沿海地带，每年虾、蟹等海产品也有几千吨，约有 20%的甲壳素待开发利用。甲壳素分子结构与纤维素相似，只是 2 位上的—OH 基被—$NHCOCH_3$ 置换。由于甲壳素分子中—O—H…O 型及—N—H…O 型强氢键作用，分子间存在有序结构，结晶质密稳定，因而与纤维素相比更难与其他物质发生反应，成本更高一些。

壳聚糖因有游离氨基的存在，反应活性比甲壳素强。甲壳素和壳聚糖的应用涉及工业、医药、农业、环保等各个方面，如手术缝合线、人造肾膜、食品防腐保鲜剂等，低黏度壳聚糖可作食品包装及药用胶囊、彩色胶卷表面保护膜、中黏度壳聚糖可作固色剂、合成纤维抗静电剂、纸张的胶黏剂等，高黏度壳聚糖可作污水处理剂、细胞和酶的吸附剂。有人用甲壳素与聚乙烯醇的共聚物制得具有高阻隔气体透过性、能生物降解及崩解的天然降解塑料，薄膜力学性能达到一般塑料薄膜的强度。

另外，还有木质素与蛋白质复合高分子也属于天然可生物降解材料。木质素与纤维素一起共生于植物中，它是酚类化合物，具有芳香性，含有羟基甲氧基与羰基等官能团，可利用木质素上的酚基与不同试剂反应得到乙烯基的接枝共聚物，而蛋白质复合高分子蛋白质的骨架肽键对微生物降解十分敏感，官能团的去除或接枝共聚可改善其热学及力学性能，但这方面的研究尚处于起始阶段，要实现商品化仍需时日。

2.1.2　生物基生物降解塑料

生物基生物降解塑料是以天然高聚物或天然单体合成的高聚物为基础制造的可生物降解塑料。这类塑料以脂肪族聚酯居多，主要包括聚羟基脂肪酸酯（PHA）类［如聚 *β*-羟基丁酸酯（PHB）、聚羟基戊酸酯（PHV），以及 PHB 和 PHV 的共聚物（PHBV）等］、聚乳酸（PLA）、聚丁二酸丁二醇酯（PBS）、聚呋喃二甲酸乙二醇酯（PEF）、聚对苯二甲酸丙二醇酯（polyethyleneterephthalate，PTT）、聚碳酸酯（PC）等。此外还包括聚氨基酸等、二氧化碳基生物降解材料等。目前，PHA 在全球的研究主要集中在利用其生物可降解性、生物相容性等特征，开发在医疗、制药、电子等高附加值领域的用途。PLA 用途广泛，被应用于生物医用高分子材料、纺织、包装、农用薄膜等领域。

利用可再生天然生物质资源如淀粉等，通过微生物发酵直接合成聚合物，如聚羟基脂肪酸酯类（PHA，包括 PHB、PHBV 等）；或通过微生物发酵产生乳酸等单体，再化学合成聚合物，如聚乳酸（PLA）等。

1. 生物基生物降解塑料特性

生物基生物降解塑料兼具降解和生物基来源的特点和优势，不仅能使塑料垃圾减容、减量，而且作为有限的、不可再生的、日渐减少的石油资源的补充替代品具有重要意义，有利于可持续发展战略的实施；从更深远意义上讲，可以减少碳排放，应对全球气候变暖，保护人类生存的环境。生物基生物降解塑料作为一个新兴的、具有巨大经济价值和低碳生态意义的产业，已经成为全球研发和推广的热点。

生物基生物塑料中不可生物降解的商业化品种很多，如生物基聚乙烯（Bio-PE）、生物基聚对苯二甲酸乙二醇酯（Bio-PET）、生物基聚对苯二甲酸丙二醇酯（Bio-PTT）、尼龙 11、尼龙 12、尼龙 1010、尼龙 610、尼龙 10T 等；可以生物降解的商业化品种主要是聚酯或共聚酯类高分子材料，如聚乳酸（PLA）、聚羟基脂肪酸酯（PHA）、生物基聚丁二酸丁二醇酯（Bio-PBS）、生物基聚丁二酸-己二酸丁二醇酯（Bio-PBSA）、生物基聚对苯二甲酸-己二酸丁二醇酯（Bio-PBAT）、聚对苯二甲酸-癸二酸丁二醇酯（PBSeT）等。目前技术上成熟的降解塑料的生物基单体有丁二酸、乳酸、丁二醇、丙二醇等。正在产业化的品种中特别值得注意的是呋喃二甲酸（FDCA）或呋喃二甲酸二甲酯（FDME），其产业化技术的突破将对聚酯行业产生重要影响。

2. 聚羟基脂肪酸酯

自然界中许多微生物都用 PHA 储藏能量。PHA 具有良好的生物相容性、生物分解性和塑料的热加工性，因此可将其同时作为生物医用材料和生物可降解包装材料，已经成为生物材料领域最为活跃的研究热点。我国在 PHA 研究方面介入较早，处于世界先进水平。

3. 聚乳酸

PLA 具有可再生、环境保护、循环经济、节约资源并部分替代石化类资源、促进材料产业持续发展等多重效果，是近年来开发研究最活跃、发展最快的生物可降解材料，也是目前在成本和性能上可与石油基塑料相竞争的生物基塑料。

PLA 由乳酸聚合而成，因 PLA 具有良好的生物相容性和力学性能，一直以来被广泛用于医用高分子材料，如用作骨架材料、药物缓释系统和医药器械等。近年来人们主要采用挤出、模塑、浇铸、纺丝、吹塑、压延、热拉伸等塑料加工方法加工 PLA 制品，使 PLA 的应用开始转向包装、纺织、器械和生活用品等多种应用领域。由于 PLA 是一种刚刚进入工业化生产的高分子材料，其应用性能及加工性能的研究还不是很全面系统。

目前 PLA 的应用已从医用延伸到包装和纤维两大热门领域，其中包装市场消费量约占 PLA 总消费量的 70%。

PLA 是以淀粉发酵法制得的 L-乳酸为原料，经化学合成制得，所以是基于生物法和化学法合成的一种高分子材料。PLA 是无色、透明的热塑性聚合物，熔点为 175℃，可采用通用热塑性塑料的加工方法加工，挤出成型可将板材制成托盘，还可制成薄膜、纤维、食品包装材料、医用导入管等。

我国 PLA 的生产仍属起步阶段，建成的生产线较少，目前实现产业化的有中国科学院长春应用化学研究所与浙江海正生物材料股份有限公司，已经实现 5000 t/a 的生产能力。其熔体质量流率为 2～15 g/10 min，拉伸强度≥50 MPa。为提高 PLA 的热性能、韧性和加工性能，四川大学采用共聚的方法对 PLA 进行改性，改性后的 PLA 断裂伸长率可提高到 300%，并显著改善了其加工性能，特别是吹塑加工性能。

PLA 是螺旋结构的高分子，如果让其结晶，虽可增加耐热性或强度，但会失去透明度。反之，如果保持透明度，则只能在 60℃以下使用。此外，还存在其结晶速度慢等问题。聚乳酸塑料最大的特点是在自然界中容易分解。在聚乳酸塑料中加上水，即可变成容易分解的酯。把聚乳酸塑料放入堆肥中，首先通过水分和酶的分解，变成乳酸；再经被称为需氧菌的微生物食之并代谢，最终被分解为水和二氧化碳。而水和二氧化碳原本就是植物从大自然中吸收来的，所以从整体来说它没给环境增加负担。

聚乳酸塑料制造的产品具体价值包括：首先，这些塑料原料来自植物，材料来源方面优于石油化工塑料。其次，植物能够通过种植获得，所以聚乳酸塑料可认为是再生资源或可持续使用的材料。最后，使用谷物为主要原料制造的聚乳酸，无论是焚烧还是在自然界中分解，都不会给环境增加负担。现在世界生产石油化工塑料的年产量是 1.5 亿 t，如果用聚乳酸制造塑料，就减少了石油或天然气的消耗。这对化石燃料面临枯竭的现状，无疑是一个最大的福音。

另外，焚烧废弃的石油化工塑料，等于把埋在地下的化石燃料中的二氧化碳释放到大气中，这无疑加重了日益严重的全球变暖问题。如果使用吸收二氧化碳的植物来制造聚乳酸塑料，可使大气中的二氧化碳得到更好的循环。

聚乳酸植物塑料在医用领域上用途广泛，优势尤为突出，也是目前应用得最为成功的领域。其中一个例子是用于制作医用骨钉。以前治疗骨折等骨科疾病使用的是不锈钢骨钉，患者必经两次手术才能治愈。即第一次手术用钢钉把骨折复位固定，待骨头长好后，再通过第二次手术，把钢钉取出。使用聚乳酸植物塑料只需一次手术植入骨钉，病愈的同时，骨钉也在人体内降解为二氧化碳和水，所以不会对人体产生不良后果。虽然，目前聚乳酸植物塑料骨钉的价格比不锈钢骨钉高出 50%左右，但是多数患者为了避免两次手术带来的痛苦，还是选择了聚乳酸植物塑料骨钉。另外，将聚乳酸植物塑料制成人工脏器的骨架研究也在进行。例如，有专家正在聚乳酸植物塑料肝骨架的整个表面上培养肝细胞，制造人造肝脏。用这种方法制造的人造肝脏移到体内，作为骨架部分的聚乳酸植物塑料在体内不久就会被分解吸收，最后留下了与骨架同样形状的肝脏。这是有效利用聚乳酸植物塑料易生物分解特性的典范。

随着人们环境保护意识的不断提高，聚乳酸塑料必将受到大众的欢迎，且具有一定的发展前景。要推广聚乳酸植物塑料，还有一些问题必须解决，特别是制造成本高的问题最令企业头疼。其中作为制造聚乳酸原料的谷物将来如何供应是个重要的问题。目前主要制造原料是玉米，科学家建议应从数量上占优势的淀粉资源——大米着手，作为制造聚乳酸植物塑料的主要原料。首先将 L-聚乳酸与 D-聚乳酸掺和，可使熔点提高到 110℃左右，大大改善了耐热性问题。其次，改变混合的方法，能够产生性质不同的各种聚乳酸植物塑料。与石油塑料相比，聚乳酸植物塑料与其他生物分解塑料一样，可以说目前几乎没有普及，但是随着人们环保意识的进一步提高，普及只是迟早的问题。

4. 聚丁二酸丁二醇酯

聚丁二酸丁二醇酯（PBS）于 20 世纪 90 年代进入材料研究领域，并迅速成为可广泛推广应用的通用型生物降解塑料研究热点材料之一。PBS 是通过丁二酸与 1, 4-丁二醇酯缩聚得到的，主要用于生产包装瓶、薄膜、堆肥袋和快餐餐具等，不仅具有生物降解性，还具有优良的可加工性能，可在传统的塑料加工设备上生产膜（拉伸膜）、片和带等。PBS 制品的耐热性好，作为一次性餐具（可装冷食和热食），而 PLA 一次性餐具只能装冷食，除此之外，PBS 的韧性远优于 PLA。

PBS 作为一类典型的生物降解脂肪族聚酯，由于其具有良好的生物降解性，优异的成型加工性以及与聚乙烯相近的物理力学性能而备受青睐。与其他可生物降解聚酯相比，PBS 性价比合理，具有良好的应用推广前景，与 PLA、PHA 等降解塑料相比，其价格低廉，成本仅为 PLA 的 1/3 甚至更低。

与其他生物降解塑料相比，PBS 力学性能优异，接近 PP 和丙烯腈-丁二烯-苯乙烯共聚物（ABS 塑料）。其耐热性能较好，热变形温度接近 100℃，改性后使用温度可超过 100℃，克服了其他生物降解塑料不耐热的缺点。PBS 的加工性能非常好，可在现有塑料加工通用设备上进行各类成型加工，是目前降解塑料中加工性能最好的。

日本昭和高分子株式会社生产的 Bionole 就是一种 PBS 生物可降解材料，其结构如图 2-3 所示。

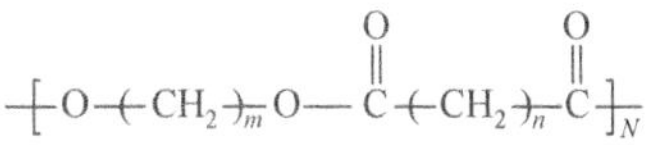

$$\left[O \left(CH_2 \right)_m O - \overset{O}{\overset{\|}{C}} \left(CH_2 \right)_n \overset{O}{\overset{\|}{C}} \right]_N$$

图 2-3　PBS 结构示意图

当 $m = 4$、$n = 2$ 时，为聚丁二酸丁二醇酯（PBS）结晶型聚合物，相对密度（水的密度为 1）为 1.2 左右，其熔点为 95～115℃，燃烧时放热量约为聚烯烃的 1/2。Bionole 的拉伸、弯曲、冲击特性等方面都具有作为结构材料所应有的基本特性，在刚性方面，通过填充无机填充物（如滑石类，30%），其弯曲模量可达约 3000 MPa。其热封性良好，热密封强度也非常高，热稳定性良好，成型加工性也较好。

Bionole 很容易改变其一次分子构造，进而改善其物性及成型加工性，如在聚合物分子结构上导入侧链，能够提高其结晶化温度，增大熔融时的张力，改善其加工性能。

Bionole 的基本物理性质见表 2-1。

表 2-1　Bionole 的基本物理性质

性质	数值	性质	数值
密度/(g/cm^3)	1.26	屈服强度/(kg/cm^2)	335
结晶度/%	30～45	拉伸强度/(kg/cm^2)	580
熔点 T_m/℃	114	断裂伸长率/%	600
玻璃化转变温度 T_g/℃	–32	弯曲强度/(kg/cm^2)	117
结晶化温度/℃	75	弯曲模量/(kg/cm^2)	5300
分子量 M_w	50000～300000	悬臂梁冲击强度/(kg/cm^2)	30
分子量分散系数	1.2～2.4		

2.1.3 石油基生物降解塑料

1. 石油基生物降解塑料特性

每年我国的包装废弃物200多万吨，其中有近5%为石油塑料制品垃圾。石油塑料制品的成分主要是聚乙烯或聚苯乙烯，如果直接焚烧这些垃圾，会产生对人体致癌的物质。如果被填埋，它们历经百年也不会降解，导致耕地板结，更会污染海洋环境，严重破坏生态平衡。

石油基生物降解塑料是以石化产业链中所生产的单体通过聚合所制造的可生物降解塑料。主要包括PCL、PBS、PBAT等。PCL具有优良的生物相容性、记忆性及生物可降解性等，产品多集中在医疗和日用方面，如矫正器、缝合线、绷带、降解塑料等。PBS耐热性能好，是生物降解塑料材料中的佼佼者，可以作为各种包装材料以及环境保护的塑料制品。

2. 聚己内酯

聚己内酯（PCL）是以石油为原料合成的一种可生物降解的脂肪族聚酯，在自然界中易被微生物或酶分解，最终产物为水和二氧化碳。国际上，从20世纪90年代开始，PCL以其优越的可生物降解性和生物相容性得到广泛关注，并成为研究热点，还获得了美国食品药品监督管理局（FDA）的批准。

PCL由七元环的ε-己内酯在辛酸烯锡等催化剂作用下开环聚合而成。PCL熔点较低，只有60℃，所以很少单独使用。但PCL与许多树脂有较好的相容性，可与其他生物分解性聚酯共混加工。

3. 聚对苯二甲酸-己二酸丁二醇酯

聚对苯二甲酸-己二酸丁二醇酯（PBAT）是己二酸丁二醇酯和对苯二甲酸丁二醇酯［poly（butylece terephthalate)，PBT］的共聚物，兼具PBA和PBT的特性，既有较好的延展性和断裂伸长率，又有较好的耐热性和耐冲击性能。PBAT作为优良的生物降解材料已应用于医药、片材、地膜、包装、发泡等领域。

4. 聚对二氧环己酮

由聚对二氧环己酮（PPDO）制成的产品生物相容性好，在体内降解后，产物经代谢排出体外，对人体无危害性及毒副作用，因此目前被广泛应用于医学领域的可吸收手术缝合线，骨科固定材料和组织修复材料如螺钉、固定栓、销、锚、箍和骨板等骨科固定装置，止血钳、止血膏、缝合线夹、药用筛网和医用黏合剂。

PPDO 作为脂肪族聚酯的一种，其虽具有优异的生物降解性和生物相容性，同时拥有很高的强度和优异的韧性被应用于手术缝合线、组织工程、整形外科、药物载体、心血管治疗和骨科修复等生物医用材料领域，但在环境材料领域却没有得到足够的重视和发展。究其原因主要有以下两个方面：一是合成对二氧环己酮单体的成本较高；二是开环聚合制备聚对二氧环己酮的条件较为苛刻，合成高分子量的聚合物比较困难，而分子量较低的聚对二氧环己酮熔体强度低，使得其在成型加工方面存在较大的困难，尤其是无法采用吹塑工艺得到薄膜制品。

在高分子聚合物制备技术领域，为了获得高分子量的聚合物而经常采用的比较有效的方法是扩链法。由于扩链法进行熔体增黏，具有工艺流程短、设备投资少、反应速率快且可控、生产效率高、适用性强、操作方便等优点，目前不仅已广泛应用于聚酯（PET、PBT）工业，还在聚乳酸类生物降解高分子材料的合成中得到了研究者们的青睐。

2.1.4　共混型生物降解塑料

共混型生物降解塑料是指将两种或两种以上高分子（其中至少有一种组分为生物可降解型）共混、复合制备的生物降解材料，一般采用淀粉、纤维素、木质素等天然高分子作为生物降解组分，其中淀粉的应用更为普遍。共混型生物降解塑料可综合各组分的优良特性，使材料既具有生物可降解性又提高了其在力学、热学等方面的性能。

1. 聚丁二酸丁二醇酯共混改性

与 PBS 共混的材料有淀粉、聚酯（如 PET、PBT）等。它们可以提高 PBS 的机械性能，同时也可降低成本。添加淀粉可以提高材料的弹性模量，而且淀粉本身是可完全生物降解的，所以添加淀粉对 PBS 的生物降解性有好处。聚乳酸是比较优良的可降解材料，但是其结晶速度慢，将其与 PBS 共混则可以综合两者的优点。

PBS/淀粉混合物有一个缺点是机械性能较差，可以考虑对 PBS 和淀粉的比例进行调整或者加入少量可以增强机械性能的添加剂来改善。针对淀粉与 PBS 共混存在两相相容性差的问题，有报道称，可以在共混物中加入马来酸酐（MAH）合成 PBS-*g*-MAH，当 MAH 加入量为 PBS 的 1%时，其拉伸强度提高约 94%，冲击强度提高 143%，体系的相容性也得到提高，合金的熔点也发生了不同程度的变化。

2. PBS/PBAT 共混型

PBS 具有良好的生物降解性能，同时主链中大量亚甲基结构又使其具有与通用聚乙烯材料相近的力学性能。然而通常 PBS 的加工温度较低、黏度低、熔体强度差，难以采用吹塑和流延的方式进行加工，另外 PBS 是结晶聚合物，其制品往往具有一定脆性，因此需要对其进行共混改性研究；PBAT 是一种芳香族聚酯，是由对苯二甲酸、己二酸和 1, 4-丁二醇聚合而成的三元共聚酯，既具有长亚甲基链的柔顺性，又有芳环的韧性，能够改善 PBS 的脆性并提高其加工性能。实验证明：①加入 PBAT 能够明显提高 PBS/PBAT 共混物加工时的熔体黏度，降低熔体流动性。当 PBAT 含量为 20%时，共混物的熔体流动速率降低了 29%；②加入 PBAT 能够明显提高 PBS/PBAT 共混物的冲击强度和断裂伸长率，而拉伸强度有一定程度的降低。PBS 虽具有较高的拉伸强度，但呈一定的脆性，而加入 PBAT 能够极大地提高共混物的韧性；③相对于纯 PBS，PBS/PBAT 共混物结晶速度变慢，结晶温度范围变宽，结晶度降低。

3. 脂肪族聚碳酸酯（PPC）与聚乳酸（PLA）共混型生物降解材料

聚碳酸酯是聚酯高聚物的重要分支，具有生物可降解性，聚碳酸酯降解后生成二氧化碳和中性的二元醇（酚）。脂肪族聚碳酸酯由于其生物降解性和生物相容性而越来越得到人们的关注。这类脂肪族聚碳酸酯易被环境降解成水和二氧化碳，显示出不同于其他传统塑料的性能。脂肪族聚碳酸酯在适当的条件下有较快的降解速率。但脂肪族聚碳酸酯的力学性能不强，因而其应用受到一定限制。

脂肪族聚碳酸酯与其他高分子的共混为改善其力学性能、扩大这类高分子的应用范围提供了潜在的方法。PLA 具有许多优异的性能，包括良好的机械性能、透明性、耐热性、化学稳定性、成纤性和热塑性。然而，由于其相对较高的成本和较低的环境生物降解速率，PLA 在生物降解材料方面的应用还没有得到普及和商业化。此外，PLA 是硬质材料，硬度类似于聚丙烯。由于其硬度过高，PLA 制品有可能会沿着边缘断裂，进而造成产品不宜使用。为了克服这些缺陷，PLA 有必要用其他材料进行改性，以调节其硬度，降低成本，提高生物降解速率，同时保持其优良的性能。根据王淑芳等（2007）的研究发现：①通过 DSC 分析可知：PPC/PLA 有一定的相容性，PPC/PLA 共混物为部分相容的共混体系。②通过力学试验分析知：PLA 具有较高的模量和拉伸强度，但断裂伸长率低，韧性较差；PPC 虽然柔软性强，但拉伸强度和模量都低。用 PLA 和 PPC 共混，是改善 PPC 力学性能，提高其拉伸强度和模量的有效方法。③PLA 的环境生物降解速率很慢；PPC 的环境降解速率高于 PLA。其实验结果证明，共混不仅可以改善材料的力学性能，还可以改善材料的生物降解性能，且 PPC/PLA 是力学性能和降解性能可以互补的共混体系。

2.2　国内外生物降解塑料的发展历程

2.2.1　部分生物降解塑料

1. 光降解塑料地膜

光降解塑料地膜是在高分子聚合物中引入光增敏基团或加入光敏性物质，使其吸收紫外线后引起光化学反应而使高分子链断裂变为低分子量化合物的一类塑料地膜。光降解塑料地膜分为合成型和添加型两种。

1）合成型

合成型光降解塑料地膜由烯烃或其他单体与一氧化碳或乙烯基酮等含有羰基的单体共聚而成。由于它是在原有非降解聚合物的高分子链中引入光敏性基团制得的，因此也称为光敏基团导入型光降解塑料。合成型光降解塑料主要有乙烯/一氧化碳共聚物和乙烯基类/乙烯基酮类共聚物。丙烯、丁烯、丁二烯、烷基酯、乙酸乙烯、氯乙烯、丙烯腈和四氟乙烯等单体也可与一氧化碳共聚。其中对 PE 类光降解聚合物研究较多，这是由于 PE 降解成为分子量低于 500 的低聚物后可被土壤中的微生物吸收降解，如美国杜邦（DuPont）公司、美国联合碳化物（Union Carbide Corporation，UCC）公司、陶氏化学（Dow Chemical）公司和德国拜耳（Bayer）公司等公司工业化生产的乙烯/CO 共聚物。

2）添加型

添加型光降解塑料是在聚乙烯、聚丙烯、聚苯乙烯等通用塑料中添加光敏性添加剂，用机械混合的方法制得降解性母料，再将其按比例添加到通用塑料中制成各种光降解塑料制品，在紫外线作用下，光敏剂可离解成具有活性的自由基，进而引发聚合物分子链断裂使其降解。

常用的光敏性添加剂有过渡金属络合物、硬脂酸盐、卤化物羧基化合物、酮类化合物（如二苯甲酮）、多核芳香化合物等。添加量占总体系质量的 1%～3%。加拿大 Guillete 公司在 PE 中添加甲基乙烯酮和光活性甲基苯乙烯接枝共聚物的光降解母料（Ecolyte Ⅱ），美国 Ampact 公司生产含过渡金属铁离子的光降解母料（Polygrade），以色列 Scott-Gilead 公司生产添加具有稳定、增敏功能的 Ni、Fe 金属络合物的产品。另外，美国 Plas-tigont 公司、EnviromerEnterprises 公司和法国 Cd-fchimie 公司等也生产此类降解塑料，用于农用地膜的生产。

20世纪60年代初，中国开始采用非降解塑料棚膜用于稻田育秧，1979年开始使用塑料地膜用于蔬菜培养，随后塑料农膜大面积推广应用，掀起了一场农业上的“白色革命”。但是不久，塑料农膜，特别是塑料地膜的大面积应用就带来了问题。至1985年，中国塑料地膜的覆盖面积达到2400万亩（1亩$=666.67\ m^2$），消费塑料68 kt，由于不注重捡拾、回收使用后的塑料地膜，地膜开始在农田中累积，影响到植物的生长和机耕作业，随风飞扬的塑料残膜不仅影响景观，还造成牲畜误食导致死亡，“白色革命”转化成了“白色污染”。为了解决这一问题，中国开始研发可降解塑料地膜，当时开发的主要品种是光降解塑料，是一类将光敏剂添加于聚乙烯中的塑料。

由于光降解地膜降解快，不易控制其降解速率；另外，不暴露于太阳下而存在于泥土中的地膜部分无法降解，因此光降解地膜的发展受到很大的限制。

2. 淀粉添加型降解塑料

淀粉基生物降解塑料就降解性而言，可分为淀粉添加型不完全生物降解塑料和以淀粉为主要原料的完全生物降解塑料两大类。

1）淀粉添加型不完全生物降解塑料

淀粉最早作为填料添加于聚烯烃中起生物降解剂的作用，主要依据20世纪70年代英国Griffin的专利技术，以颗粒状淀粉为原料，以非偶联的方式与聚烯烃结合，淀粉添加量在15%以内。由于仅有少量淀粉起生物降解作用，该生物降解塑料的降解效果不佳。接着对淀粉进行物理或化学改性开发变性淀粉，与聚烯烃共混制成母料，淀粉含量提高到40%～60%，并进一步添加自动氧化剂等以加速聚烯烃的生物降解，代表产品和技术有加拿大St. Lawrence Starch公司的Ecostar降解性膜、美国ADM公司的Polyclean以及美国农业部农业研究中心及AIT公司的专利技术。后者在美国尚没有商品问世。此阶段尽管淀粉含量增加，但依旧采用不能生物降解的聚乙烯为原料，因此仍然存在残留的聚乙烯不能完全降解的问题。这类材料在20世纪80年代后期在欧美曾风靡一时，美国生产厂家多达几十家，主要用来生产垃圾袋、包装袋等。由于其不完全降解性，不能完全解决塑料废弃物对环境的污染问题，而且受到标准化工作的制约（如意大利），生产量下降，市场缩小。科研单位和生产厂家致力于开发以淀粉为主要原料及其他类型的完全生物降解塑料。

2）以淀粉为主要原料的完全生物降解塑料

这是国外当前主攻方向之一，其工艺已基本成熟并已完成较大规模生产设备研制工作。正进入工业化生产阶段的代表产品有意大利Montedison集团Novamont公司开发的“Mater-Bi”和美国Warner-Lambert公司开发的“Novon”。

Mater-Bi 是以变性淀粉为主要成分，加入少量改性聚乙烯醇共混制得的一种塑料合金，目前已开发出多种产品，生产能力为 23 kt/a。欧美日等都在积极开发其产品及用途，如挤出成型片、吹塑薄膜、流延薄膜、注塑制品，应用于中空容器、玩具等。其主要缺点是具亲水性及价格过高（3.56～5.56 美元/kg），这是当前需要进一步攻克的关键问题。Novon 是美国经过 8 年研究，对淀粉进行改性成热塑性制得淀粉含量高达 90%以上的生物降解塑料。已开发出水溶性及可堆肥化两个品级，并有少量产品试用，现正在接近原料的淀粉产地兴建年产 4500 t 的生产装置，以实现商品化计划。其主要问题也是价格昂贵（6.67 美元/kg），能否广泛推广应用取决于能否进一步降低成本。目前，仅适用于一些特定的应用领域。

以上两类淀粉基生物降解塑料，前者虽价格便宜，但在彻底解决环境保护问题方面存在着根本性的缺陷，即不能完全降解。而后者虽可完全降解，但其高昂的价格又成为推广应用的壁障。从总的发展趋势来看，淀粉基生物降解塑料正逐步由非完全降解型向完全降解型方向发展，这点在我国发展生物降解塑料时值得借鉴。

20 世纪 80 年代中期至 90 年代初期，中国产业界对可降解塑料的研发逐渐集中到了淀粉添加型塑料方面，主要为在聚烯烃类和聚苯乙烯中添加或共混淀粉的品种。这一类添加淀粉的塑料，其开发的主要推动力有 3 个：①当时从火车上倾倒于铁轨两旁的一次性聚苯乙烯餐盒形成的所谓“小白龙”，造成严重的景观污染，引起了社会极大的关注，迫使当时的铁道部为此专门成立了一个小组，以解决这一消费后塑料带来的环境污染问题；②用于地膜的光降解塑料，其土埋部分因无法接受光照不能及时降解，为此，有人在光降解塑料的基础上添加可以生物降解的淀粉，试图解决土埋部分塑料地膜的降解问题，这就是当时在中国颇为流行的“光-生物降解塑料”；③当时欧美，特别是美国，为了解决一次性塑料包装制品造成的环境污染，在一些玉米商的推动下，一窝蜂推出聚乙烯添加淀粉的所谓“生物降解塑料”。后来，生物降解塑料的概念被引进国内，并在我国推出了近 10 条进口生产线。

在淀粉添加型降解塑料产品中，“降解塑料”地膜的推广应用曾经投入了大量的精力。在典型的产区，对棉花、甘蔗、玉米、烟叶、花生、西瓜及各种蔬菜等，利用不同类型的“降解塑料”地膜，进行了农田覆盖试验，参加工作的有：农业部全国农业技术推广总站、中国农业科学院土壤肥料研究所、山西省农业科学院棉花研究所、农业部环境保护科研检测所、中国科学院沈阳应用生态研究所（其前身为中国科学院林业土壤研究所，1987 年更为现名）等。其中，农业部全国农业技术推广总站在新疆石河子地区累计进行了 20 多万亩棉花地的实际覆盖试验。

20 世纪 90 年代中期，这些被冠以“生物降解塑料”或“部分生物降解塑料”或“光-生物降解塑料”名称的淀粉添加型降解塑料的研发和生产在中国达到了高峰，这一热潮一直延续到 21 世纪初，主要科研和生产单位近 50 家，挤出造粒的生产线达到了上百条，总产能超过 100 kt/a。

3. 其他类型部分生物降解塑料

从 20 世纪 90 年代开始，生物降解塑料研发逐渐多元化，重点逐渐集中在光降解、碳酸钙填充光降解、淀粉添加型部分生物降解、淀粉添加型热氧化生物降解、热氧化降解等降解性塑料方面，由于其具有一定降解功能，并且性能和价格较接近普通塑料，一度受到市场青睐。在此期间，有些生产淀粉添加型降解塑料的企业转产生产碳酸钙填充的所谓环境友好材料，部分产品出口日本用于供焚烧的垃圾袋，部分在国内用于生产各种餐盒和包装袋。这段时间，也有一些企业在原有光降解和添加淀粉的基础上研发了具有热氧降解功能的品种，如深圳绿维塑胶有限公司、天津丹海股份有限公司、新鸿基地产发展有限公司所属浙江力高环保科技有限公司等。此外，推动上述淀粉添加型“降解塑料”产品研发的力量还有国家和地方的科研行政管理机构，立项支持了淀粉添加型降解塑料和降解塑料地膜的研发，如国家“八五”攻关项目：降解塑料地膜（中国科学院长春应用化学研究所、北京市塑料研究所、天津大学、四川大学）；国家“九五”攻关项目：降解塑料地膜。

2.2.2 全生物降解塑料

这类塑料原料来自可再生资源，又具有完全生物降解功能，是最理想的环保型绿色材料，但其价格比石油基降解塑料高 2～5 倍，生产规模也较小，因此基于环境保护、经济效益及其特性和市场需求综合考虑，当前优选用途为可堆肥（或厌氧消化）垃圾袋、农用地膜、医用材料、软包装材料等。因为这些产品部分是具有特殊功能、附加值高的产品，部分是需求量大但其废弃物很难或不宜收集，或即使强制收集其经济效益也甚微或为负效益的产品，因此采用全生物降解塑料被认为是最佳的选择。

（1）垃圾袋：目前国外城市固体垃圾处理方法中，堆肥化方法日益受到极大的关注，因为它不仅可以减少垃圾场的负担，而且更重要的是可将垃圾转化为资源。但采用的垃圾袋必须是可堆肥、可生物降解的。欧美发达国家正在积极推广中，市场潜力很大。我国目前在北京、上海、广州、武汉、杭州、南京等城市，以政府为主导，设试验区推进垃圾分类处理工作。其中厨余垃圾采用免费发放的生物降解塑料垃圾袋盛装单独存放，然后送堆肥厂处理，效果较好。因此垃圾分类处理，对生物降解塑料的推广应用来说是一个很好的机遇。但垃圾袋今后长期免费发放是不现实的，因此积极扩大生物降解垃圾袋生产规模、努力降低成本是当务之急。

（2）农用地膜：我国农用地膜产销量位居世界之首，但由于地膜厚度太薄，国标最低为 0.08 mm，有不少厂家能够生产 0.06 mm 甚至 0.04 mm 的地膜。这些超薄型地膜用后很难收集，虽可强制回收，但由于黏附了大量的沙土，难清洗且耗水量也巨大。因此，农户往往把大片残膜捞到田头烧掉，既浪费资源，又污染环境，残留地下的碎膜又会破坏生态平衡。而生物降解地膜在完成覆盖功能后可被土壤中的微生物分解成二氧化碳和水，回归自然循环，是很具有实际应用前景的。多年来，国内在新疆、山东、云南、黑龙江等地进行试验性应用推广工作。但目前仍然存在价格昂贵以及可控性差等问题。

（3）医用材料：特别是进入人体的高分子材料，要求机械强度高、无毒、无刺激、生物相容性好。当前国内已工业化生产并已临床应用的品种有聚乳酸、聚羟基脂肪酸酯等。它们与人体组织有良好的相容性，不会引起组织周围炎症且无排异效应，其分解产物可参与代谢循环，无残留，且具有独特的压电效应。因此适用于控释药物载体、医用手术针和缝线、生物植片、微囊、组织工程材料、骨科用器材，以及医疗器材如输液管、注射器、手术衣等。这类产品多属功能性、高附加值产品，用量不大，但对维护人体健康、造福人民具有很大的作用，是当前值得关注的开发方向。

（4）一次性食品软包装材料：食品软包装材料国内外需求量都很大，这类包装材料质量轻、体积大，内容物的污染较严重。特别是功能性软包装材料，由于是多元多层结构的复合材料，其废弃物难分离、回收和资源化再利用。而开发生物降解塑料软包装材料，除了保留普通塑料软包装的功能外，其废弃物在一定环境条件下可快速完全生物降解，或进行堆肥化或压氧消化处理，转化成肥料或能源资源化再利用。因此近年来受到极大的关注。

20 世纪 90 年代以后，不能完全生物降解的塑料由于完全生物降解困难及价格偏高等原因，市场始终未能有效打开。到目前为止，仅有少数几家淀粉填充型降解母料生产企业在维持订单生产。另外，由于考虑到上述含有相当比例人工合成的通用聚烯烃和聚苯乙烯的塑料实际上难以生物降解，所以从 20 世纪 80 年代中期开始，中国的学术界已经开始转向全生物降解塑料的研发，全生物降解塑料和非生物降解塑料成分如表 2-2 所示。20 世纪 90 年代中期，在开展基础研究的同时，中国开始全生物降解塑料的产业化开发。科技部对生产 PHBV 生物降解塑料的科研单位和企业给予了资金支持，中国科学院联合相关企业对二氧化碳/环氧化合物共聚合物的产业化进行了开发研究。一些民营企业也参与了 PHBV、PLA 的产业化开发。

表 2-2　全生物降解塑料和非生物降解塑料成分

全生物降解		非生物降解	
名称	生物基含量/%	名称	生物基含量/%
PHA	100	BPE	100
PLA	100	BPP	100
PBS	100	BPA11、BPA1010	100
热塑性淀粉	100	BPA610	部分
淀粉/BDP	100	淀粉/PE、PP	部分
BPET	部分	PLA/PP	部分
		木塑复合塑料	部分

注：BDP：淀粉-可降解树脂；BPET：生物聚对苯二甲酸乙二醇酯；BPE：1, 1- 双（4-羟基苯基）乙烷；BPA：双酚 A；BPP：过氧化特戊酸特丁酯。

为此，国家自然科学基金委员会组织并资助了一些全生物降解塑料的基础性研究，如中国科学院长春应用化学研究所、中国科学院广州化学研究所和浙江大学共同合作的二氧化碳/环氧化合物共聚物项目；中国科学院成都有机化学研究所的聚乳酸项目；江西省科学院应用化学研究所的热塑性淀粉项目；中国科学院微生物研究所、中国科学院长春应用化学研究所和清华大学共同承担的聚羟基丁酸戊酸酯项目。

进入 21 世纪，我国生物降解塑料的研发和生产均得到了显著的发展，尤其是以可再生材料为原料的生物降解塑料的发展更是取得了长足进步。武汉华丽环保科技有限公司生产的由 D-葡萄糖组成的可塑淀粉生物降解塑料，可用于一次性餐具、酒店用品、工业包装等领域，且市场推广良好；内蒙古蒙西高新技术集团有限公司研制开发的二氧化碳聚合物降解塑料，在农业地膜上的应用效果很好；浙江海正生物材料股份有限公司研制生产的聚乳酸，是一种玉米塑料，可制成高性能的一次性碗、盘、杯、叉、刀、勺等餐具；中国科学院理化技术研究所工程塑料国家工程研究中心开发的全生物降解塑料聚丁二酸丁二醇酯，产业化发展迅速，目前生产能力已超过 2 万 t/a。

2.3　国内外生物降解塑料的研究进展

国内外生物降解塑料的研究工作主要在合成可降解塑料、天然基生物降解塑料、微生物发酵可降解塑料、共混型生物降解塑料等方面取得了进展。

2.3.1　合成可降解塑料的研究进展

美国普立万公司开发了以 PHBV 为基础的生物降解材料，让许多塑料制品在保留原有设计和质量标准的情况下更加环保。德国巴斯夫公司现在生产的生物塑料产品包括脂肪族-芳香共聚酯 Ecoflex，以及由 Ecoflex 和 45% PLA 组成的混合物 Ecovio，这两种塑料采用受控的混配工艺可以实现完全生物降解，其中合成可降解塑料的原料如图 2-4 所示。

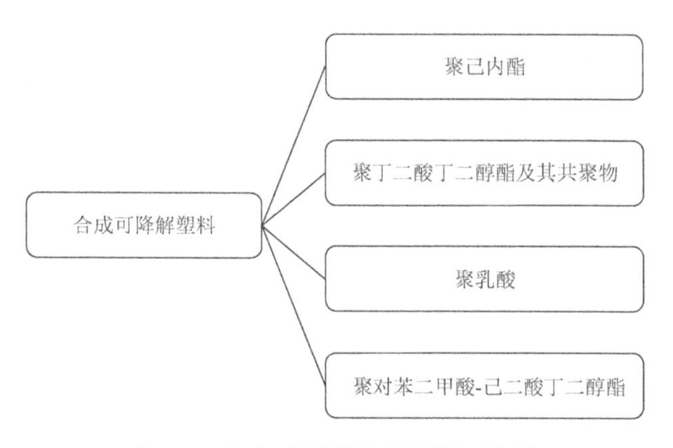

图 2-4　合成可降解塑料的原料示意图

1. 聚己内酯

聚己内酯（PCL）一般是由己内酯开环聚合而成，具有良好的生物分解性，其生物降解速率仅次于 PHB 和纤维素。PCL 熔点低（63℃）、难以加工，不能单独用作塑料，但与 PE、PP、ABS、PC 等多种树脂能够良好地相容。对于 PCL 的合成而言，一般工艺多采用价格昂贵的辛酸亚锡或双金属氧桥烷氧化物为引发剂开环聚合，从而使得 PCL 价格居高不下。中国人民解放军国防科技大学胡芸等（2002）以乙二醇-钛酸丁酯作为引发剂来研究其用量对聚合物的影响，得出了己内酯开环的较佳反应条件（反应温度为 140℃，反应时间为 7 h），且得到的 PCL 与用其他方法所得的聚合物在结构上并无本质差异。同样，赵义平等（2005）在研究 PCL 活性聚合时发现钛酸丁酯催化体系能够加速 ε-己内酯单体的开环聚合。随着钛酸丁酯用量的增加，产物分子量也明显增加。目前，PCL 凭借其良好的热稳定性、力学性能、药物通过性、生物相容性、降解产物对人体无毒等性能，已广泛应用于骨折固定材料、手术缝线、药物控制和组织工程支架材料等领域。

PCL是脂肪族聚酯中应用较为广泛的一种可降解高分子材料，将其掩埋在土壤中可在许多微生物的作用下缓慢降解，12个月后降解率可达95%，而在空气中存放1年没有出现降解迹象。PCL的结构特点使得它可以和许多的聚合物进行共聚和共混，赋予材料特殊的物理力学性能，从而提高PCL的应用价值。

戴炜枫等（2009）通过传统的烯胺化反应，由成本低廉的环己酮、吗啉合成带有侧基的环酮原料，然后通过Baeyer-Villiger反应合成了带有侧基官能团的新型6-乙氧甲酰甲基-ε-己内酯，通过该内酯单体与ε-己内酯单体的开环聚合得到相应官能团的新型官能团化PCL。在PCL上引入官能团化侧基后，可增加PCL的降解速率，更快地实现完全降解。

目前全球ε-己内酯年产量10 kt，聚己内酯年产量500 t。主要厂家有：瑞典柏斯托（Perstorp）公司、德国巴斯夫公司、日本大赛璐（Daicel）株式会社、美国陶氏化学及美国UCC公司。武汉天生成科技有限公司，主要从瑞典柏斯托、美国苏威（SOLVAY）和日本大赛璐进口产品。中国石油化工股份有限公司巴陵分公司（简称中石化巴陵石化）把环己酮与过氧化氢作为主要原料于2009年建成年产量2000 t的己内酯生产装置。

聚己内酯由于其生物可降解性以及形状记忆功能，近几年多用于医疗卫生、环保改性材料，每年的需求增长率超过50%。但采用过氧化氢氧化环己酮生产己内酯，这种氧化反应复杂剧烈，反应过程极易发生爆炸，对反应的环境、技术要求非常高，因合成困难，聚己内酯目前在国内外供不应求。全球能够合成PCL的企业不多，美国UCC公司于1993年首先实现商业化生产，商品名为TONE，而我国生产PCL的企业有湖北孝感市易生新材料有限公司，其年生产量达2000 t。现在市场上供应的聚己内酯价格都在5万～6万元/t，基本依靠进口，国内企业亟待技术升级。

完全生物降解型塑料通过采用天然高分子材料如淀粉、废糖蜜，具有生物降解性的合成高分子材料或水溶性高分子材料以及微生物等制备得到。目前国外已有几种具有代表性的商品问世，如美国Warner-Lambert公司生产的“Novon”（天然高分子型生物降解塑料）、英国帝国化学工业有限公司（ICI公司）生产的“Biopol”（微生物发酵法生产的可降解塑料）、意大利Montedison集团下属的Novamont公司的“Mater-Bi”、日本昭和高分子株式会社的“Bionole”等。

美国Warner-Lambert公司生产的“Novon”适用于注塑模制品，有良好的脱模性，且注塑周期短、流动性好。美国Battelle研究所研制出直链含量很高的淀粉，可以直接用通用的加工方法成型。得到的膜透明、柔软，在水中或潮湿土壤中可完全分解，可作为聚氯乙烯的替代产品广泛应用。韩青原（1998）发明了一种淀粉聚合物替代传统的塑料，含淀粉、黏合增强剂、润滑剂、增塑剂、防水剂的物料充分混合后，在双螺杆挤出机挤出，在一定温度压力下经水蒸气发泡而成，可广泛用于制作防震包装填料和快餐盒等一次性包装用品等。

2. 聚丁二酸丁二醇酯及其共聚物

以聚丁二酸丁二醇酯（PBS）（熔点为114℃）为基础材料制造各种高分子量聚酯的技术已经达到工业化生产水平。日本三菱化学公司和日本昭和高分子株式会社已经开始工业化生产，规模在千吨左右。中国科学院理化技术研究所也在进行聚丁二酸丁二醇酯共聚酯的合成研究。中国科学院理化技术研究所已经和山东汇盈新材料科技有限公司合作建成了年产25000 t的PBS及其聚合物的生产线；广东金发科技股份有限公司建成了年产1000 t规模PBS及其聚合物的生产线等；清华大学在安庆和兴化工有限责任公司建成了年产10000 t PBS及其共聚物的生产线。

化学基PBS的单体丁二酸主要采用化学合成法制备，常见的方法如下。

1）氧化法

石蜡在钙、锰催化下氧化得到混合二元酸氧化石蜡，后者经过热水蒸气蒸馏，去除不稳定羟基油性酸及酯，水相含有丁二酸，经过除水得到丁二酸的结晶。

2）加氢法

顺丁烯二酸酐或反丁烯二酸酐在催化剂作用下加氢反应，生成丁二酸，然后分离得到成品。反应的催化剂为镍以及其他一些贵金属，反应温度为130～140℃。

3）电解氧化法

苯酐与硫酸和水按1∶0.5∶4的比例，在陶瓷电解槽中电解，可制得丁二酸。电解法合成的原料为顺丁烯二酸或顺酐，阴、阳极液用稀硫酸，由阳离子膜隔开，阴、阳极一般均用铅板，通常用板框式电解槽合成。

目前我国化学法合成丁二酸主要采用电解氧化法，工艺简单，经济性较好。

安庆和兴化工有限责任公司、杭州鑫富药业股份有限公司分别建有10000 t/a、20000 t/a的生产装置，广东金发科技股份有限公司已建成年产1000 t规模的生产线并投产，这些生产装置均可灵活地选择化学基或生物基丁二酸作为聚合单体。目前，我国化学基丁二酸生产规模已达到数万吨（安庆和兴化工有限责任公司、安徽三信化工有限公司、常州曙光化工厂等），品质稳定，成本可控，因此目前国产化学基PBS产品在国际市场上具有一定的竞争力。

3. 聚乳酸

聚乳酸（PLA）是以有机酸乳酸为原料进行生产的新型聚酯材料，其性能比聚乙烯、聚丙烯等材料要优越。近年来，国内外研究其合成的单位有很多，其合成工艺可以分为间接合成两步法和直接合成一步法。

（1）间接合成两步法：该法以乳酸或乳酸酯为原料，经脱水而聚合成丙交酯，丙交酯再开环聚合，两步制得 PLA。此方法工艺成熟、易控制。缺点是流程长、操作复杂、生产成本高。

（2）直接合成一步法：该方法是通过乳酸分子间脱水、酯化、逐步缩聚成聚乳酸。其缺点是在反应后期，聚合物可能会降解成丙交酯，从而限制 PLA 分子量的提高。

纤维作为一种力学性能较好的增强材料，可有效地提高聚乳酸的力学性能，并在一定程度上提高其韧性和热稳定性等。随着对聚乳酸纤维复合材料的不断深入研究和对生产技术的不断改进提高，这种产品将在一定程度上取代石油基塑料材料。目前，用来增强聚乳酸的纤维主要包括苎麻纤维、淀粉纤维、羟基纳米磷灰石纤维、玻璃纤维等。

2011 年 Chen 等研究了表面处理过的苎麻纤维对 PLA/苎麻纤维复合材料性能的影响。2012 年朱凌云等制备了纳米羟基磷灰石/聚磷酸钙纤维/聚乳酸骨组织工程复合材料。这种复合材料具有三维、连通、微孔网状结构，并且其压缩模量随纳米羟基磷灰石/聚磷酸钙纤维的增加而增加，是一种比较理想的骨组织工程材料。结果表明：用表面处理过的苎麻纤维改性的 PLA 复合材料具有更好的界面黏结性和更高的存储模量；然而，表面处理过的苎麻纤维具有较高的吸水性，使这种复合材料的力学性能下降。2013 年 Faludi 等用玉米芯部分和一种木质纤维作为增强剂，制备了一种 PLA 生物基复合材料。在含有玉米芯的复合材料中，由于软质和硬质颗粒分别断裂引起两个连续的微观变形过程。在这个过程中，复合材料的失效是由硬质颗粒的断裂或基质开裂引起的，而不是软质颗粒的断裂，因为在复合过程中大的剪应力使大颗粒易于破裂。因此，这种复合材料需要增强界面黏结性，而与纤维本身的特性无关。Frone 等（2013）成功地制备了 PLA-纳米纤维（纤维直径为 11～44 nm）复合材料。经硅烷处理过的纳米纤维在基质中的分散性较好。此外，处理过的复合材料较未处理的纳米纤维在 PLA 复合材料中有更高的结晶度。

为了改善 PLA 的一些力学性能，采用无机填料与 PLA 复合改性的研究已引起各国科学工作者的广泛关注。目前，使用的无机填料主要有羟基磷灰石、纳米黏土、纳米金刚石等。但是，无机填料与 PLA 的界面相容性比较差，因此，如何提高 PLA 与无机填料的界面黏结性，是获得高性能 PLA 复合材料的关键。

PLA/羟基磷灰石（HA）复合材料主要应用于牙齿和人工骨材料，加入羟基磷灰石主要是为了改善 PLA 在人体内降解后产生的酸环境以及提高细胞生物相容性。PLA/羟基磷灰石复合材料的制备方法主要有以下几种：原位聚合法、溶剂挥发法、熔融共混法、液相吸附法等。

由于碳纳米管可以很大程度上改善聚合物的机械性能、热稳定性能和导电性能，因此，在聚合物改性方面成为一种比较理想的改性材料。近年，有关碳纳米管/PLA 复合材料的研究引起人们越来越多的关注。

欧阳春平等（2012）用酸化处理碳纳米管来增强其亲酯性和在 PLA 中的分散性，然后将酯化改性的碳纳米管与 PLA 复合。改性后的多壁碳纳米管在 PLA 中的分散效果较好，相容性也得到了提高。同时添加一定量的多壁碳纳米管还可提高聚合物的力学性能。例如，碳纳米管的添加量为 1.5%时，该复合材料的力学性能最佳，其拉伸强度达到 120.4 MPa。王劭妤等（2013）对 PLA 与多壁碳纳米管复合材料的非等温结晶动力学性能进行了研究。碳纳米管起到结晶成核的作用。由于碳纳米管的存在，PLA 结晶温度提高了，结晶范围也扩大了，结晶度也得到了一定的改善。但是，碳纳米管的含量过大时，有阻碍结晶的作用。Li 等（2013）利用原位聚合法制备了多壁碳纳米管/PLA 复合材料，并对其热性能和导电性能进行了研究。用混合酸处理过的多壁碳纳米管，由于表面引入了有机基团，使碳纳米管较均匀地分散到 PLA 基体中，得到的复合材料的耐热性升高，导电性增强。

壳聚糖与 PLA 的复合材料，具有控制药物释放的作用。Nanda 等（2011）利用溶剂蒸发的方法，将不同比例的壳聚糖和 PLA 在质量分数不同的蒙脱石溶液中混合并研究了这种材料的控制药物释放作用。结果表明：药物释放与时间、载药含量及 pH 有关，并且在酸性介质中，药物释放更加明显。

Joo 等（2011）通过 β-环糊精与 PLA 混合、挤出、造粒等工艺制备了 PLA 与 β-环糊精的复合材料。结果表明：随着 PLA 含量的降低或 β-环糊精含量的增加，材料的热稳定性变好，同时拉伸强度、弹性模量、断裂伸长率以及氧气和水阻隔能力提高。该材料在食品和药品包装领域具有较好的应用前景。

此外，通过添加抗冲击改性剂来改善 PLA 的韧性也是目前人们关注的热点。Zhao 等（2013）用一种独特的超细全硫化粉末丙烯酸乙酯橡胶（EA-UFPR）作为 PLA 的增韧改性剂，制得一种基于 PLA 的新型复合材料。研究表明，加入质量分数为 1%的 EA-UFPR，PLA 的韧性得到大幅度提高，而拉伸强度和弹性模量几乎不变。Imre 等（2013）则通过反应性共混加工技术，制备了 PLA/聚氨酯复合材料，并对该复合材料的结构、性能和界面相互作用进行了系统研究。结果表明，该复合材料具有优异的力学性能。

由于 PLA 质地比较脆硬，因此工业上需要经过进一步的改性后才能加工使用。一般 PLA 的改性方法包括物理改性和化学改性。目前，最常用的 PLA 改性研究是对其进行化学改性，此方法简便，容易实施与操控。郭少华（2007）通过熔融共混改性方法，制备了柔性 PLA 吹塑薄膜；袁华等（2008b）用基于石化生产的聚酯 Ecoflex 和 PLA，制备了吹膜级可降解共混薄膜，具有较好的拉伸性能和柔韧性。

当前，PLA 型降解塑料已在各地广泛应用。例如，美国 Primo Water 公司用从天然植物中提取的 PLA 做成的包装瓶，受到消费者的一致好评。北美的牛奶厂商 Naturally Iowa 公司也采用了 PLA 包装瓶灌装鲜牛奶和酸奶。某果汁品牌 Noble Juice 也加入了使用 PLA 包装瓶的行列。意大利、新西兰、澳大利亚都有饮料厂家采用了这种包装。相对于其他几类完全生物降解材料，PLA 产品工业化的市场化程度比较领先。世界 PLA 生产商有近 20 家，主要集中在美国、德国、日本和中国。

4. 聚对苯二甲酸-己二酸丁二醇酯

德国巴斯夫公司所制造的脂肪族-芳香族共聚酯（Ecoflex），其单体包括己二酸、对苯二甲酸、1, 4-丁二醇。生产能力为 14 万 t/a。同时开发了以聚酯和淀粉为主的生物降解塑料制品。

近年来，兼备脂肪族聚酯优异的生物降解性能和芳香族聚酯优异的力学性能的脂肪族/芳香族共聚酯开始成为学术界和工业界的研究重点。这类共聚酯具有能与普通塑料相媲美的优良物理性能和加工性能，同时其填充复合材料具有价格优势和环境友好性，可大量推广应用于生物医用、包装、薄膜等一次性使用场合。例如，巴斯夫公司的 Ecoflex 材料应用于包装领域，在欧美和日本至今已广泛应用于购物袋、农膜等。

聚对苯二甲酸-己二酸丁二醇酯（PBAT）是一种可完全生物降解的天然高分子，但具有一定刚性，分子内与分子之间存在着较强的氢键，并且熔融温度高于热分解温度，因而不易成型加工，需要加入增塑剂破坏分子内及分子间氢键，降低淀粉的熔融温度和玻璃化转变温度，提高淀粉的热塑性，其中多元醇类增塑剂可以破坏大分子间和分子内氢键，并与大分子形成氢键网络。

关于 PBAT 的填充改性研究已有较多报道。肖运鹤等（2009）使用超细碳酸钙（$CaCO_3$）、淀粉填充 PBAT，并研究了复合材料的力学性能、热性能以及两组分的相容性等。Phosee 等（2010）将稻壳硅（RHS）经表面处理后用于填充 PBAT 共聚酯，研究了硅烷偶联剂（MPS）以及 RHS 中无定形 SiO_2 对复合体系的影响。Wu（2012）采用马来酸酐接枝 PBAT，并用乙酸纤维素（CA）增强 PBAT 和马来酸酐接枝 PBAT（PBAT-*g*-MA）的相容性，研究了 PBAT-*g*-MA/CA 的界面性能、力学性能等。但是，关于控制填充 PBAT 复合材料的生物降解速率的研究未见报道。

2.3.2 天然基生物降解塑料的研究进展

在全球石油资源供给日趋紧张，以石油为原料的合成塑料所引发的环保问题日益突出的情况下，生物降解塑料市场需求量将迅速增长，以植物为原料的生物降解塑料作为有助于缓解石油资源紧张及发展低碳经济的新材料而备受关注，天然基生物降解塑料就是其中重要的分支。

1. 淀粉基生物降解塑料

早在 20 世纪 50 年代，美国就已经开始对直链淀粉玉米进行研究。至 70 年代时，已培育成两种类型的高直链淀粉玉米品种，一种含直链淀粉 50%，一种含直链淀粉 70%～80%。目前，已经培育出直链淀粉含量达 100%的玉米，并已经用于生产和加工。我国邱礼平和温其标（2004）对高直链交联变性淀粉结构及糊化性质进行逐步分析。结果表明，直链淀粉含量越高，分子间越易结合，糊化越难，而经交联形成的交联变性淀粉分子量要比高直链淀粉分子量大得多，剪切力更强，更易凝沉、不易膨胀。

由于以上特性，在工业上，高直链交联淀粉对进一步改善降解材料的耐水性有着广阔的应用前景，且淀粉的成本比一般塑料要低很多。目前，淀粉降解塑料研究方向主要有淀粉与可降解聚酯共混材料和全淀粉塑料两种。前者一般是将淀粉与可降解聚酯如 PCL、PVA、PHB 或天然高分子纤维素等共混制备。由于聚酯类的化合物本身能够进行生物降解，因此此类材料也可以完全降解，对环境不会造成污染。

目前的淀粉型降解塑料的研究大致可以分为两代，第一代淀粉基产品中一般通过向淀粉中加入 10%～95%的聚烯烃对淀粉进行改性，由此衍生出了新型的用于土壤环境的可生物降解薄膜；第二代淀粉基生物可降解材料是通过淀粉的接枝共聚或是与其他具有优良性能的材料进行共混制成。Noomhorm 和 Tokiwa（2006）的研究表明，由木薯淀粉/PCL 共混制成的材料，其生物降解性在一定范围内随共混物中淀粉含量的增加而增强，并且发现共混物的这一特征与淀粉在 PCL 基质中的分散度无关。

2. 纤维素基生物降解塑料

由于纤维素间具有很强的氢键，难以塑化，不易成膜，所以在进行材料合成之前要对其进行改性。改性的方法主要有酯化、醚化以及氧化成醛、酮、酸等，通过改性以后，便可以进行挤塑、吹膜等工艺制作。Alemdar 和 Sain（2008）采用纳米小麦稻草纤维素增强淀粉基，制成复合型降解塑料薄膜，其力学性能、弹性模量有着明显提高。河北省首次以小麦秸秆为原料，生产出复合材料地膜，通过鉴定，此种地膜在 80 天之内可在地下自行降解为有机肥，且透光、蓄水、造价都要低于普通塑料地膜。近几年，天津科技大学的王立元和王建清（2005）通过反复试验，以马铃薯淀粉和植物纤维为主体，加入增塑剂、交联剂，与 PVC 溶液混合，最终开发出一种新型的厚度为 1.6 mm 的片材可降解包装材料。

目前，利用天然纤维素制备生物降解塑料主要有三种方法：共混法、化学改性法和微生物法。共混法是指纤维素与其他有机物或无机物共混改性，是制备纤维素基生物降解塑料最简单的方法。其中，共混物可以选择天然原料，如淀粉、甲壳素、壳聚糖、蛋白质等；也可以选择人工改性纤维素，乙烯-乙酸乙烯共聚物（EVA）和聚乙烯醇（PVA）等。化学改性法主要是指纤维素接枝物高分子单体共聚，也是制备纤维素基生物塑料的一项技术手段，目前此项技术在日本和欧美研究较为深入。丙烯腈是纤维素醚化的常用化学改性方法。微生物法合成的聚合物一般称为生物聚合物（biopolymer），具有完全生物降解性。生物聚合物是指由微生物合成的聚酯，它是不同于蛋白质、核酸、淀粉的一类新的天然高分子物质，微生物合成的聚酯，因其既具有生物可降解性，又具有通用高分子材料的可加工性而受到人们的关注。

3. 甲壳素基生物降解塑料

甲壳素是由 *N*-乙酰基-D-葡糖胺通过 β-1, 4-糖苷键连接而成的大分子直链状多糖，分子内有氢键相连，导致甲壳素需要加热到 200℃以上才开始分解。随着对甲壳素、壳聚糖及相关产品研究的深入，甲壳素在医药、保健、农业、化工、环境、纺织、化妆品等诸多领域显示出有效的应用潜能，出现了蓬勃发展的势头。

4. 蛋白质基生物降解塑料

蛋白质是由许多氨基酸通过肽键连接起来的大分子化合物。许多微生物在生长的过程中会合成并分泌蛋白酶到胞外环境中，通过一系列蛋白水解酶，蛋白质塑料进一步被分解成氨基酸，从而被某些细菌用作能源与碳源。目前，国内外对于蛋白质塑料方面的研究主要有大豆蛋白、玉米蛋白、小麦蛋白、其他豆类蛋白等。鉴于大豆、玉米在农业中的重要地位，从 20 世纪三四十年代蛋白质仅作为添加剂或填充剂的狭隘利用，到 80 年代，将改性后的蛋白质塑料广泛应用到共混塑料及填充普通石油基热塑性材料中，蛋白质塑料成了最热门的研究对象。

2.3.3 微生物发酵可降解塑料的研究进展

聚 β-羟基丁酸酯（PHB）是一种具有良好生物降解性能的热塑性聚酯，现已被广泛研究应用，是广为人知的 PHA 类中的一种，密度要比一般塑料高，可被水中、土壤中、环境中的细菌完全降解成二氧化碳和水。为了能进一步地开发其性能，在市场上得以推广，筛选出最适产 PHB 的基因工程菌种成了首要任务。清华大学与中国科学院微生物研究所合作的“可生物降解塑料专题”项目中，对该问题进行广泛探讨，从菌种的技术指标、含量及成本等方面进行大量试验，最终选取了最优菌株 VG1（pTU14）。试验表明，在低氧情况下，该菌种还能够正常地合成 PHB，胞内积累的 PHB 含量高达 90%以上，由于自身还具有细胞裂解基因，因此发酵终止时可自行细胞裂解。

从世界范围看，PHB 及 PHBV 是公认的最有潜力的生物降解塑料之一，也是正在开发的新产品。技术方的中试生产成本约 40 元人民币/kg，工业化投产后产品的成本将会进一步降低，价格优势明显，尤其是技术方的生产工艺简单和设备简易，便于推广并进行大规模生产。

目前，已经发现了许多原核微生物都能产生 PHB，包括光能、化能自养和异养菌共计 65 个属以上的 300 多种不同的微生物，如产碱杆菌属（*Alcaligenes*）、固氮菌属（*Azotobacter*）、假单胞菌属（*Pseudomonas*）、生丝微菌属（*Hyphomicrobium*）、嗜盐杆菌属（*Halobacterium*）和甲基杆菌属（*Methylobacterium*）等。PHB 的合成现象在自然界中较为普遍，在碳过量、氮限量的控制发酵条件下，PHB 在胞内可大量积累。尽管产 PHB 的微生物种类繁多，但合成 PHB 的代谢途径主要有三步法合成途径和五步法合成途径。

1. 三步法合成途径

第一步由相关碳源代谢产生的两个乙酰辅酶 A，由基因 *phbA* 编码的 β-酮硫解酶（PhbA）催化后产生一个乙酰乙酰辅酶 A。第二步由基因 *phbB* 编码 NADPH 依赖的乙酰乙酰辅酶 A 还原酶（PhaB），使乙酰乙酰辅酶 A 还原为(*R*)-3-羟基丁酰辅酶 A（3HB-CoA）。最后由基因 *phbC* 编码的 PHB 聚合酶（PhbC）将 3HB-CoA 单体聚合成 PHB，同时释放游离的辅酶 A。这一途径是目前研究最多的，并且研究得较透彻，在多种细菌中都发现了这条途径。

2. 五步法合成途径

五步法合成途径的第二步反应与三步法合成途径不同，由 NADH 依赖型还原酶将乙酰乙酰辅酶 A 还原成(*S*)-3-羟基丁酰辅酶 A，再在两个烯酯酰辅酶 A 水合酶的催化下，分别通过脱水和水合的过程，转变成其异构体(*R*)-3-羟基丁酰辅酶 A，然后在 PHB 聚合酶的作用下聚合成 PHB。其中真养产碱杆菌具有生长速度快、PHB 积累量大、生产技术较为成熟等优点，已经用于工业化小规模生产。吴桂芳发现在限氮培养的条件下有利于 PHB 的积累，但对细胞生长有一定的抑制作用。张伟等（2004）从工厂污水中分离得到的北京红篓菌（*Rcs. pekingensis* strain 3-p）能够以乙酸、丁二酸和丁酸等为碳源合成 PHB。戴君等

（2011）通过丁醇富集筛选，从土壤样品中筛选到一株假单胞菌 SCH17，通过对碳源和氮源的优化，得到最佳积累 PHB 的碳源是果糖，氮源是蛋白胨。在该培养基中仅需发酵 14 h，菌体干重和 PHB 含量分别达到 3.52 g/L 和 2.69 g/L，PHB 含量高达细胞干重的 76%。在 2013 年，董静在富含沼气地区的土壤中培养筛选获得甲烷氧化混合菌，采用充盈-饥饿模式的好氧动态供料方法，并确立了高产 PHB 的充盈-饥饿运行条件，在氧气充足的条件下充盈培养 5 天，饥饿培养 15 天，PHB 含量可以达细胞干重的 35.5%。Han 等（2014）从淀粉丰富的绿藻中分离出一株产 PHB 的菌株 UMI-21，在以淀粉为碳源时通过 10 L 发酵罐合成 PHB 可达细胞干重的 45.5%，发现这个值比在培养烧瓶中要高。工业上微生物生产 PHB 的一个主要问题是培养基价格昂贵，但淀粉是一种相对便宜的底物，刘俊梅等（2016）表明菌株 UMI-21 在以淀粉为碳源时具有大规模生产 PHB 的可能性。

2.3.4 共混型生物降解塑料的研究进展

意大利 Novamont 公司的 Mater-Bi 产品主要是在淀粉中加入 PVA，它能吹膜，也能加工成其他产品。聚乙烯醇类材料，需要经过一定的改性后方具有良好的生物降解性能，北京工商大学轻工业塑料加工应用研究所在这方面取得了一定成果。

PVA 的含量会对淀粉膜产生一系列的影响。随着 PVA 含量的增加，羟丙基交联淀粉/PVA 复合膜的 X 射线衍射峰强度逐渐增加，说明在淀粉膜中产生了越来越少的无定形区和越来越高的结晶度，同时这也证明了在挤压吹塑过程中有规则的结晶结构的形成。由于淀粉和 PVA 都是富含羟基的极性化合物，加入 PVA 之后，在淀粉基体中引入大量羟基并且增强了其氢键，从而进一步提高淀粉/PVA 复合膜的玻璃化转变温度。抗拉强度是淀粉膜最重要的性能之一，随着 PVA 含量的增加，羟丙基交联淀粉/PVA 复合膜的横向、纵向抗拉强度分别从 2.0 MPa、2.1 MPa 逐渐增加至 3.5 MPa、4.0 MPa，而阳离子淀粉/PVA 复合膜则从 1.7 MPa、1.8 MPa 逐渐增加至 2.5 MPa、2.6 MPa。逐渐增加的抗拉强度说明随着 PVA 含量的增加，淀粉和 PVA 的分子间作用越来越强，并且在淀粉和 PVA 之间形成了连续相。

利用可再生资源得到的生物降解塑料，把脂肪族聚酯和淀粉混合在一起，生产可降解性塑料的技术也已经研究成功。在欧美国家，淀粉和脂肪族聚酯的共混物被广泛用来生产垃圾袋等产品。国际上规模最大、销售最好的是意大利的 Novamont 公司，其商品名为 Mater-Bi，公司的产品在欧洲和美国有较大量的应用。

2.4　生物降解塑料的科学前沿

2.4.1　二氧化碳基生物降解塑料

1. 二氧化碳基生物降解塑料概述

二氧化碳基生物降解塑料是以二氧化碳和环氧化物为主要原料，经化学方法制得的绿色高分子材料。其中二氧化碳组分可占据 31%～50%的比例，因此可以降低不可再生化石燃料——石油的消耗。二氧化碳基生物降解塑料使用后产生的塑料废弃物，一方面可以回收再利用，另一方面即使使用后未被再利用也可以通过焚烧和填埋等多种方式处理，其焚烧后只生成二氧化碳和水，不产生有毒有害物质，因此不会对大气造成污染；如果对其进行填埋处理，则由于其良好的生物可降解性，可在短时间内被微生物降解，因此不会产生所谓“白色污染”的问题。基于以上优点，二氧化碳基生物降解塑料作为新型的环境友好材料受到各国科学家的广泛关注。既可高效利用二氧化碳，变废为宝，又具有良好的阻气性、透明性，并可完全生物降解，有望广泛应用在一次性医疗和食品包装领域。

2. 技术原理及总工艺流程

以二氧化碳、环氧化物为原料，二氧化碳与环氧化物在催化剂条件下通过断键、开环、缩聚可制得生物可降解的二氧化碳共聚物（即脂肪族聚碳酸酯 PPC）（图 2-5）。

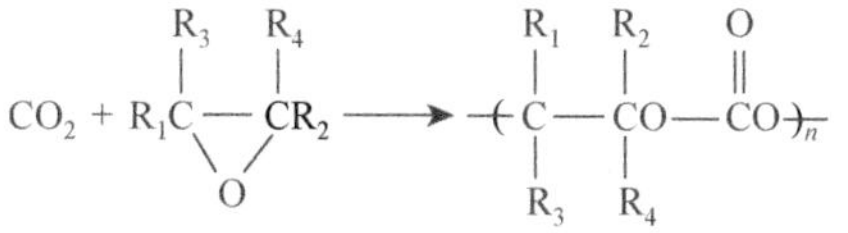

$$CO_2 + R_1\overset{R_3}{\underset{}{C}}\!-\!\overset{R_4}{C}R_2\ (\text{环氧, O}) \longrightarrow \left[\underset{R_3}{\overset{R_1}{C}}-\underset{R_4}{\overset{R_2}{C}}O-\overset{O}{\overset{\|}{C}}O\right]_n$$

图 2-5　二氧化碳共聚物（PPC）示意图

总工艺流程主要是将稀土催化剂各组分在无水无氧的催化剂制备釜中混合，制成三元复合催化剂，然后将催化剂打入无水无氧的聚合釜中，加入净化后的环氧丙烷，同时将二氧化碳气体充入聚合釜中，在 60～80℃进行聚合反应。聚合结束后，先泄压，然后将产物送到凝聚釜中，在聚合釜中气体从上部排出，进入气体后处理车间，聚合后得到的固液混合物进入粉碎系统粉碎。然后，在水槽中搅拌、多次洗涤后，经离心分离机分离，至液体后处理车间；固体经风道烘干（30～35℃），包装成品，得到二氧化碳聚合物母料，需改性的固体再进行挤出、造粒及包装。其中，液体物料进行分馏，回收环氧丙烷、甲醇（或乙醇）等；二氧化碳气体经过冷却脱除残余的单体，再进入下一个循环，生产过程如图 2-6 所示。整个过程是一个全封闭、无泄漏、无污染的环保生产过程（王吉平，2015）。

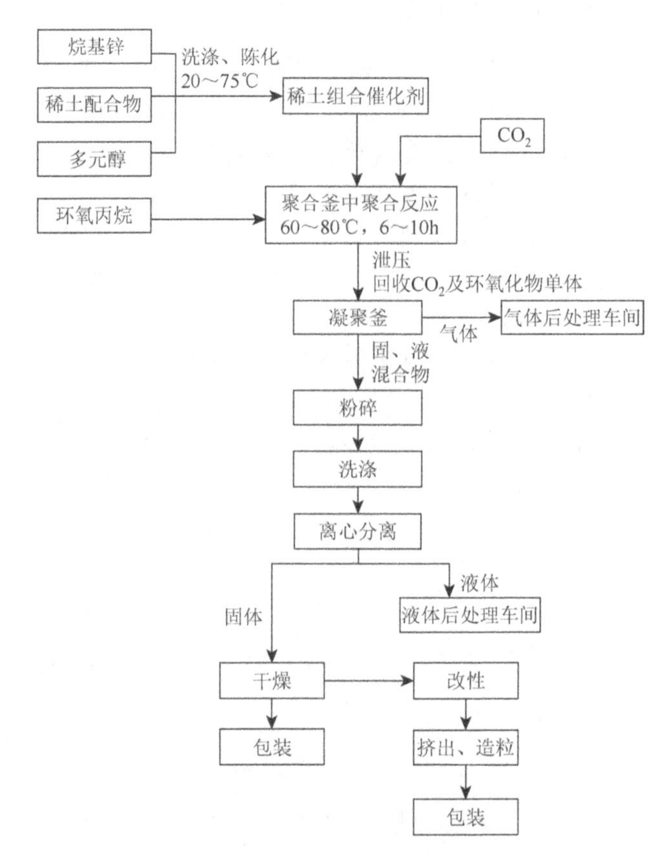

图 2-6　二氧化碳共聚物（PPC）生产过程示意图

3. 国内研究现状及进展

中国科学院长春应用化学研究所于 2001 年在国内较早地开展了该领域的研发，并在 2004 年与内蒙古蒙西高新技术集团有限公司合作建成了世界上第一条具有完全自主知识产权的年产千吨级二氧化碳共聚物生产线。为加速推进二氧化碳基塑料的产业化，中国科学院长春应用化学研究所于 2008 年承担了中国科学院知识创新工程重要方向项目“二氧化碳基塑料的产业化关键技术”的研究，并于

2012年通过验收，同时该所已建成万吨级二氧化碳基塑料生产线，并完成3万t/a生产线工艺包的设计。二氧化碳由此“变身”可降解塑料，标志着我国掌握了二氧化碳基生物降解塑料产业化关键技术。

科研人员开发出高效、稳定、低成本的稀土组合和载体化催化剂，万吨级二氧化碳基塑料的生产技术，以及低锌含量的聚合物后处理技术，聚合物中重金属含量达到了美国生物降解塑料协会的要求；改性后的二氧化碳基塑料薄膜达到高密度聚乙烯薄膜的水平，并通过了美国BPI认证；为二氧化碳基塑料的产业化提供了切实可行的系统技术。

2009年与中国海洋石油集团有限公司（简称中海油）合作建成年产3000 t二氧化碳共聚物现代化生产线，2011年12月与浙江台州邦丰塑料有限公司合作建成了万吨级二氧化碳基塑料生产线，于2012年5月15日完成运转试验，并完成了3万t/a生产线工艺包的设计，为我国建立具有世界竞争力的生物降解二氧化碳基塑料产业奠定了基础。

4. 二氧化碳基生物降解塑料的应用

1）薄膜材料

PPC单独作为薄膜材料时，会出现低温韧性差和高温尺寸不稳定等不足，所以，只有对PPC进行改性，才可以加工成通用薄膜材料而推广。对PPC的改性主要包括增韧和增韧改性两方面。常用的PPC增塑剂有柠檬酸三丁酯（TBC）、乙酰柠檬酸三丁酯（ATBC）、三乙酸甘油酯（GTA）和邻苯二甲酸二烯丙酯（DAOP）等。薄膜材料的加工工艺主要有吹塑成型、流延成型和双向拉伸成型方式。其中吹塑成型是性价比最高的方法。通常PPC的加工温度为130～180℃。为得到优异的塑化效果，通常使用长径比为28以上的单螺杆挤出机。PPC吹塑的包装薄膜，如一次性手拎袋，虽然可以满足市场要求，但存在断裂伸长率低的缺点。

2）阻隔材料

近年来，人们对食品药品保质期的要求不断提高，这就需要更好的阻隔包装材料。主要用于包装储存时间较短的牛奶、饮料、酒水和药剂等。通常将厚度为0.025 mm且透气量低于5 $cm^3/(m^2·24\ h·atm)$[①]的薄膜称为高阻隔性包装材料；透气量在5～200 $cm^3/(m^2·24\ h·atm)$之间的称为阻隔性包装材料；透气量大于200 $cm^3/(m^2·24\ h·atm)$的称为低阻隔性包装材料。可生物降解的PPC的氧气透过量为10～30 $cm^3/(m^2·24\ h·atm)$，水蒸气透过量为40～80 $g/(m^2·24\ h)$。与阻隔包装材料PET相当，可以包装中等阻隔要求的产品，如鲜牛奶等。

① 1 atm = 101325 Pa。

3）生物医用材料

生物医用材料是指对生物体可进行诊疗、治疗、修复或替换其病损组织、器官或增进其功能的新型材料。由于其直接作用于人体，因此必须有良好的生物相容性并且无副作用。李洋等（2017）利用尾静脉注射方法，对改性 PPC 材料进行生物安全性测试，结果表明：PPC 材料无热源产生，无细胞毒性，对皮肤无刺激，具有良好的生物相容性。

2.4.2　天然高分子化合物的应用

1. 天然高分子化合物概述

高分子材料通常指的是以高分子化合物为主体，辅之以其他添加剂所构成的材料，而高分子化合物的分子量一般在 10000 以上。高分子材料按来源分为合成高分子材料和天然高分子材料。高分子材料特别是天然高分子材料对环境友好，具有生物相容性、可再生、可降解性。天然高分子材料广泛存在于自然界动植物（包括人类）体内，如纤维素、淀粉、甲壳素、壳聚糖、胶原、明胶和蚕丝等。人类早在远古时期就开始使用毛皮、棉花、木材等天然高分子材料。由于化学技术的发展，相应地出现了天然高分子材料的改性和加工工艺。伴随着人类不断增长的物质需求，天然高分子材料无法满足人类的需要，合成高分子材料开始取代了天然高分子材料。但是近年来，石油资源日益减少，环境污染日益严重，天然高分子材料被越来越多的国家所重视（王玉鑫，2018）。

在高分子材料的设计环节中，关键在于将一个个的单体小分子进行化学等反应合成高分子。使用的合成方法多种多样，如自由基、离子型、开环、缩合等各种聚合反应。但是对于天然高分子来说，传统的合成已经不能满足当下的需求，必须使用新的改性技术。因此，在对天然存在的高分子材料进行对应的加工与改造时，可根据所需的性能对其进行设计、改进。注意在设计时也要遵守相对的原则，要根据现有的条件进行处理。

2. 天然高分子化合物在食品包装中的应用

1）淀粉基

淀粉是植物体储存的养分。在植物的各个部位上都有相应的淀粉存留以保障植物的正常生长。现在工业方面也用淀粉进行相应的大分子改造。从马铃薯、甘薯中提取的淀粉，成本低，提取量大，这就很好地解决了成本问题。淀粉的主要组成是碳水化合物，在一定程度上保证结构稳定，同时具有成膜性与降解性等物理性能。这为可食用包装打开了新的研究方向，此材料使用的技术成熟，已经逐渐用于食品包装。淀粉在最初就是被开发研究的大分子生物可降解材料。在初期作为增料对树脂等材料进行填充，在填充过程中发现其基础材料的使用会对环境造成白色污染。

2）纤维基

植物骨架中的支柱——纤维，是地球上储量最丰富的可再生资源。纤维素、木质素是目前所发现储量最大、结构最简单、可以轻松复制的天然高分子材料，在环境中可以自发降解，是目前发现的环保材料之一。目前，纤维素在自然界中占有的比例非常大，根据不同的环境其存在形式也是非常地稳定，纤维素主要存在于藻类中，科技发展专业人员也发现一些细菌能够合成纤维素。纤维素改造形成的纤维基高分子材料也是最常用的食品包装材料基材（郭琳和吴燕，2018）。

3. 天然高分子化合物在医药行业中的应用

1）天然高分子材料在生物降解中的应用

生物降解高分子材料在完成所需的功能后，能在体内自然消除或降解成无毒的有机小分子而释放，这样就不致使材料长期滞留于人体中，产生不利的后果。这类材料包括丝素、胶原、甲壳素、壳聚糖等天然材料，它们不仅具备可生物降解性和生物相容性，还可通过自身具有的重复单元与目标受体产生相互作用，用作脉管移植材料，引导神经再生的修复架，进行软骨组织修复等。手术缝合线是生物降解高分子材料的一种应用，天然可吸收缝合线有羊肠线，胶原可吸收缝合线，甲壳素、壳聚糖可吸收缝合线（采用的原料多为高纯度的甲壳素粉末，常用的溶剂有三氯乙酸、六氟丙酮、六氟异丙醇等），此后又出现了一种以棕色海草为原料的海藻盐纤维。

2）天然高分子材料在药物缓释中的应用

高分子缓释材料能够在生物活性体内通过渗透、扩散等控制方式使包裹的药物以适当的浓度和时间释放出来，可以切实有效地提高药物利用率，降低毒副作用，实现药物靶向性运输，减少患者痛苦。根据材料的来源不同，可分为合成高分子和天然高分子缓释材料（壳聚糖、明胶、羧甲基纤维素等）。丝素蛋白也是一种药物缓释材料，国内外对它的研究日益深入。它价格低廉，来源丰富，与人体具有良好的相容性。此外，它的力学性能优良，可塑性好，透气透水性能都很好，是用作药物缓释材料的最佳原材料之一。骨架试剂是药物缓释材料的一种具体应用，它是指药物和一种或多种惰性固体骨架材料通过融合或压制技术制成小粒、片状或其他形式的制剂，其中亲水的凝胶骨架材料就由天然胶类（如黄原胶、海藻酸盐）组成。

3）天然高分子材料在医疗器械中的应用

一次性医疗用品、精细的人造器官或者其他辅助的外用医疗器材，具体包括注射器、医用导管、护理用品、隐形眼镜镜片等。它们同样具备良好的生物相容性、无毒副作用、力学性能优良的特点。隐形眼镜的镜片可以保护和矫正视力，但有的隐形眼镜在使用过程中会造成眼睛干涩。甲壳素制成的人造泪可以弥补自然泪的不足，在眼睛干涩时可以滴加人造泪。甲壳素也可以制备对角膜无刺激伤害的隐形眼镜，其保水性能优异，长时间不会出现干涩。眼球玻璃体的病变会导致视力下降甚至失明，由小牛皮提取的胶原可以作为人工玻璃体，可在一定程度上代替病变的玻璃体。真丝一般指的是蚕丝，也是天然高分子材料，我国采用真丝为原料合成了不同类型和口径的人造血管，适应各种血管病变的需要。胰岛素由人体内胰岛分泌，胰岛释放胰岛素控制血糖水平，胰岛素不足会引起糖尿病。而人工胰岛与海藻酸钠密切相关，海藻酸钠凝胶是一种天然高分子，具有药物制剂辅料所需的稳定性、溶解性、黏性和安全性。

4. 天然高分子化合物在化妆品中的应用

1）纤维素在化妆品中的应用

羟乙基纤维素可通过水合膨胀的长链而增稠，使用量一般为质量分数 1%左右。在化妆品中羟乙基纤维素用于改善香波、沐浴露等的黏度，可提高物料分散性和泡沫稳定性，提高各类膏霜的黏性和流动性等。阳离子羟乙基纤维素是由羟乙基纤维素与 2, 3-环氧丙烷三甲基氯化铵反应生成的季铵盐型改性纤维素。它是阳离子高聚物家族中最重要的代表之一，美国化妆品、盥洗用品和香水工业协会（CTFA）称之为“聚季铵盐-10”。在国际“CTFA”注册的人体保护用阳离子聚合物中，它的用量居首位，已广泛应用于洗发水、液体香皂等日化产品中。阳离子羟乙基纤维素之所以应用如此广泛，主要是因为其分子内存在带有正电荷的季铵基团，可被吸附在带负电荷的头发表面，从而具有柔顺头发、减少摩擦、难生静电、容易梳理等调理功能。此外，阳离子羟乙基纤维素不仅自身具有良好的直染性、吸附沉积性，还可以帮助有效成分在头发上的沉积，这样就可以保护角质层免遭物理、化学方面的损伤、刺激。在洗发后仍有部分吸附沉积在头发上，从而继续保护和滋润头发。

2）瓜尔胶在化妆品中的应用

阳离子瓜尔胶作为功能性化妆品添加剂，广泛用于护发、护肤用品。1977 年，阳离子瓜尔胶衍生物在化妆品中首次应用，是被用来制备“二合一”洗发香波，这类香波不仅有清洁功能，还有护发性质。这主要是由于阳离子瓜尔胶含有带正电荷的季铵基团，与头发结合后，能够更好地吸附在头发表面，形成阳离子高分子膜，从而改善发质。阳离子瓜尔胶在香波中还起到使有效成分残留的作用，对损伤发质表面的完整性和蛋白丢失都具有修复作用，尤其是与硅油类化合物复配产品效果更佳，其在“二合一”香波中具有很好的协同增效作用，在最终产品中只用适量的硅油即可，因此降低了香波成本。阳离子瓜尔胶与硅油类化合物结合可使香波组合达到很好的调理性能。传统的阳离子瓜尔胶一般被用在不透明的香波和护发素中。20 世纪中后期，透明的香波再次兴起，它给消费者一种光亮、不含杂质的感觉。与其他阳离子调理剂，如聚季铵盐-10 相比，传统阳离子瓜尔胶不能达到同等透明的要求。但是聚季铵盐-10 在与高分子量的二甲硅油的协同增效作用方面就不如阳离子瓜尔胶。罗地亚集团于 20 世纪 90 年代开发了一款透明阳离子瓜尔胶。该产品可满足人们对透明香波的诉求，同时与高分子量二甲硅油乳液一起使用具有独特、卓越的配伍效果，赋予头发健康的光泽，充满动感活力。阳离子瓜尔胶还可以作为皮肤调理剂，可以降低表面活性剂等对皮肤的刺激并能增加皮肤的柔软性。

3）甲壳素在化妆品中的应用

在发用化妆品中，壳聚糖处理过的头发，黏滞性极小，可改善头发梳理性，使头发富有弹性，兼具光泽。壳聚糖还能在毛发表面形成一层有润滑作用的覆盖膜，是理想的固发原料，其固发效果持久，且不易沾灰尘；与染料复配，同时起固发和染发作用，使头发增添色彩和光泽。以 5%～30%甲壳素衍生物为主要成分配制的发胶具有防头发油腻、防吸尘、固发时间长、不损伤头发的特点。在护肤类化妆品中，由于壳聚糖是亲水胶体，自身具有保水能力，它可与蛋白质和类脂质相互作用形成保护膜附着于角蛋白和类脂质上，起到保持皮肤水分的作用。皮肤和头发的自然 pH 在 4.5～5.5 范围内，而壳聚糖盐水溶液 pH＜6，是配制化妆品的最适 pH。因此，配有壳聚糖的各种护发护肤化妆品在使用时极具亲和性，于人体无任何不适异样的感觉。在皂液产品中，壳聚糖可有效提高皂液的黏度，它在低 pH 皂液中极为有效，而其他水解胶体在低 pH 时会发生沉淀。市场上各种低 pH 皂液，为改善流动性，只要在配料中加入少量壳聚糖，质量便有明显改进。

2.4.3　传统生物降解塑料的改性

1. 聚乳酸的改性

虽然聚乳酸具有良好的生物可降解性、生物相容性和较高的力学性能，而且容易加工，但聚乳酸也具有一定的缺点，如聚乳酸材料成本较高、抗冲击性较差、不易亲水等，并且聚乳酸在加工过程中尺寸稳定性较差、热收缩严重、硬度大。

因此，人们开始深入探索聚乳酸如何改性，按反应机理可分为化学改性与物理改性（褚喜英，2017）。

1）聚乳酸的物理改性

复合改性就是将两种以上高聚物或填料与高聚物按照一定比例熔融复合得到改性新材料，复合是简单可行的方法，且成本低。PLA 与其他塑料复合的主要目的是改善脆性、提高冲击性能、提高热稳定性、降低生产成本，PLA 多与聚氨酯、聚己内酯等复合但相容性不好，常需添加相容剂如 PLA-*co*-PCL 共聚物等，价格低廉、性能优越的高分子材料与 PLA 复合得到具有一定生物降解能力的新材料是 PLA 复合改性新的研究方向。聚乳酸与三羟甲氧基丙烷三丙酸酯（TMPTA）复合辐射交联，在复合体系中形成长链枝化结构，聚乳酸的熔体强度提高，研究结果表明支化的聚乳酸剪切作用促进结晶，剪切时间增加结晶速率随之增加，剪切时间延长可以形成“shish-kebab”结构，复合物仍呈现相分离结构，分散相表面的 PEG 链段与两相的酯交换产物使两相有较好的相容性，复合物熔体的黏性与弹性提高。将天然木质纳米纤维素与聚乳酸复合，纳米纤维素复合材料的机械性能、热稳定性、结晶性能有显著的提高。在聚丁二酸丁二醇酯（PBS）对聚乳酸的增韧改性中，PBS 能促进聚乳酸冷结晶，当 PBS 含量为 25%时，复合物的相容性最好，增容剂亚磷酸三苯酯（TPPi）的加入使分散程度变好，提高结晶能力，但复合物的力学性能下降，加入过氧化二异丙苯（DCP）抑制了结晶作用，增大了复合物熔体黏度，改善了拉伸应变和弯曲应变。

2）聚乳酸的化学增韧改性

对聚乳酸分子链进行共聚、交联等化学改性，改变大分子结构，化学改性是从本质上进行改性。强度与韧性是高分子材料的两项重要力学性能指标，增强增韧改性也是材料科研的重要课题，最早提出的橡胶增韧改性塑料的机理，受力时材料中橡胶粒跨越裂纹，拉伸力使裂纹发展扩大，橡胶颗粒吸收、储存冲击能量，阻止裂纹进一步扩大使材料破裂，对材料起到增韧作用。

聚乳酸的亲水性差导致其生物相容性、降解速率不理想，在分子链段上接枝亲水性好的韧性材料的分子链可以改善聚乳酸的亲水性并增塑。聚乳酸共聚增韧改性的材料主要有聚乙交酯（PGA）、聚乙二醇（PEG）、聚己内酯（PCL）、聚醚类聚合物、淀粉等。以聚乳酸为主干接枝聚丙烯酰胺，在聚丙烯酰胺的自由基溶液中，过氧化物引发反应，得到的接枝共聚物的亲水性强。扩链剂的活性基团与聚酯的端羧基或端羟基发生扩链反应，分子量得到提高且韧性增强。将聚乙二醇嫁接到亲水的聚乙烯醇（PVA）上，调节 PLG 分子链的组成与长度可调控材料的降解速率，产物可应用于亲水性大分子药物蛋白质、缩氨酸和低聚核苷酸等的肠道外药物输送体系。此外，疏水的聚乳酸和亲水的右旋糖苷衍生物在紫外线辐射后交联形成三维网状结构的水凝胶。

2. 聚丁二酸丁二醇酯的改性

聚丁二酸丁二醇酯（PBS）是属于化学合成型的全生物降解高分子材料，这种新型的生物降解材料具有优异的可环境消解性，力学性能优异，故而自该材料诞生之初便吸引了国内外学术界的目光。就通常情况而言，脂肪族聚酯的分子量大多较低，因而熔体强度不足，限制了该品类聚酯的加工应用。PBS 作为脂肪族聚酯中的一种，是一种较为新型的全生物降解材料，目前在市场上的应用仍处于初级阶段，目前 PBS 产品主要用作垃圾袋、包装袋和液体容器等附加值较低的低端产品，同时也在医药卫生、婴幼儿洗护产品等领域有具体应用。值得一提的是，PBS 作为全生物降解材料，其合成成本较同类型的其他全生物降解材料低廉，因而改性潜力大，发展前景被广泛看好。

根据 PBS 的化学结构，目前较常见的合成方法是由丁二酸和丁二醇经直接酯化或酯交换直接进行化学合成，而另一种合成方法为生物发酵法。但是未经改性的 PBS 由于其分子量偏低，熔体强度不足，往往较难通过传统工艺进行加工，因而影响了 PBS 的推广与应用。

1）结晶成核改性

PBS 虽然是结晶型聚合物，但是其在加工过程中成核密度较低，结晶速度缓慢，通常形成 100 μm 左右的大球晶，且熔体强度低，导致其应用范围受限，从而影响其应用，在对 PBS 材料进行传统的加工过程中，常常要通过控制 PBS 的结晶，以改善其加工性能。通过筛选不同类型的成核剂，分别采用 X 射线衍射（XRD）、偏光显微镜（POM）和差示扫描量热法（DSC），从晶形结构和结晶温度等角度评价成核剂对 PBS 材料的改性效果，并进一步通过对熔融沉积成型制品的断面形貌分析、翘曲度和力学性能等的测试及产品成型效果评价，表征结晶成核剂改性 PBS 材料作为熔融沉积成型耗材的适用性。

2）扩链改性

PBS 虽然是优秀的全生物降解材料，但由于 PBS 的分子量较低，因而特性黏度低，熔体流动速率高，且未经改性的 PBS 材料的分子量分布较宽，在实际的熔融沉积成型条件下，往往因为在同等温度下的流动性差异而造成其出料不均，因此达不到产品的精度要求，这大大阻碍了它在熔融沉积成型中的应用效果。由于 PBS 含有端羟基和端羧基，可以寻找一种合适的扩链剂来对其进行改性，从而改善其分子量分布，在材料源头上促进其精度的有效提升。通过筛选不同类型的扩链剂，分别采用特性黏度法、熔体流动速率法和差示扫描量热法，从材料的分子量和熔体特征等角度评价扩链剂对 PBS 材料的改性效果，并进一步通过对熔融沉积成型制品的翘曲度、力学性能等性能测试及产品成型效果评价，表征以扩链改性 PBS 材料作为熔融沉积成型耗材的制品效果。

3）共混改性

PBS 与 PLA 一样，同为全生物降解材料，因而针对 PBS 整体力学性能较弱，利用 PLA 作为增强剂，通过探讨不同配比 PLA 对 PBS 的增强效果，充分利用 PLA 和 PBS 两种可生物降解材料具有性能差异性较大的特性，通过改变组分的配比来改善共混材料的性能，最终能够获得既不丧失其低温成型，综合力学性能又较好的适用于熔融沉积成型的复合材料。将不同配比的 PBS/PLA 进行共混，通过热分析测试、表面形貌分析、力学性能测试、氙灯老化测试、表面形貌观测和产品成型效果评价等方法，评价 PBS/PLA 共混体系作为熔融沉积成型制品耗材的可行性。

3. 聚 3-羟基丁酸酯-*co*-4-羟基丁酸酯的改性

聚 3-羟基丁酸酯-*co*-4-羟基丁酸酯（P34HB）是通过微生物发酵生产出来的一种可完全生物降解的新型材料，其不仅具有传统塑料的物理性能，还具有良好的可再生性和生物可降解性。但是 P34HB 的热稳定性、结晶性和机械性较差，以及加工复杂程度和生产成本高，这些都在很大程度上限制了其发展和应用。为了提高生物塑料 P34HB 的力学性能，改善其降解性能，降低应用成本，对其进行改性已成为必不可少的环节。通过对 P34HB 的改性，使其满足不同应用环境和领域的要求，对扩大生物塑料 P34HB 的广泛应用具有重要意义。

1）物理改性

物理改性是将 P34HB 与其他组分通过物理混合来改善其性能，从而使获得的新材料满足各类要求，操作简单，成本低廉。

填充改性：氮化硼可以使 P34HB 的结晶速率加快，随着氮化硼的增加，成核效果愈加显著，当氮化硼含量大于 1%时，成核效果迅速降低。氮化硼抑制了 P34HB 的后结晶现象从而使材料的加工性能得到了提高。苯甲酸钠也能明显提高 P34HB 的结晶速率，其导致所有吸热峰和冷结晶峰移向低温。广角 X 射线衍射测量证实苯甲酸钠不改变 P34HB 的结晶形态。

复合改性：P34HB 与蒙脱土（MMT）和海泡石（Sep）纳米生物复合材料。MMT 和 Sep 同时添加可以提高复合材料的整体机械性能和耐热性。通过熔融共混制备聚 P34HB 和疏水改性的氧化石墨烯（GO）的纳米复合材料，发现 GO 的烷基化大大提高了与聚合物的相容性，并且纳米复合材料的可加工性和热机械性能系统地受到 GO 含量和烷基链长度的影响。改性后的竹纤维（BF）的添加量为 10wt%[①]时，所制得的 P34HB/BF 复合材料的力学性能达到最佳，拉伸强度和弯曲

① wt%表示质量分数。

强度分别提高了 56.8%和 46.2%，复合材料的结晶温度和热稳定性也得到了一定程度的提高。

2）化学改性

以 P34HB 分子结构为基础，通过改变分子链的结构，使其与其他组分产生化学反应进而得到新的官能团，可以改善力学性能和加工性能。

扩链共聚：为了加强 P34HB 的韧性，采用 IPDI 和 BASF-4370 两种扩链剂共混并分别对 P34HB 改性，发现都可提高其加工性能和力学性能，综合性能最佳时的添加量为 1%。拉伸强度、断裂伸长率和缺口冲击强度都比纯 P34HB 有所增加，P34HB 的断面也变得粗糙，呈现出韧性的特质。在高温条件下，将由 β-甲基环氧氯丙烷和十甘油反应生成的多环氧基封端聚醚加入到 P34HB，增大了聚合物的分子量，使 P34HB 的结晶速率和结晶度降低，同时聚合物的力学性能也有所提高。通过连续变倍体视显微镜观察共混纤维断面形态和表面形态，发现共混体系相容性良好。

接枝共聚：将马来酸酐、过氧化苯甲酰和 P34HB 在双螺杆挤出机内进行熔融接枝反应制备接枝共聚物，随着马来酸酐含量的增加，共聚物的结晶能力降低，接枝率、冲击强度及力学性能提高。P34HB 接枝 MAH 有效减缓了其热加工中的热降解，提高了其断裂伸长率和冲击强度。将钛酸酯偶联剂（TMC-980）改性 nano-ZnO 作为增强剂，将其与 P34HB 进行交联反应，发现交联后材料的断裂伸长率、拉伸强度、冲击强度都有所提高，球晶粒径变小（朱李子和马晓军，2018）。

2.5 小　结

进入 21 世纪以来，保护地球环境，构筑资源循环型社会，走可持续发展道路已成为全球的关注热点和紧迫任务。生物基塑料主要原料来自可再生的生物质资源，可作为日趋枯竭的不可再生的石油资源的补充和替代，而且通过产品整个生命周期分析，已确认其为环境低负荷材料，已成为全球瞩目的开发热点。

基于此，本章介绍了各种类型的生物降解塑料。

2.1 节主要介绍了四种生物降解塑料及其分类，主要有：天然基生物降解塑料、生物基生物降解塑料、石油基生物降解塑料、共混型生物降解塑料。

2.2 节为生物降解塑料的发展历程，分为部分生物降解塑料和全生物降解塑料。

2.3 节主要介绍了四种生物降解塑料的国内外研究进展，分别是合成可降解塑料、天然基生物降解塑料、微生物降解塑料、共混型生物降解塑料。

2.4 节主要从二氧化碳基生物降解塑料、天然高分子化合物的应用、传统生物降解塑料的改性三个方面介绍了生物降解塑料的科学前沿。

随着社会的不断发展，环境污染和资源短缺将是我们无法避免的问题，对人类的生存和发展构成严重的威胁。生物降解塑料的研究和使用可以避免对环境的破坏，解决能源危机，是一条可持续发展的绿色之路，是未来发展的方向。

尽管目前开发的可降解塑料尚未彻底解决日益严重的“塑料垃圾问题”，但仍然是一条缓解矛盾的有效途径。它的出现不仅扩大了塑料的功能，缓解了人类和环境的关系，而且从合成技术上展示了生物技术的威力和前景，这将是 21 世纪新材料的重要领域，其重点发展的方向是发掘新的原材料及其进行基础理论和应用研究。

第3章　生物降解塑料的生成原料与技术路径研究

生物降解塑料是指在自然环境下通过微生物的生命活动能很快降解的高分子材料。从20世纪90年代开始发展的生物降解塑料产业，目前正成为塑料工业缓解石油资源矛盾和治理环境污染的有效途径之一，市场前景十分广阔。对于我国这样一个塑料制品生产和消费大国，生物降解塑料的研发、生产与应用对塑料产业的可持续发展具有更加重要的意义。

第2章对生物降解塑料的内涵与基本概况进行了界定，对生物降解塑料的分类、研究进展和研究方向进行了系统性分析，提出了生物降解塑料的分析原理与研究框架。本章在第2章分析的基础上，以生物降解塑料的形成要素分类为切入点，首先对每一类生物降解塑料的成分来源进行界定与分析，然后对生物降解塑料的转化路线和技术水平进行理论剖析。

生物降解塑料按其来源可分为天然基生物降解塑料、生物基生物降解塑料和石油基生物降解塑料等（图3-1）。本章主要从原料、转化路径以及总体技术水平三个方面对生物降解塑料进行阐述。

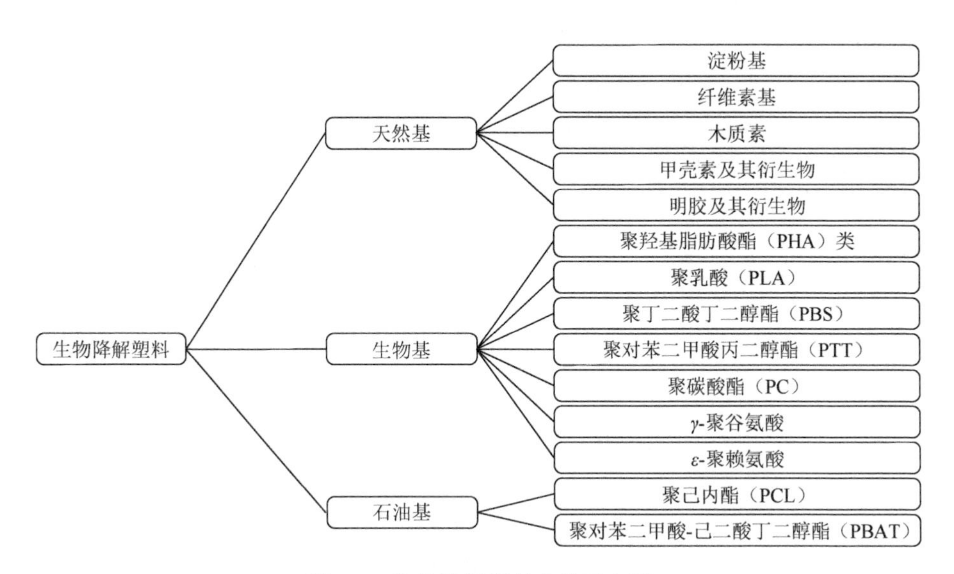

图3-1　生物降解塑料分类示意图

3.1　天然基生物降解塑料性质介绍、制备方法及技术评价

天然基生物降解塑料是利用可生物降解的天然高分子物质为基材制造的一类材料。其中来源于植物的包括淀粉、纤维素、木质素等，来源于动物的包括甲壳素、明胶等。

3.1.1　淀粉基塑料

淀粉是地球上产量仅次于纤维素的天然高分子，它来源丰富、可再生、价格低廉，通过改性、塑化可用于生产淀粉基塑料。淀粉基塑料作为天然基生物降解材料中的一个重要品类，已经成功实现产业化生产和应用。淀粉基塑料是以淀粉为主要原材料，经过改性、塑化后再与其他聚合物共混加工而成的一种塑料产品。

淀粉基塑料，泛指其组成含有淀粉或淀粉衍生物的塑料，以天然淀粉为填充剂以及以天然淀粉或其衍生物为共混体系主要组分的塑料都属于此类。

1. 淀粉基塑料的结构分类与功能特性

淀粉是由葡萄糖组成的多糖类碳水化合物，化学结构式为$(C_6H_{10}O_5)_n$，式中$C_6H_{10}O_5$为脱水葡萄糖单位，n为组成淀粉高分子的脱水葡萄糖单元的数量，即聚合度。

组成淀粉的只有两种类型的分子，呈直链和支链两种结构，分别称为直链淀粉和支链淀粉，结构如图 3-2 所示。

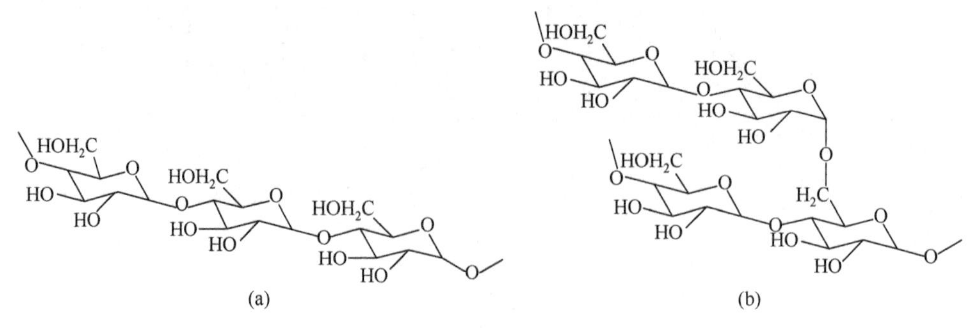

图 3-2　直链淀粉与支链淀粉结构图

（a）直链淀粉；（b）支链淀粉

最早的淀粉塑料是英国科学家Griffin提出的，他在1973年提出在石油化工聚合物中加入廉价的淀粉作为填充剂可以引发塑料生物降解的观点，并申请了世界上第一个淀粉填充聚乙烯的专利，随即引起了淀粉基生物降解塑料研究与开发的热潮，20世纪70年代就已经有大量专利被申请。

淀粉基塑料作为一种可再生材料已经被研究40余年，主要分为三个阶段：第一个阶段主要是在PP、PE等传统塑料中加入少量淀粉来达到降低成本、增加塑料的可降解性的目的，即淀粉填充型聚合物。第二个阶段是随着环保意识的提高，填充型淀粉塑料不再能满足低成本、可降解等要求，从而增加淀粉在塑料中的含量，以及增强淀粉和第二组分之间的连接，制备了共混型淀粉塑料。第三阶段为全淀粉型塑料阶段，全淀粉型塑料是可完全降解的塑料，因其成本和性能的问题有待进一步提高。

根据淀粉基塑料中淀粉含量的多少可以将其分为三大类：填充型淀粉塑料、共混型淀粉塑料和全淀粉塑料。

1）填充型淀粉塑料

填充型淀粉塑料一般淀粉含量在7%～30%之间，其余为通用塑料。早期的淀粉塑料都属于这一类型，其主要成分是石油基聚合物，如聚乙烯（PE）、聚氯乙烯（PVC）和聚苯乙烯（PS）等，已经发展到每年生产数万吨。但据日本橡胶协会报道将PE、PS、PVC及超滤（UF）膜片埋入微生物活性较高的土壤32～37年，微生物对各种塑料的分解影响结果表明：PS、UF膜片没有变化；PVC外观没有变化，但其表面上的增塑剂减少并发生了氧化作用，性能变劣；PE伴随发白现象，与土壤接触部分变成了碎片，显示出严重的破坏和分解现象，在需氧细菌活跃的地表附近采集的试样，可见有非常严重的老化降解现象，但经评价方法检测，其失重仅约15%。以此计算，厚度60 μm的LDPE薄膜要达到完全生物降解将需要近300年，加上其价格比传统塑料高、回收不利，因此包括美国国家环境保护局在内的一批环保机构和专家反对生产和使用降解塑料。虽然最近研究表明，填充了通用塑料的淀粉基生物降解材料也并非毫无用处，作为非生物降解的通用塑料若以很细的纤维状分解在降解材料中，这种共混塑料与垃圾一起堆肥，非生物降解部分全被微生物或其分泌物覆盖，而起到使土壤活化的作用，并能和腐殖质一起稳定地存在于土壤中，这提供了重新考虑通用塑料在生物降解塑料方面的应用。但是这种工艺处理困难、成本高，随着时间的推移，这种共混物在土壤中累积过多有何负面影响尚难预料。

2）共混型淀粉塑料

填充型淀粉塑料的一个明显缺点是淀粉含量太低，也就是能降解的组分太少。而提高淀粉塑料中淀粉的含量，一方面可以增加降解组分，另一方面可以降低成本。

利用改性淀粉与树脂共混，可以提高塑料制品中的淀粉含量，且制品性能也有所改善。热塑性淀粉与其他生物可降解聚合物共混，能够满足广泛的市场需求。与热塑性淀粉共混的可降解聚合物主要有聚乙烯醇（PVA）、聚乳酸（PLA）、聚 β-羟基丁酸酯（PHB）、聚羟基戊酸酯（PHV）、PHBV 共聚物、聚己内酯（PCL）、脂肪族二元醇与脂肪族二元酸反应生成的聚酯、聚酰胺、聚氨酯、聚氧乙烯以及纤维素、壳聚糖及其衍生物等等，共混物中淀粉的含量可达 40%～60%。

最早提出共混型淀粉塑料专利的是美国农业部的 F. H. Otey 等。意大利 Novamont 公司生产的 Mater-Bi 是这一类产品的典型，该公司称其为完全生物降解淀粉塑料。从本质上说，Mater-Bi 是由热塑性树脂与淀粉通过互穿网络技术所构成的功能性高分子合金，此合金具有两相连续的物理交联网络。它是以淀粉为主要成分，加入少量改性聚乙烯醇共混制得，由于两种成分分子中均含有高浓度的羟基，通过氢键在分子间相互结合，形成互穿网络结构的均质聚合物合金。虽然淀粉本身不具有热塑性和流动性，加入改性的聚乙烯醇后，合金不仅有了良好的流动性，可熔融成型，同时也具有延展性和真空成型性。纯淀粉薄膜的强度极低，而这种合金几乎具有相当于聚乙烯的强度。Mater-Bi 具有亲水性，但非水溶性，吸水后力学性能下降，经过干燥又能恢复原有的力学性能，而且其加工方法广泛，可以挤出、吹塑、流延等。20 世纪 90 年代末，该公司对 Mater-Bi 进行改进后，淀粉含量达到 60%～95%，基本接近或达到全淀粉塑料的淀粉含量，不仅生产成本下降，性能也有所改善。近年来，美国、日本及一些欧洲国家都有类似的高淀粉含量的产品研制出来，在国际社会受到了极大的重视。

3）全淀粉塑料

全淀粉塑料指的是淀粉含量在 90%以上，添加的其他组分也能完全降解的一类淀粉塑料。全淀粉塑料的生产原理是通过物理改性使淀粉分子变构而无序化，形成了具有热塑性能的淀粉树脂，因此又称为热塑性淀粉塑料。在热塑性淀粉中，淀粉分子只是发生构型改变，而其化学结构并无变化，在成型加工时不能缺少水分，但其产品却极易吸水，从而导致力学性能下降。在湿度较大的地区，要防止制品的回潮，通常做法是在其外表面涂防水层，这将增加产品的成本。其成型加工可沿用传统的塑料加工方法，如挤出、流延、注塑、压片和吸塑等，但工艺却有所不同，有些设备还要改装或添加部件。

2. 淀粉基塑料的制备方法

1）填充型淀粉塑料

填充型淀粉塑料的制造工艺为用熔融混合的方法将淀粉颗粒填充到通用塑料中，这种方法制备简单，工艺成熟。在淀粉填充型产品中主要是以聚乙烯为代表的石油基塑料中填充淀粉颗粒，随着淀粉含量的增加，塑料的可降解性能增强，力学性能降低。Nawang 等（2001）将不同量淀粉填充到低密度聚乙烯中，研究表明：断裂伸长率、抗张强度、屈服应力都随淀粉填充量的增加而降低，而且几乎都低于理论值。分析其原因，主要是由于淀粉与聚乙烯之间没有很好的相容性。

2）共混型淀粉塑料

淀粉基可完全降解聚合物主要是指淀粉与其他可降解材料共聚或者共混而形成的聚合物。在能保证聚合物性能的情况下，尽量提高淀粉添加量，以降低共混聚合物的成本。目前可以淀粉共混或共聚的可完全降解的聚合物主要有聚乳酸（PLA）、聚己内酯（PCL）、聚乙烯醇（PVA）等。这些聚合物价格较高，单独使用限制了它们的应用范围。而淀粉资源广泛、价格较低，易于改性，将淀粉和可完全降解的聚合物混合，有望开发出具有巨大潜力的新材料。

a. 淀粉和 PVA 混合

PVA 是世界上产量最大的合成水溶性聚合物，PVA 具有优良的光学及物理化学性能，但其价格较高（Siddaramaiah，2004）。Sin 等（2010）将等量的淀粉分别加到 PVA 和 LDPE 中，PVA 复合物的抗张强度降低 0.74%，而 LDPE 复合物的抗张力强度降低 10.9%。同时，Ramaraj 等（2007）的研究表明，随着淀粉含量的增加，材料的拉伸强度、断裂伸长率降低。Sin 等（2010）研究木薯淀粉和 PVA 材料混合时，发现有协同作用，混合材料焓值高于理论值，表明在木薯淀粉和 PVA 之间有很强的化学键形成。然而由于协同作用的机理未能阐述明了，继续增加 PVA 的含量提高材料的性能也只是理论值，在未来的一段时间内，在机理上阐述清楚协同的原因，进一步探索合适的催化剂、加入合适的第三相等则是发展的主要方向。增塑剂的使用同样有助于淀粉-PVA 聚合物性能的改善。Park 等（2005）用柠檬酸、甘油、山梨醇作为在淀粉-PVA 中的增塑剂时，发现柠檬酸具有更好的增塑作用。可能是因为柠檬酸同时含有羟基和羧基，有更多的羟基结合位点。高翠平等（2012）使用柠檬酸和甘油作为复合增塑剂使淀粉塑化之后和 PVA 复合成膜，制备的复合膜与未使用增塑剂的膜相比在力学性能、热力学性能、耐水性方面都有一定的提高。Xiong 等（2008）则在淀粉-PVA 中加入纳米二氧化硅颗粒，与没有添加纳米二氧化硅颗粒的材料对比，膜的结晶度降低，断裂伸长率、拉伸强度、透光率增加，水分吸收率下降。发现在纳米二氧化硅颗粒与基底材料间形成氢键从而降低了淀粉颗粒分子间氢键的形成。汪文娟和王华林（2011）也将纳米二氧化硅颗粒加入到薄膜中，证实了 Xiong 等（2008）得出的结论。

b. 淀粉和 PLA 混合

PLA 作为一种传统塑料的代替材料，因其完全降解和利用可再生资源，在过去的十年中已经得到了广泛的重视。然而其成本价格较高而使应用受到限制。因此将淀粉和 PLA 混合是制备最有前景的塑料的方法之一。Ke 和 Sun（2001）研究了淀粉和 PLA 的混合中成型方式对其机械性能的影响。用双螺旋挤出机挤出，采用两种成型方法：模压成型和注射成型。研究发现模压成型比注射成型有着更低的吸水值，而且模压成型与注射成型相比有着更大的结晶性。然而注射成型与模压成型相比有着更高的拉伸强度、断裂伸长率。因此应根据需要不同而采取不同的成型方式。

c. 淀粉和 PCL 混合

PCL 可由阳离子、阴离子或者是自由基开环聚合而成。PCL 是半结晶型聚合物，随着分子量的增加，结晶度降低，在海洋、污水污泥、土壤、堆肥生态系统中都可完全降解。而因其具有生物降解能力和生物相容性优良的性能，已经吸引了很多研究者进行研究。利用价格低廉的淀粉材料来与聚己内酯共混仍然是未来研究的重点。

Sugih 等（2009）首先用六甲基二硅氮烷对淀粉进行硅烷基化处理，使之亲水性降低，之后己内酯通过开环聚合接枝到硅烷基化的淀粉上，得到产物可以通过温和的酸解移去硅烷基化基团得到 PCL 和淀粉的共聚产物。Kweon 等（2004）则对淀粉先进行氯化以提高淀粉与 PCL 的相容性，利用高取代度的淀粉在碱性溶液中进行反应，通过化学反应，淀粉和 PCL 之间的相容性增加，从而制备性能较高的混合材料。Vertuccio 等（2009）利用球磨来提高聚合物和淀粉体系相容性，得到机械性能较好的淀粉-PCL-黏土混合物。

3）全淀粉塑料

在过去的 20 年中，科学家们致力于把淀粉制备为热塑性淀粉。热塑性淀粉是指淀粉在一定量的增塑剂的作用下，经过加热、机械力的作用，破坏其原有的分子结构的条件下形成的材料。热塑性淀粉分解后，可以作为有机肥料被吸收，不会对环境产生任何有害的影响。

改性制备热塑性淀粉的主要方法包括：淀粉氧化改性、酯化改性、醚化改性、交联改性、聚氨酯改性以及乙酰化改性。

氧化淀粉是使用范围最广泛的一类改性淀粉。它是以天然淀粉（如玉米淀粉或马铃薯淀粉等）为原料，利用氧化剂在碱性条件下氧化制得。淀粉分子中葡萄糖单元的 C_6 原子上的伯羟基易被氧化成醛，并可进一步被氧化成羧基。而 C_2 和 C_3 上的仲羟基也易被高碘酸盐氧化成二醛。天然淀粉在氧化反应后，分子中羟基的数量减少，降低了淀粉分子间氢键的形成，进而提高热塑性淀粉材料的疏水性。制备氧化淀粉的氧化剂很多，目前最常用的是高碘酸盐、过氧化氢等。

酯化淀粉是指淀粉分子中的羟基与有机酸或无机酸发生酯化反应而得到的一

类改性淀粉。淀粉经过酯化改性后，其葡萄糖单元上的羟基被酯键取代，分子间的氢键作用被削弱，从而使得酯化淀粉具有热塑性、疏水性等优点，广泛应用于纺织、造纸、降解塑料、水处理工业、医药、食品等领域。目前，研究较多的主要是利用柠檬酸、马来酸酐及无机酸中的磷酸对淀粉进行酯化改性，并用于制备热塑性材料。

醚化淀粉是淀粉中的糖苷键或活性羟基与醚化剂通过氧原子连接起来的淀粉衍生物，常见的有羟烷基淀粉、羧甲基淀粉等。醚化淀粉增强了糊液黏度的稳定性，在强碱性溶液中不易水解，相比原淀粉，醚化淀粉有着更为广泛的应用。

交联改性就是用多元官能团化合物（交联剂）与淀粉分子上的羟基反应，使 2 个或 2 个以上的淀粉分子交联在一起。它可以有效改变淀粉原有的糊化溶胀性质，提高淀粉糊的耐热、耐酸、抗剪切能力，在食品工业中具有广泛的应用。常用的淀粉交联剂有环氧氯丙烷、三偏磷酸钠和三氯氧磷等。

聚氨酯（PU）被认为是一种高性能、可生物降解的弹性体，将它引入淀粉中后可得到可生物降解的热塑性韧性材料。Lu 等（2005）用蓖麻油合成水性聚氨酯，并将其与淀粉（DP）进行共混改性，得到一种新的可生物降解材料。研究表明：在 TPS 中添加 4%～20%（质量分数）的 PU，可使热塑性淀粉的力学性能显著提高。此外，PU 也对改善所得共混物的表面和本体疏水性及耐水性有显著作用。

然而热塑性淀粉有着自身难以避免的缺点：①易回生；②机械性能较差；③使用过程中容易受到环境的影响，尤其是水分的影响。

Da Róz 等（2006）对不同种类的增塑剂的增塑作用进行的研究表明，一元醇或者高分子量的多元醇难以起到增塑剂的作用，相对而言分子量较小的乙二醇和山梨醇可以起到增塑剂的作用。Mali 等（2005）用不同多元醇增塑剂对热塑性淀粉吸水率和机械性能的研究发现增塑剂种类和用量对淀粉膜的亲水性影响很大。

以上研究都使用多元醇作为增塑剂，这些热塑性淀粉在储存一段时间后出现重结晶，使之变脆，缺乏弹性。近年来的研究热点则是倾向于利用酰胺类增塑剂解决这个问题。Ma 等（2006）又对尿素和乙醇胺作混合催化剂进行了研究，发现这种增塑剂与传统的增塑剂甘油相比，是更有效的增塑剂。She 等（2008）用脂肪类酰胺和甘油作混合增塑剂时，混合材料拉伸强度以及断裂伸长率都有提高，对水的抵抗力也有所提高，但是得到的材料对水依然较敏感。

在热塑性淀粉中加入蒙脱土纳米颗粒等硅酸盐材料，是近年来研究的热点。蒙脱土作为一种具有纳米级片层结构的硅酸盐矿物，能够以单个片层的形式无序分散到淀粉塑料中，形成剥离型的复合结构，能够有效改善淀粉塑料的耐吸湿性，同时也能提高材料的热稳定性、韧性及阻隔性能。W. Wang 和 A. Wang（2009）对热塑性淀粉-甘油改性的蒙脱土纳米淀粉复合材料进行研究发现：甘油可以增大间隔、破坏蒙脱土的多层结构，淀粉热塑性基底和增塑剂在与蒙脱土颗粒形成交联时具有竞争性，可能会降低热塑性淀粉的热塑性。

与此同时，我国也开展了全淀粉热塑性塑料的研究，其中浙江大学和天津大学等单位采用多种工艺使淀粉无序化，重新排列组合其分子链结构，实现了对淀粉的彻底改性和充分塑化。

华中农业大学于 2001 年进行了淀粉基热塑性生物降解塑料的研制，具体操作为：①淀粉的干法疏水化改性，将适量玉米淀粉置于反应器中，在温度 95～110℃，pH 5.5～7.0，快速搅拌的条件下与分 2～3 次加入的硅烷偶联剂（$w = 2\%$～3%），及偏磷酸钠饱和溶液（$w = 1.55\%$）的混合溶液反应 30 min，产物备用；②改性淀粉与可生物降解聚合物共混，在改性淀粉中添加 V(甘油)∶V(乙二醇) = 1∶2 组成的复合增塑剂，使 w(复合增塑剂) = 8%，用氢氧化钠溶液调节 pH 为 9.0，搅拌 15 min 后，加入增溶剂 EAA、增强剂 PX 使 w(增溶剂 EAA) = 5%和 w(增强剂 PX) = 20%～30%，反应物于 85℃高速搅拌 8 min，继续搅拌至冷却。产物可在双螺杆造粒机中共混造粒，也可在开放式压延机中压延成材。

3. 淀粉基生物降解塑料技术水平评价

20 世纪 80 年代是发达国家填充型淀粉塑料蓬勃发展的时期，欧美国家发表的相关专利有上百个。Griffin 的专利由英国格兰布朗公司商品化，生产含有 7%～10%淀粉的聚乙烯塑料，供制造购物袋使用，并声称其可以生物降解。随后很多淀粉塑料相继投产，生产的多是含 5%～15%玉米淀粉的聚乙烯薄膜。由于该类淀粉塑料不能完全降解，而成本却高于现行石油化工塑料 15%左右，20 世纪 90 年代后已逐渐衰落。此后又出现改进了的所谓双降解塑料，即在生物降解塑料中加入光敏剂，使其既能生物降解，又能光降解。双降解塑料的降解速率大大加快，而且能使塑料产品降解成粉末，但其中大部分仍是难降解的聚烯烃类树脂，因此短期仍无法完全降解，难以消除污染。

为解决这一问题，发展了淀粉含量高（大于 50%）的降解材料，不加或加入 2%～5%聚烯烃等树脂，其他组分为能较快生物降解的聚乙烯醇、乙烯/乙烯醇和乙烯/丙烯酸共聚物。并通过对淀粉的改性，改进了淀粉与合成聚合物的相容性，降低了淀粉的亲水性，使成品的力学性能、尺寸稳定性有所改善。荷兰 BIOzym 集团总部开发的 Envar 系列基于改性淀粉和聚己内酯共混的树脂，可在 20 天内完全生物降解，用其制造的堆肥袋的物理性能与线形低密度聚乙烯相当。

Warner-Lambert 公司生产的商品名为“Novon”的生物降解材料，以糊化淀粉为主要原料，添加少量可生物降解的添加剂如聚乙烯醇，淀粉含量达 90%以上，并具有较好的力学性能。日本合成化学工业株式会社也开发出具有热塑性、水溶性和生物降解性的淀粉基树脂，该树脂引入具有热塑效果分子结构的乙烯醇共聚物，可在挤塑、吹塑、注塑等工艺下成型。日本京都工艺纤维大学研制的淀粉-聚己内酯共混塑料，淀粉含量为 70%，在土壤微生物作用下，可完全生物降解。Novamont 公司宣称，其淀粉含量为 60%～95%的 Mater-Bi 产品，能与聚乙烯、聚苯乙烯、聚乙烯醇等合成聚合物相容，可完全降解成堆肥。该产品已被美国多家公司用来制造垃圾袋和一次性餐具，欧洲、日本等将其开发用于热成型用品、包装材料、各种容器等。

我国对淀粉塑料的研究起步于 20 世纪 80 年代，第一个淀粉塑料研究成果由江西省科学院应用化学研究所完成。并于 1987 年建立了国内第一条淀粉塑料生产线，生产聚乙烯填充淀粉塑料，其后发展了淀粉/聚乙烯醇接枝型和共混型淀粉塑料，淀粉的填充量提高到 60%，主要用于地膜和包装材料。天津大学研究的 APSA 淀粉塑料薄膜由聚乙烯、淀粉和增溶剂组成，聚乙烯含量占 77%，淀粉只占 15.7%，1989 年通过鉴定后在天津建立了我国最大的降解塑料生产基地，设计年产量为 1.5 t。1992 年，北京华新淀粉降解树脂制品有限公司引进了美国 ATI 公司的淀粉/EEA/PE 技术专利，并推广到各地。

20 世纪 90 年代以来，可经常看到有关淀粉塑料的研究报道，国家自然科学基金委员会资助江西省科学院和天津大学等单位进行淀粉塑料的基础研究，中国轻工业联合会也将可降解淀粉塑料的研究列入国家“八五”重点科研攻关计划的子课题。据不完全统计，现有进行研究的高等学校、科研院所及企业上百个，生产厂家（或生产线）150 多家（条），年生产能力估计达 20 万 t 左右，但其中绝大部分是填充型淀粉-聚烯烃类塑料产品。众多产品问世后，得到政府及各方面大力支持，现在国内很多城市都规定要用生物降解材料快餐盒代替原来的塑料快餐盒，大型商场也开始使用可生物降解的购物袋。然而国内外有关降解塑料的文献资料，尚未有一例报道填充型淀粉塑料能完全降解的，部分失重、裂成碎片、菌落生长和力学性能降低等均不能说明产品消失了，其中的 PE、PVC 等均不可能降解而一直残留于土壤中，日积月累势必造成污染。

近年来，国内许多研究机构已经开始着手高淀粉含量的可完全生物降解或基本可完全生物降解淀粉塑料的研究探索工作。国内较有代表性的淀粉基塑料研究机构主要有四川大学、华南理工大学、兰州大学、天津大学、中国科学院长春应用化学研究所以及江西省科学院应用化学研究所等。淀粉基塑料的生产企业主要有武汉华丽生物股份有限公司、深圳市虹彩新材料科技有限公司、广东益德环保科技有限公司、苏州汉丰新材料股份有限公司、浙江天禾生态科技有限公司、浙江华发生态科技有限公司、比澳格（南京）环保材料有限公司、烟台阳光澳洲环保材料有限责任公司、常州龙骏天纯环保科技有限公司、肇庆市华芳降解塑料有限公司、安徽鑫科新材料股份有限公司、广东华芝路生物材料有限公司等。其中，武汉华丽生物股份有限公司拥有一条完整的产业链，已建成6万t/a的产能规模，以木薯淀粉、秸秆纤维为主要原料的PSM生物塑料及制品研发生产基地，并获得多个淀粉基塑料的专利。苏州汉丰新材料股份有限公司开发了以非主粮的木薯淀粉改性的全生物分解专用树脂及制备方法，可用于生产一次性餐盒、餐具等。广东益德环保科技有限公司依托"淀粉降解材料挤出片材机组"成套设备的核心技术，研发全生物降解一次性消费品、婴童系列产品和地膜等。烟台阳光澳洲环保材料有限责任公司生产的淀粉基塑料一次性餐具目前已供铁路部门使用。部分生产企业生产情况如表3-1所示。

表3-1 国内部分淀粉基塑料生产企业生产状况

生产企业名称	产品类型	产能/(kt/a)
武汉华丽生物股份有限公司	PSM生物塑料及制品	60
深圳市虹彩新材料科技有限公司	热塑性复合生物改性树脂及制品	25
广东益德环保科技有限公司	TPS基塑料	10
苏州汉丰新材料股份有限公司	木薯变性淀粉树脂及制品	30
浙江天禾生态科技有限公司	生物基全系列材料及产品	35
浙江华发生态科技有限公司	TPS基塑料及制品	8
比澳格（南京）环保材料有限公司	TPS基塑料	10
烟台阳光澳洲环保材料有限责任公司	TPS基塑料及制品	15
常州龙骏天纯环保科技有限公司	TPS基塑料及制品	8

当然，目前淀粉基塑料行业仍存在很多问题亟待解决，为满足性能要求对淀粉进行改性所造成的成本增加问题、淀粉基塑料制品在性能上存在的缺陷等，不仅是今后研究重点，更是淀粉基塑料能否大规模推广应用的关键。综上所述，国内淀粉基生物降解材料的研制远落后于发达国家，还有待于拓宽思路，进一步深入研究。

3.1.2 纤维素基塑料

纤维素材料是一种天然的可再生的高分子材料，绿色植物中含量丰富。纤维素对于人类来说是一种取之不尽、用之不竭的资源。与合成的生物降解材料相比较，纤维素材料有许多优势：其一，纤维素大分子链上有许多羟基，具有较强的反应性能和相互作用性能，因此这类材料加工工艺比较简单、成本低、加工过程无污染；其二，该材料可以被微生物完全降解，这与利用淀粉与聚烯烃共混所制得的生物降解材料不同，因为对于后者，淀粉可以被生物降解，但聚烯烃却不能或很难被生物降解；其三，纤维素材料本身无毒。因此，纤维素作为基质材料的潜在使用范围将非常广泛。预计该类生物降解材料在开发以后会取得一些明显的社会效益：①消除废弃塑料对环境的污染，维护生态平衡；②大大减少以石油资源为原料的塑料用量，为塑料工业开辟取之不尽的原料资源；③可以解决由于国际市场禁止使用非降解塑料包装袋对我国出口商品产生影响的问题。由此可见，开发以纤维素材料为基质的生物降解复合材料对建立生态平衡、保护环境、节省资源、发展经济、参与国际市场竞争具有重大的意义。

1. 纤维素的结构和性质及其来源

纤维素是由葡萄糖组成的大分子多糖，不溶于水和一般有机溶剂。纤维素是自然界中分布最广、含量最多的一种多糖，占植物界碳含量的50%以上。棉花的纤维素含量接近100%，为天然的最纯纤维素来源。一般木材中，纤维素占40%～50%，还有10%～30%的半纤维素和20%～30%的木质素。

纤维素是植物细胞壁的主要结构成分，通常与半纤维素、果胶和木质素结合在一起，其结合方式和程度对植物源食品的质地影响很大，而植物在成熟和后熟时质地的变化则由果胶物质发生变化引起。人体消化道内不存在纤维素酶，纤维素是一种重要的膳食纤维。

常温下，纤维素既不溶于水，又不溶于一般的有机溶剂，如乙醇、乙醚、丙酮、苯等，也不溶于稀碱溶液。因此，在常温下，它是比较稳定的，这是因为纤维素分子之间存在氢键。纤维素能溶于铜氨$[Cu(NH_3)_4(H_2O)_2]$溶液和铜乙二胺$[NH_2CH_2CH_2NH_2]Cu(OH)_2$溶液等。

在一定条件下，纤维素与水发生反应。反应时氧桥断裂，同时水分子加入，纤维素由长链分子变成短链分子，直至氧桥全部断裂，变成葡萄糖。

纤维素与氧化剂发生化学反应，生成一系列与原来纤维素结构不同的物质，这样的反应过程，称为纤维素氧化。纤维素大分子的基环是D-葡萄糖以β-1, 4-糖苷键组成的大分子多糖，其化学组成为含碳44.44%、含氢6.17%、含氧49.39%。由于来源的不同，纤维素分子中葡萄糖残基的数目，即聚合度（DP）有很宽的范围。纤维素是维管束植物、地衣植物以及一部分藻类细胞壁的主要成分。醋酸菌（acetobacter）的荚膜，以及尾索动物的被囊中也发现有纤维素的存在，棉花是高纯度的纤维素。α-纤维素（α-cellulose）是指纤维素原料在20℃浸于17.5%或18%的氢氧化钠溶液中经45 min后不溶解的部分。β-纤维素（β-cellulose）、γ-纤维素

（γ-cellulose）是属于半纤维素的纤维素。α-纤维素通常大部分是结晶型纤维素，β-纤维素、γ-纤维素在化学上除含有纤维素以外，还含有各种多糖类。细胞壁的纤维素形成微纤维，宽度为 10～30 nm，长度有的达数微米。应用 X 射线衍射和负染色法（negative 染色法），根据电子显微镜观察，链状分子平行排列的结晶型部分组成宽为 3～4 nm 的基本微纤维。由这些基本微纤维集合起来就构成了微纤维。纤维素能溶于 Schwitzer 试剂或浓硫酸。虽然不易用酸水解，但是稀酸或纤维素酶可使纤维素生成 D-葡萄糖、纤维二糖和寡糖。在醋酸菌中有从 UDP-葡萄糖为起始通过转糖基合成纤维素酶（转糖基酶）的。在高等植物中已得到具有同样活性的颗粒性酶的标准样品。此酶通常是利用 GDP 葡萄糖，在由 UDP 葡萄糖转移的情况下，发生 β-1, 3-键的混合。微纤维的形成场所和控制纤维素排列的机制还不太明了。另外就纤维素的分解而言，估计在初生细胞壁伸展生长时，微纤维的一部分由于纤维素酶的作用而被分解，成为可溶物。

水可使纤维素发生有限溶胀，某些酸、碱和盐的水溶液可渗入纤维结晶区，产生无限溶胀，使纤维素溶解。纤维素加热到约 150℃时不发生显著变化，超过该温度会由于脱水而逐渐焦化。纤维素与较浓的无机酸发生水解作用生成葡萄糖等，与较浓的苛性碱溶液作用生成碱纤维素，与强氧化剂作用生成氧化纤维素。

纤维素柔顺性很差，因为：①纤维素分子有极性，分子链之间相互作用力很强；②纤维素中的六元吡喃环结构使内旋转困难；③纤维素分子内和分子间都能形成氢键特别是分子内氢键使糖苷键不能旋转从而使其刚性大大增加。

纤维素原料种类及纤维素含量如表 3-2 所示。

表 3-2　纤维素原料的种类及纤维素含量

分类	名称	纤维素含量/%
高纤维素含量原料	棉花纤维	＞80
	慈竹纤维	76
	孝顺竹纤维	78
中纤维素含量原料	桉纤维	75
	落叶松纤维	69
	椴纤维	58
	松纤维	51
	冷杉纤维	49
	云杉纤维	47
低纤维素含量原料	蔗渣纤维	＞40
	麦草纤维	37

2. 纤维素基塑料的制备方法

利用天然纤维素制备生物降解塑料的方法主要有三种：共混法、化学改性法和微生物法。

1）共混法

共混法是指纤维素与其他有机物或无机物共混改性，是制备纤维素基生物降解塑料最简单的方法。其中，共混物可以选择天然原料，如淀粉、甲壳素、壳聚糖、蛋白质等；也可以选择人工改性纤维素、乙烯-乙酸乙烯共聚物（EVA）和聚乙烯醇（PVA）等。由于纤维素与甲壳素化学结构相似，两者具有较好的相容性。周晓东等（2008）在氢氧化钠-尿素-硫脲体系中制备甲壳素/纤维素的共混溶液，通过流延成膜法得到具有良好抗菌性的共混膜。壳聚糖是甲壳素大分子脱去乙酰基的产物，与纤维素有良好的化学相容性。日本开展纤维素/壳聚糖可降解生物塑料相关研究较早。Nishiyamam 和 Kogyo（1990）利用二者良好的亲和性，将纤维素与壳聚糖共混溶液流延、加热、干燥得到高强度的薄膜，并且将此膜土埋大约 2 个月后可完全降解。Chen 和 Zhang（2004）重点研究了纤维素与大豆蛋白共混的相容性，在蛋白质含量低于 40%时，共混膜相容性及性能有较大改善，具有良好的隔离效果和力学性能。张元琴和黄勇（1999）通过共混木质纤维素与聚乙烯（PE）制备出性能优异的生物降解塑料，其拉伸强度能够达到 5.3 MPa，冲击强度约为 2.0 kJ/m，3 个月的降解损失量达到 15%以上。在此技术中，物料之间的相容性是决定生物降解塑料性能的关键因素。相容性越好，共混物越稳定，反之物料之间会出现相分离现象，性能较差。利用聚合物分子链中官能团间的相互作用、改变分子链结构、加入相容剂、形成互穿网络、进行交联或改变共混条件可以有效地改善相容性。在后续研究中，将纤维素与蛋白质共混溶液流延干燥成膜。与氧化淀粉相比，此共混膜结构性能较为优越，这是由纤维素羟基与蛋白质氨基以化学键结合所引起的。另外，纤维素也可以与纤维素衍生物如乙酸纤维素（CA）、丙酸纤维素、乙基纤维素（EC）等共混，根据不同要求选择流延成型、注射成型、模压发泡等加工工艺，加工成性能优越的生物降解塑料。高素莲等（2007）以冰醋酸为共溶剂，蒸馏水为共沉淀剂，通过溶液共混法制得 EC/CA 共混物。同时对其共混相容性和热稳定性进行了相关研究，结果证明 EC 与 CA 是一对相容性良好的高聚物，且 EC/CA 共混物的热稳定性优于纯 EC。李及珠等（2002）将纤维素用马来酸酐、钛酸酯偶联剂处理后，与聚苯乙烯淀粉树脂共混，促使多组分交联，使分子链从原来的线形或轻度支链形结构转化为三维网状结构，形成纤维增强淀粉塑料泡沫，从而有效提高快餐具制品的降解性能、力学性能、加工性能，并降低成本。

2）化学改性法

纤维素基可降解塑料主要采用流延成膜法制得，同时因改性纤维素性能更优良，因此研究者们多对纤维素进行改性后再制备可降解塑料。Arrieta 等（2014）以纳米微晶纤维素（CNC）、PLA 和 PHB 为原料，首先在 45℃下用质量分数为 64%的硫酸对微晶纤维素处理 30 min 进行酸水解，得到 CNC 后在超纯水中清洗、离心和透析，直至溶液 pH 为中性，而后通过离子交换树脂、超声、冰浴和冷冻干燥处理得到粉末状 CNC，最后采用挤出成膜法制备了 PLA/PHB/CNC 纳米复合膜。研究发现 CNC 的加入提高了复合膜的热稳定性和耐水性，降低了氧气透过率，同时在堆肥实验中提高了复合膜的降解速率，以 CNC 为挤出的纳米复合膜表现出最高的降解率。该纳米复合膜在工业上可作为短期的食品包装材料。张瑞峰等（2012）以乙酸酯淀粉（SA）和 CA 为主要原料，丙酮为溶剂，常温下搅拌得复合膜液，脱泡后流延于玻璃板上，待丙酮挥发完全后，将其在 50℃下的乙醇溶液（质量分数为 20%）中放置 12 h，再经蒸馏水反复清洗，即得可降解 CA/SA 复合膜。将复合膜于土壤中降解 120 d，发现当 CA∶SA 质量比为 1∶2 时，第 40 d 时复合膜降解率已接近 50%，而后降解速率降低，到 120 d 时降解率接近 55%。同时 SA 含量的增加可促进复合膜降解。Wu（2014）首先制备了丙烯酸-聚羟基脂肪酸酯接枝共聚物（PHA-*g*-AA），将其与经交联处理的乙酸纤维素（*t*-CA）混合后压制成 *t*-CA/PHA-*g*-AA 复合薄板材料，研究发现相比 PHA/CA 复合薄板材料，*t*-CA/PHA-*g*-AA 复合薄板材料的力学性能显著增强，尤其是拉伸强度指标，随着纤维素含量的增加，*t*-CA/PHA-*g*-AA 复合薄板材料拉伸强度不断提高，PHA/CA 复合薄板材料则相反，当复合薄板材料中纤维素质量分数为 20%时，*t*-CA/PHA-*g*-AA 复合薄板材料的拉伸强度最终约达到 20 MPa，相比提高了近 100%，并且其耐水性也有明显提高，降解率稍差一些，但仍高于纯 PHA 材料，具有较好的生物降解性。夏锟峰等（2014）在 70℃下，分别以烷基咪唑亚磷酸氢盐（EMIMMeOPO2H）离子液体和复合离子液体（CoILs）为溶剂制得纤维素溶液，当溶液温度低至 40℃时，将已配制好的 PLA 溶液（氯仿为溶剂）逐滴缓慢加入（滴加速度为 0.5 mL/3 min），强力搅拌，混匀得复合膜液，流延得纤维素/PLA 复合膜。研究发现因 PLA 的加入，复合膜的热稳定性能显著提高，随着 PLA 含量增加，复合膜的断裂伸长率不断升高。采用自然土壤降解法，发现 10 d 后复合膜降解率约为 10%，15 d 后即分解为碎片，表现出良好的生物降解能力，可作为一种绿色环保包装膜。

化学改性法主要是指纤维素接枝物高分子单体共聚，也是制备纤维素基生物塑料的一项技术手段，目前此项技术在日本和欧美研究较为深入。丙烯腈是纤维素醚化的常用化学改性方法。Hassan 等（2001）将木质纤维素在一定条件下用丙烯腈醚化处理后得到一种热塑性材料，这种材料能够在加热、加压下形成任意形状。木质纤维素经过丙烯腈处理后能够改变其超微结构，从而使其热稳定性增强。同时还对蔗渣进行酯化改性，通过与琥珀酸酐在无溶剂的情况下发生酯化反应，其热塑性较为优异。日本电气股份有限公司（NEC 公司）从农业副产品腰果壳中萃取具有特殊化学构造的腰果酚，对其进行化学改性，再使其与纤维素化学结合，开发出了新型纤维素类生物塑料——腰果酚结合纤维素树脂，其植物成分占到70%以上，并具有优良的热可塑性、强度、耐热性和耐水性。其耐热性和弯曲特性，更是胜过了增塑乙酸纤维素这一传统的代表性纤维素类生物塑料，以及家电产品常用的石油塑料 ABS 树脂。美国 Kim 等（2001）通过化学改性方法制成纤维素的聚氨酯，乙酸纤维素/二甲苯二异氰酸酯共聚物和乙酸纤维素/二甲苯二异氰酸酯/聚丙烯酯共聚物等。华南理工大学孙润仓教授等（2010）对蔗渣半纤维素的改性进行了初步研究，首次在均相反应体系中以 *N*-溴丁二酰亚胺（NBS）为催化剂对半纤维素进行了乙酰化。通过热分析检测显示了改性后的产物具有很好的热塑性，可以用来作为可降解的食品包装膜。但是高分子单体共聚反应都是相对复杂的化学过程，生产成本较高。由于高分子单体聚合伴有人工合成聚合物的参与，在自然环境条件下以纤维素为基质塑料的生物降解性能与使用时间之间的关系还有待进一步研究。

3）微生物法

微生物合成的聚合物一般称为生物聚合物（biopolymer），具有完全生物降解的特征。生物体内合成的大分子物质，均可称为生物聚合物，如蛋白质、核酸、淀粉等。生物聚合物是指由微生物合成的聚酯，它是不同于蛋白质、核酸、淀粉的一类新的天然高分子物质，微生物合成的聚酯，因其既具有生物可降解性，又具有通用高分子材料的可加工性而受到人们的关注。这类塑料与传统的塑料相比具有许多优点，在生态环境中易被降解，不造成环境污染，在人体内可分解、代谢，不引起病变和中毒，可以再生。相比于前两种方法，微生物法具有更大的生产优势及安全优势，是近年来应用环境生物学方面的研究热点。目前美国、日本等国政府鼓励微生物法在生物降解塑料中的应用。日本研究人员利用大肠杆菌，通过转基因操作和光反应等方法，制作出物化性质在 400℃左右高温下也不会改变的生物塑料，是当前同类塑料中最耐热的。日本产业技术综合研究所、NEC 公司与宫崎大学联合提出以裸藻为主要原料的微生物塑料原料制造技术，利用裸藻细胞内大量生成的多糖，添加来源于裸藻或腰果壳的油脂混合而成。利用微生物产生的酶，将自然界中易于分解的聚合物（如聚酯类物质）解聚水解，再分解吸收合成高分子化合物，这些化合物含有微生物聚酯和微生物多糖等，但这类微生物发酵合成的聚合物，目前存在的问题是成本太高，从而限制了它的进一步应用。

3. 纤维素基生物降解塑料技术水平评价

以纤维素材料为基质的可降解塑料主要有共混型和反应型两大类。其中共混型生物降解塑料的研究报道比较多见。可与纤维素共混的原材料有天然材料如甲壳素、壳聚糖、蛋白质、纤维素及其化学改性物、淀粉和一些人工合成材料如 EVA、PVA、UF 等。鉴于上述原材料也具有良好的生物可降解性能，所以此类共混型塑料生物可降解性能较好。Makoto（1992）利用纤维素和壳聚糖的化学结构十分相似的特点，将二者的共混溶液用流延法得到透明的膜，这种膜在不加增塑剂的情况下也具有一定的强度和柔韧性，而且膜的含水量随壳聚糖含量的增加而增加。Nishiyamam 和 Kogyo（1990）对此也做了大量的研究工作，他们将微细纤维素粉和壳聚糖乙酸水溶液及增塑剂三组分搅拌共混，后在玻璃板或金属板上流延干燥成膜。从成膜强度、降解性、经济性方面考虑，纤维素与壳聚糖的质量配比在 1∶（0.1～0.5）为最佳。张元琴和黄勇（1996）研究了木粉粗纤维与 PVA 共混，以甲壳素、PE、PS 等为材料改性剂，160℃模压成型的材料，其具有一定机械性能，70 d 时间生物降解失重 15%。农作物秸秆是一种高纤维素材料，经制浆处理后，可以直接流延或模塑制成非发泡产品，如膜、保护性涂层；也可挤塑加工成薄膜用作包装防水材料；又可经挤出或模压发泡处理制成形状不同的泡沫产品，代替石油基合成泡沫材料。张田林等（1999）采用秸秆粉为基础，添加玉米淀粉后，模压成型制成了机械性能优良的一次性育苗杯，试验表明湿润土壤中掩埋 180 d 可粉化全降解。以上可以看出以纤维素为基质的共混型生物降解塑料将具有良好的发展前景。

关于以纤维素接枝物高分子单体共聚的研究也有很多报道，如用乙酸纤维素/二甲苯二异氰酸酯（MDI）共聚、乙酸纤维素/甲苯异氰酸酯（TDI）共聚、乙酸纤维素/二甲苯二异氰酸酯（MDI）聚乙烯醇共聚、乙酸纤维素/甲苯异氰酸酯（TDI）聚乙烯醇共聚。有关研究结果表明，乙酸纤维素聚氨酯材料具有较高的力学特性，生物降解性也比较适当。丙烯纤维素醚或丙烯酸纤维素酯与丙烯酸酯（甲酯、乙酯等）或乙酸乙烯酯的共聚物，其物理化学性质与通用聚烯烃材料十分相似，既可流延成型，也可注射成型，其生物降解性比较明显。但是纤维素或纤维素的接枝物与高分子单体共聚都是复杂的化学过程，目前纤维素醚或酯共聚材料成本还比较高，共聚技术还不成熟。另外，自然环境条件下，以纤维素为基质塑料的生物降解性能与使用时间之间的关系还有待进一步研究。

在加拿大 St. Lawrence Starch 公司开发的 Ecostar 样品中添加金属有机物制成的塑料复合母粒 Ecostarplus，具有光降解和生物降解双重特性，其降解速率为原样品的 5 倍，据称已经工业化试用。近年来国内在降解地膜的研制方面也取得了突破性进展。所研制的淀粉填充 PP 地膜也有光-生物降解特点，各方面性能已基本满足要求，并正在开发其他应用领域。

纤维素是地球上最古老、最丰富的天然高分子，是取之不尽用之不竭的，是人类最宝贵的天然可再生资源。纤维素基生物降解塑料的发展能够摆脱对石油资源的依赖，消除“白色污染”，减少与粮争地，使其成为世界学者的研究热点。

各国政府通过投入大量的人力、物力以推进该领域的科技发展。但是目前仍未达到预期实用阶段，这是由成本较高、技术仍未完善、标准不统一以及安全性争议所造成的。纤维素基生物降解塑料是未来新材料发展的重要领域，将会朝着低成本、广应用、降解速率可控和完全降解的方向发展。

3.1.3　木质素材料

自然界中木质素是仅次于纤维素的第二大可再生资源，同时也是天然产量最大的芳香族化合物。木质素是陆地植物（除苔藓和菌类外）细胞中含量仅次于纤维素的一种大分子有机物质。在化石能源日益枯竭的今天，它逐渐成为有机化合物（特别是芳香族化合物）的来源之一。

1. 木质素的结构与性质

通常在木材中，木质素的含量为 20%～40%，在甘蔗渣、玉米芯、花生壳、米糠等生物质中含量为 10%～40%。它和半纤维素一起作为细胞间质填充于纤维素构架中增强植物体的机械强度，或存在于细胞间层黏结相邻的细胞中。木质素是由苯基丙烷结构单元构成的、具有三维空间结构的天然高分子极性化合物。结构单元如图 3-3 所示。其结构单元的苯环和侧链上都连有各种不同的基团，它们是甲氧基、酚羟基、醇羟基、羰基等官能团，也包括氢、碳、烷基或芳基。木质素的结构单元之间通过醚键和碳碳键彼此连接。构成木质素大分子醚键和碳碳键的连接部位，发生在苯环酚羟基之间，或发生在结构单元三个碳原子之间，或发生在苯环侧链之间。

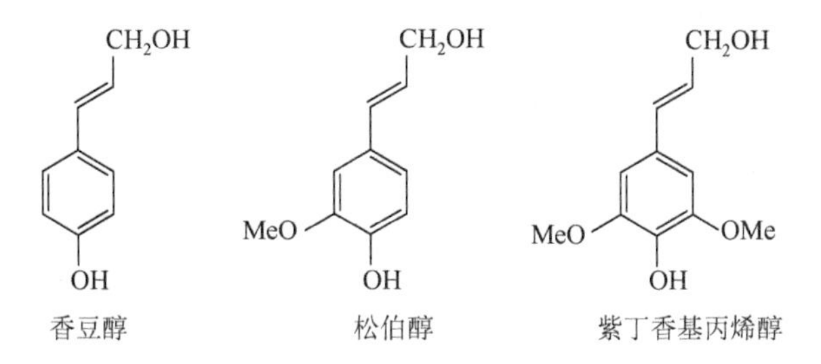

图 3-3　木质素结构单元

因单体不同，可将木质素分为三种类型：由紫丁香基丙烷结构单体聚合而成的紫丁香基木质素（syringyl lignin，S-木质素），由愈创木基丙烷结构单体聚合而成的愈创木基木质素（guaiacyl lignin，G-木质素），以及由对羟基苯基丙烷结构单体聚合而成的对羟基苯基木质素（para-hydroxy-phenyl lignin，H-木质素）。裸子植物主要为愈创木基木质素（G），双子叶植物主要含愈创木基-紫丁香基木质素（G-S），单子叶植物则为愈创木基-紫丁香基-对羟基苯基木质素（G-S-H）。从植物学观点出发，木质素就是包围于管胞、导管及木纤维等纤维束细胞及厚壁细胞外的物质，并使这些细胞具有特定显色反应（加一滴间苯三酚溶液，待片刻，再加一滴盐酸，即显红色）的物质；从化学观点来看，木质素是由高度取代的苯基丙烷单元随机聚合而成的高分子，它与纤维素、半纤维素一起，形成植物骨架的主要成分，在数量上仅次于纤维素。木质素填充于纤维素构架中增强植物体的机械强度，利于输导组织的水分运输和抵抗不良外界环境的侵袭。

木质素是一种芳香型天然产物，可以在微生物作用下完全降解，而能使木质素降解的微生物主要是丝状真菌，如软腐菌、白腐菌及褐腐菌。木质素在微生物降解过程中可能会发生的化学反应主要有：去甲基化、去甲氧基化、侧链氧化以及芳环开环等。木质素高分子在微生物和酶的作用下，结构单元间的键断裂并对侧链进行一定的修饰，最终大分子链分解为小分子物质。木质素降解酶系主要包括锰过氧化物酶（manganese peroxidase/MnP）、木质素过氧化物酶（lignin peroxidases/LiP）和漆酶（laccase）。另外，乙二醛氧化酶（glyoxal oxidase，GLOX）、芳醇氧化酶（aryl alcoholoxidase，AAO）、过氧化氢酶、新阿魏酰酯酶、葡萄糖氧化酶（glucose oxidase，GIO）、酚氧化酶以及对香豆酰酯酶也影响到木质素的生物降解。

2. 木质素塑料的制备方法

1）木质素的提取方法

（1）有机溶剂处理。有机溶剂对木质素的溶解能力还与溶剂的氢键形成能力有关，越易于木质素分子之间形成氢键的溶剂越容易溶解木质素，如乙酸对木质素的溶解度要高于乙醇。而人们在进行有机溶剂预处理时更多的是从其对木质素的溶解度方面来选择溶剂。有机溶剂提取有助于保留木质素相关活性基团，因此，有机溶剂型木质素的品质较好。有机醇类预处理是有机溶剂预处理中被人们研究最多的，包括低沸点醇（甲醇、乙醇）和高沸点醇（乙二醇、丙三醇等）。其中甲醇和乙醇又是最受人们关注的溶剂，这主要是由于甲醇和乙醇价格相对低廉且易于回收，同时预处理废液通过简单分离后可得到木质素和半纤维素等高附加值产品。一般来讲，对于甲醇和乙醇预处理，添加无机酸或碱可使预处理温度降低到180℃以下，但如果预处理温度提高到 185～210℃，可以不用加入催化剂，因为此温度下产生的有机酸可以催化木质素的溶解。而对于乙二醇、甘油（丙三醇）等高沸点醇的自催化预处理，为得到较好的预处理效果，温度往往控制在200～240℃，且可在常压下进行。

（2）亚硫酸盐处理。木质素是由苯基丙烷结构单元通过多种不同类型的键连接而成的具有空间结构的复杂高分子化合物。在亚硫酸盐法预处理过程中，木质素主要发生磺化反应，但也伴随着其他副反应的发生。由于在不同 pH 条件下进行亚硫酸盐预处理时，预处理药液的主要活性组分不同，因此木质素反应过程中发生不同的变化，反应的速率也有所差异，但该法生成的是木质素磺酸盐。

（3）碱处理。碱处理是采用 NaOH、KOH、NH_4OH 等碱溶液来处理木质纤维素原料，主要是去除木质纤维素中的木质素成分，达到断开木质素、纤维素、半纤维素之间的酯键的目的。碱处理可在常温常压下进行木质素的提取。然而，碱处理反应时间较长，往往长达数小时甚至数周，且碱处理会破坏木质素的结构和活性基团。因此，碱处理法获取的木质素品质较低，杂质含量较多。

2）木质素的改性

木质素的改性对于制备材料的性能至关重要。木质素可通过羟甲基化反应、酚化反应、脱甲基化反应、水热反应和还原反应等化学方法对木质素苯环及侧链进行改性，增加羟甲基、酚羟基、醇羟基等活性基团数量，增大木质素与苯酚、甲醛发生共聚反应的活性。木质素改性方法主要有以下几种。

（1）羟基化改性：大多数木质素材料都与羟基的反应有关，木质素聚氨酯材料的制备关键在于木质素与异氰酸酯之间的化学反应程度，而提高木质素在聚氯酯中反应活性的方法主要集中在如何增加参与交联反应的醇羟基数量上，可通过羟烷基化和己内衍生化反应实现。由于酚羟基容易形成分子内氢键，且反应活性较低，通常利用羟烷基化反应转化为醇羟基，以提高反应活性和效率。羟烷基化衍生木质素克服了木质素中存在少量羰基而易与异氰酸酯生成凝胶状均相高聚物的缺点。

（2）硝化反应：木质素的硝化反应如图 3-4 所示。研究发现，当木质素含量为 2.8%时，聚氨酯薄膜的拉伸强度和断裂伸长率要比没有添加硝基木质素的聚氨酯薄膜提高了 2 倍。热分析表明，聚氨酯预聚体与硝基木质素发生交联，增加了聚氨酯薄膜的热稳定性。

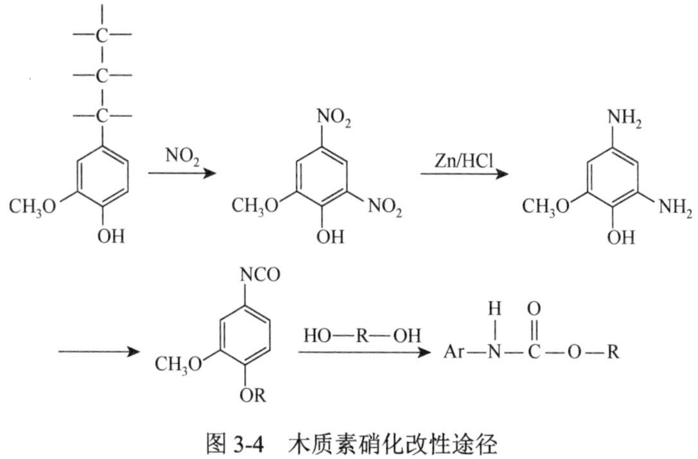

图 3-4　木质素硝化改性途径

（3）酚化反应：木质素酚化反应主要发生在具有羟基、醚键、双键等基团的苯丙单元侧链 α 位上。木质素的酚化反应既可以在酸性也可以在碱性条件下进行，反应过程如图 3-5 所示。酸性条件下，酚型（或非酚型）木质素侧链上 α 位羟基醚键断裂，形成正碳离子结构，从而易与苯酚的酚羟基邻对位发生亲核取代。碱性条件下，只有酚型木质素由于酚羟基上电子诱导效应，侧链 α 位羟基、醚键、双键断裂形成亚甲基醌结构，与苯酚的邻对位发生亲核取代。

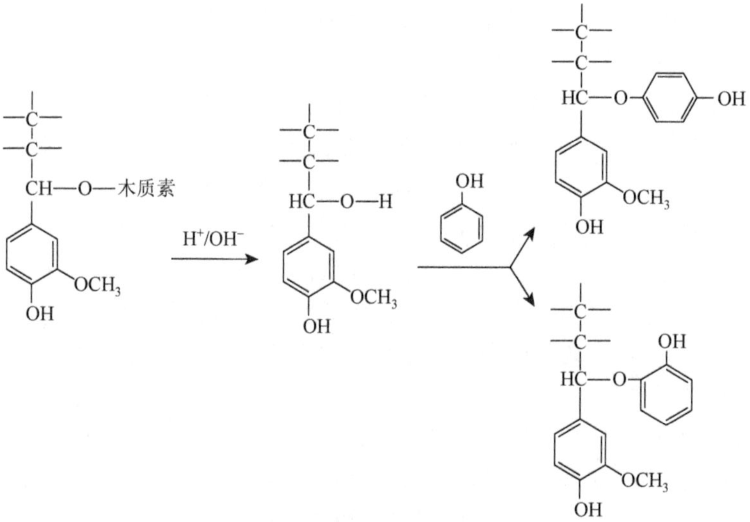

图 3-5　木质素酚化改性途径

（4）生物改性：自然界中大量存在的能够降解木质素的真菌主要为白腐菌和褐腐菌。生物法改性木质素主要是利用真菌对木质素特定官能团的特异性进行降解反应，降低木质素分子聚合度，脱除部分甲基，增加能够参与木质素酚醛树脂共聚反应的官能团数量，反应过程如图 3-6 所示。

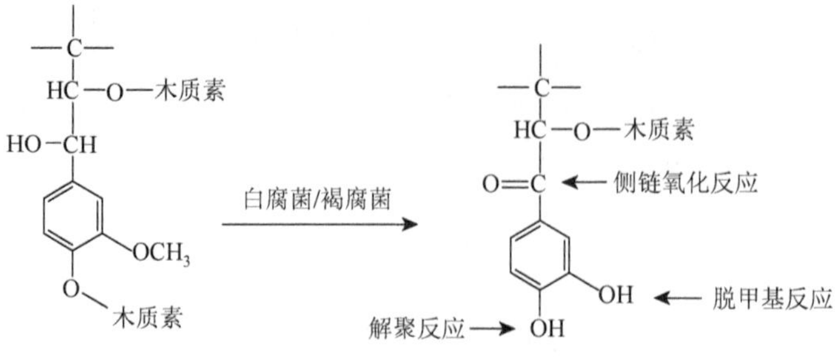

图 3-6　木质素生物改性途径

3. 木质素生物降解塑料技术水平评价

一直以来，木质素都被当作垃圾或者是价值极低的造纸业副产物，一般主要应用于造纸锅炉燃料直接燃烧为锅炉供热，仅有1%～2%的木质素从造纸黑液中提取并应用于特定产品。在过去的10～15年间，木质素产品的研究和商品化经历了爆炸式的发展，这为木质素增加了很大的价值，但是当前木质素的利用率还很低。越来越严峻的环境和资源问题促使研究人员们寻找木质素的有效利用途径，同时，早期的研究和现有的方法技术及市场都推动着木质素有效利用的发展。

在塑料工业中，木质素主要用作填料，将其添加到合成高分子材料中，会对塑料的热学、力学、流变性能等有一定的影响，同时加入木质素能够促进合成聚合物材料的降解，但材料能否完全分解成对环境无害的小分子物质还需要进一步的研究。木质素在塑料工业中的应用前景大且还处于发展的初期，而且木质素产品的产量和质量并不高，但价格相对较高；木质素复杂且特殊的结构使许多研究仍处于实验室阶段，若想将木质素大规模应用于实际生产中，仍然还有很长的路要走。

木质素作为增强剂在各方面的应用已经很广泛，其中包括橡胶和塑料。将木质素添加到发泡材料中能提高泡沫的各种物理性能。从前人的研究中可以看出，木质素作为一种增强剂加入到人工发泡高分子材料中是完全可行的。木质素的加入，不但不影响材料本身的性能，而且对材料的密度和机械性都有较大的增强。由于木质素的分子结构中存在着芳香基、酚羟基、羰基、甲氧基、共轭双键等高活性官能团，因此木质素能作为反应主体之一与人工高分子单体发生聚合反应。例如，以木质素为原料可以合成酚醛树脂；还可与异氰酸酯类进行缩合反应，制得木质素聚氨酯。在泡沫塑料方面，主要研究了木质素与异氰酸酯类反应形成聚氨酯而获得发泡材料。木质素富含羟基，经硫化易与无机填料和橡胶发生化学作用形成木质素树脂网络，作为填料应用在橡胶中，是一种优良的增强材料，也起到偶联剂的作用。同时木质素中的阻位酚结构对自由基有一定的捕捉能力，可以有效提高橡胶的抗热氧老化性能。

直接添加木质素替代多元醇可以提高聚氨酯薄膜的机械性能和热稳定性以及耐溶剂溶胀性能，但是随着木质素的增加，聚氨酯薄膜的断裂伸长率减小，过多木质素的加入甚至使得聚氨酯薄膜太脆而失去应用价值，因而对木质素进行改性获得更高性能的木质素聚氨酯薄膜已经成为木质素聚氨酯薄膜的发展趋势。

3.1.4　甲壳素及其衍生材料

甲壳素广泛存在于甲壳类动物的壳体及藻类等植物的细胞壁中。与纤维素及淀粉类似，是地球上数量巨大的天然高分子，自然界每年的甲壳素生物合成量约为 100 亿 t。同时它也是除蛋白质外数量最多的含氮有机物，其氮含量比人工合成的含氮纤维素衍生物高 5 倍左右，可作为环境友好材料而广泛应用。但是由于甲壳素本身的结晶度比较高，水溶性较差，因此须对其进行相应的改性。甲壳素脱乙酰基则变为壳聚糖，壳聚糖具有无毒性、亲水性、抗菌性、生物相容性及生物可降解性等优点而受到广泛关注。工业化生产甲壳素的主要来源有动物类，如虾、蟹、昆虫等，以及微生物类，如真菌、细菌等。甲壳素及壳聚糖的工业化开发利用较纤维素及淀粉更为广泛高效。

1. 甲壳素的结构与性质

甲壳素一般通称为甲壳质，甲壳素脱乙酰化后称为壳聚糖。甲壳素存在于自然界中的低等植物菌类、藻类的细胞，甲壳动物虾、蟹、昆虫的外壳，高等植物的细胞壁等中，是从蟹、虾壳中应用遗传基因工程提取的动物性高分子纤维素，被科学界誉为“第六生命要素”。据资料数据显示，在地球上每年均有超过 10 亿 t 的壳聚糖被合成，壳聚糖是一种资源丰富可再生的天然生物高分子化合物。壳聚糖分子具有良好的成膜性、保湿性、抗菌性等，在食品、工业、医疗、化妆品等领域应用广泛，随着人们对壳聚糖研究的不断深入，将逐步开发利用更多壳聚糖系列衍生物，未来壳聚糖会有更广阔的应用前景。

甲壳素是由法国学者布拉克诺（Braconno）于 1811 年发现，但甲壳素首次被提取出来是在 1823 年，由欧吉尔（Odier）从甲壳动物外壳中提取并命名，甲壳素又名甲壳质、壳多糖、几丁质、蟹壳素、明角壳蛋白、虫膜质、不溶性甲壳质、聚乙酰氨基葡萄糖等，甲壳素是 *N*-乙酸-D-葡萄糖胺的聚糖的多糖，这种多糖是由 *N*-乙酰-2-氨基-2-脱氧-D-葡萄糖以 β-1, 4-糖苷键形式连接而成的，其化学结构式如图 3-7 所示。壳聚糖又称脱乙酰甲壳素，是由自然界广泛存在的甲壳素经过脱乙酰作用得到的，化学名称为聚葡萄糖胺-（1-4）-2-氨基-B-D-葡萄糖，其化学结构式如图 3-8 所示。

物理性质：壳聚糖呈白色或淡黄色片状固体，或青白色粉粒，半透明，分子量从数十万至数百万不等。分子量的大小、脱乙酰度以及酸的种类影响着壳聚糖的溶解度大小。壳聚糖不溶于水和碱溶液，可溶于稀的盐酸、硝酸等无机酸（稀的硫酸、磷酸除外）和大多数有机酸，一般情况下，分子量与壳聚糖溶解度成反比，脱乙酰度与壳聚糖溶解度成正比。

CH3
O
NH
CH2OH
O
O
OH
4
1
O
4
OH
1
O
CH2OH
NH
O
CH3
n

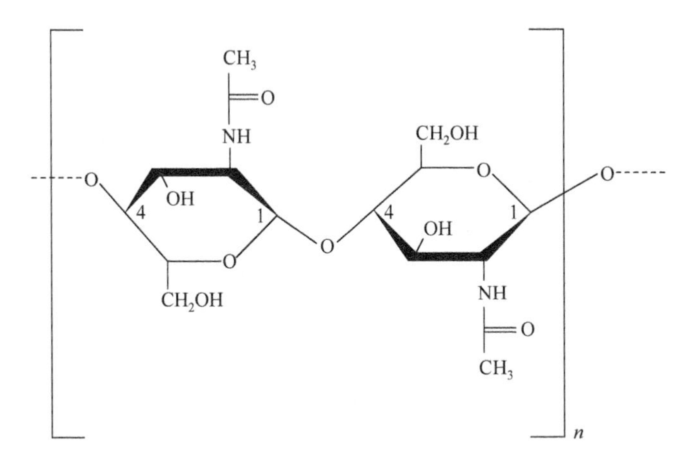

图 3-7　甲壳素结构式

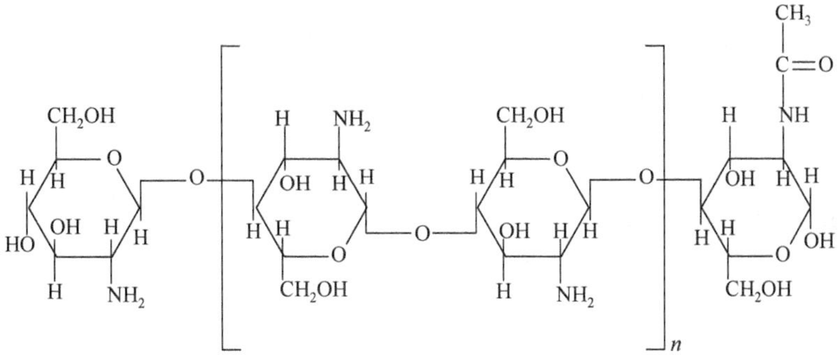

CH3
C=O
CH2OH
H
NH2
CH2OH
H
NH
O
O
O
O
H
H
OH
H
H
H
H
OH
H
H
OH
OH
H
H
HO
H
H
H
O
OH
H
H
H
H
OH
O
O
H
NH2
CH2OH
H
NH2
CH2OH
n

图 3-8　壳聚糖结构式

化学性质：壳聚糖在一定条件下可发生生物降解、水解、烷基化、酰基化、缩合等化学反应。

酰基化反应：是壳聚糖的化学反应中研究得最多的一种反应，使用不同的溶剂及催化条件发生壳聚糖的酰基化反应的方法有十余种。通过酰基化反应所得产物可溶于水和有机溶剂中，但溶解度并不理想，而不同分子量的脂肪族或芳香族酞基可以帮助改善产物在水中以及有机溶剂中的溶解度。

醚化：壳聚糖的醚化反应对于新型材料的开发起到了积极的作用，壳聚糖醚化反应可以生成各种醚，如甲基醚、乙基醚、氰乙基醚、羧甲基醚、羟乙基醚、羟丙基醚等，这些是由羟基与烃基化试剂反应生成的。

含氧无机酸醋化：壳聚糖的羟基或氨基可发生醋化反应，这类类似于纤维素的反应是与一些含氧无机酸（或其酸酐）发生的反应。

氧化：壳聚糖可以被氧化剂氧化，氧化剂与反应 pH 的不同导致反应产物与反应机理不同，既可使 C_6-OH 氧化成醛基或羧基，也可使 C_3-OH 氧化成羰基（成酮反应）。

交联：由于壳聚糖中存在大量氨基，且壳聚糖分子中某些键具有配位螯合功能，因此壳聚糖可以与过硫酸盐形成氧化还原体系，且均可与交联剂进行交联接枝改性成网状聚合物，形成活性种引发自由基聚合反应，形成壳聚糖的交联共聚物。常用的交联剂有甲醛、戊二醛、乙二醛等，交联的目的是使产物不溶解，性质更稳定。

螯合与吸附：在一定的 pH 条件下，壳聚糖分子因其结构的特殊性可与具有一定离子半径的一些金属离子发生螯合作用，形成稳定的螯合物，有效地捕集或吸附溶液中的重金属离子，也可对染料、蛋白质、氨基酸、核酸、酚、卤素等进行吸附。

N-烷基化：*N*-烷基化与 *N*-酞化反应一样，均属于壳聚糖化学性质中的重要反应，壳聚糖具有很强的亲核性，因其分子中氨基属一级氨基带有一孤对电子，能发生许多反应，壳聚糖的烷基化反应可得到完全水溶性的衍生物。

接枝共聚：壳聚糖接枝共聚反应一般有化学法、辐射法和机械法三种，从反应机理来说，又可分为自由基引发接枝和离子引发接枝，常用的引发方法有：氧化还原引发体系、偶氮二异丁腈（AIBN）法、辐射引发的接枝和紫外线法。壳聚糖分子链上的活性基团很多，可以进行接枝共聚反应，从而改进它们的性能，满足特殊的需要。

2. 甲壳素塑料制备方法

微生物发酵法是一种以甲壳动物废弃物为底料制备甲壳素的方法。随着生物技术的发展，酶法也开始应用于甲壳素的提取，并取得了一定的研究成果。

1）甲壳素的制备方法

（1）微生物发酵法与化学法相结合。用枯草芽孢杆菌 *Bacillus subtilis* 发酵虾壳回收甲壳素，脱盐率（DM）和脱蛋白率（DP）分别为 72%和 84%，之后用 0.8 mol/L HCl 和 0.6 mol/L NaCl 处理，所得甲壳素中蛋白质和灰分含量分别为 0.81%和 0.85%。Cira 等（2002）对虾壳进行乳酸发酵回收甲壳素，经过 6 d 的培养，DM 和 DP 分别为 85%和 87.6%，甲壳素粗品通过 0.5 mol/L HCl 和 0.4 mol/L NaOH 处理以完全除去矿物质和蛋白质。Jung 等（2005）先产蛋白菌 *S. marcescens* FS-3 后产乳酸菌 *L. paracasei* KCTC-3074 发酵，使 DM 和 DP 分别达到 94.3%和 68.9%。Arbia 等（2013）控制壳发酵浓度为每 100 mL 培养基 4.84 g，得到 DM 和 DP 分别为 98%和 78%。Oh 等（2007）以不同浓度的葡萄糖为碳源，用蛋白酶高产菌 *P. aeruginosa* F722 发酵两种颗粒大小的蟹壳废料，发现 DM 和 DP 随着固液比的增加而降低，蟹壳浓度在 5%时达到最高。在最佳温度（30℃）下培养 7 d 后，DM 和 DP 分别为 92%和 63%。

利用微生物来提取甲壳素的技术，国内已有从黑曲霉、米根霉细胞壁中提取甲壳素和壳聚糖的技术。杜予民等利用固态发酵法处理蓝色梨头霉，采用马铃薯作培养基，添加一定配比的尿素溶液、蔗糖溶液、K_2HPO_4溶液、$MgSO_4·7H_2O$，在自然 pH 下提取壳聚糖，得到产率为 11.6%、纯度为 83.5%的成品。

（2）酶法提取甲壳素。近年来，蛋白水解酶如金枪鱼蛋白酶、木瓜蛋白酶和细菌蛋白酶等已应用于甲壳动物废弃物的脱蛋白处理。Manni 等（2010）用从蜡样芽孢杆菌 *B. cereus* SV1 中提取的粗酶制剂回收甲壳素，然后用酸温和处理除去残留的矿物质，尽管未完全除去残留蛋白质，但甲壳素回收率达到了 16.5%。用从蜡样芽孢杆菌 *B. licheniformis* 中提取的碱性蛋白酶 Alcalase 2.4 L，对 10%盐酸脱钙处理后的废料脱蛋白，得到的甲壳素约含 4%的蛋白质杂质和 0.31%～1.56%的灰分。

为消除几丁质酶活性，对蜡样芽孢杆菌 *B. licheniformis* F11 进行转基因，得到改良菌株 F11.1、F11.2、F11.3 和 F11.4，将这些菌株用于虾壳脱蛋白，得到了长链甲壳素。Lopez Cervantes 等用商业益生菌 *Lactobacillus* sp.的固定化细胞发酵壳废弃物，虽然 DM、DP 均较低，但固定化技术促进了甲壳素和富蛋白质水解液的分离。Bautista 等利用 *Lactobacillus pentosus* 4023 的固定化细胞补料分批发酵生产乳酸，从小龙虾外壳中得到的甲壳素中蛋白和矿物质含量显著降低，DM 和 DP 分别为 81.5%和 90.1%。

2）甲壳素制备壳聚糖

由甲壳素制备壳聚糖的生物法分两种：一是利用甲壳素脱乙酰酶（chitin deacetylase，CDA）降解甲壳素；二是利用微生物发酵技术和甲壳素脱乙酰酶生物合成壳聚糖，可不经过单独的脱乙酰步骤而直接制得壳聚糖。

3）甲壳素纤维的成型方法

目前甲壳素纤维的成型方法仍在不断探索中，由于高成本、纤维性能不足等原因没有取得工业化突破性进展，因此在其直接成型（如湿法纺丝成型法、发酵法）的基础上，为了拓展普及甲壳素的应用范围，采取化学方法（如交联法、间接生产法）或物理方法（如涂层法、共混法）进行改性。

（1）纯甲壳素纤维的纺丝成型。甲壳素纯纺采用的是湿法纺丝的方法，用甲壳素或脱乙酰基程度为 80%～90%的壳聚糖溶解在一定溶剂中制成纺丝原液。溶剂主要有磺化、卤化酰胺/氯化锂、*N*-甲基吗啉-*N*-氧化物（NMMO）水溶液等。纺丝原液经过过滤、脱泡、计量后由喷丝孔喷出在凝固浴中，再经拉伸、二浴、定型、洗涤、干燥后形成纤维，可用于后续纺纱或非织造布，但其纤维存在成本高、环境污染大、纤维品质及性能尤其是强度难以达到后续工序要求等问题。发酵法是生产甲壳素纤维的新方法。秦益民（2005）研究了利用丝状真菌生产甲壳素纤维的发酵工艺，可以扩大甲壳素的生产规模。研究表明：丝状真菌发酵后得到的甲壳素为长度为 50～100 mm 的中空纤维状物质，与纺织用纤维长度基本相同；经过处理后可根据不同的用途将这些纤维与黏胶或其他甲壳素纤维按比例混合加工成非织造布。

（2）甲壳素纤维的改性。由于纯甲壳素湿法纺丝纤维强力不足、成本高、后续纺纱应用困难，因此对甲壳素采取改性的方法，如交联法、间接生产法、涂层法及物理共混法等来制备甲壳素纤维。交联法会使甲壳素纤维的部分天然特性受到化学助剂的影响，环境污染大，交联剂有毒，不具备较高的推广价值。胡先文等（2008）基于海藻酸钠的离子交联研究，先将甲壳素溶解于 $NaOH/CO(NH_2)_2$ 水相溶剂中，然后将制备好的海藻酸钠溶液与甲壳素溶液混合，以不同浓度的 $CaCl_2$、HCl 和 C_2H_5OH 混合溶液作为凝固液，采用溶液纺丝法制备了甲壳素/海藻酸钠共混纤维。研究表明：共混纤维中甲壳素和海藻酸钠分子间的氢键使其具有一定相容性；当甲壳素质量分数为 10%时，共混纤维的干湿强度达到最大值；当甲壳素质量分数为 40%时，共混纤维吸湿、保湿率达到最大值。

秦益民（2005）研究了直接用甲壳胺纤维乙酰化接上乙酰基的方式得到再生甲壳素纤维。研究表明：甲壳胺在 40℃、30 min、过量乙酸酐处理后可达到 88.9%的乙酰化程度，使其从甲壳胺转化为再生甲壳素纤维。经分析证明，再生甲壳素纤维比甲壳胺纤维有更好的结晶度和热稳定性。

涂层法在我国应用普遍，是将其他纤维浸泡在甲壳素溶液中经干燥等工序制成含甲壳素涂层纤维的方法。这种方法虽然工艺简单、操作方便，但甲壳素的优良特性会逐渐衰退。共混法则是对甲壳素应用拓展较多的方法，与甲壳素共混的主要有纤维素、黏胶纤维。何春菊和王庆瑞（2001）采取湿法纺丝，将甲壳素黄原酸酯的稳定溶液与纤维素黄原酸酯溶液以不同比例、浓度混合制成甲壳素/纤维素共混短纤维，并对短纤维性能进行研究。结果表明：甲壳素与纤维素的相容性随甲壳素质量分数的增加而降低；纤维回潮率随之小幅下降；干湿强度虽比黏胶纤维低，但可满足后续工序要求。李涛研究了内层为甲壳素、外层为黏胶的皮芯型甲壳素/黏胶纤维的性能。结果表明：常温干湿态下皮芯型甲壳素/黏胶纤维的断裂强度大于纯甲壳素纤维，动、静摩擦因数大于普通黏胶纤维，卷曲回复率比较小。

3. 甲壳素生物降解塑料技术水平评价

甲壳素和壳聚糖由于其天然无毒和在许多领域的广泛用途，已引起许多国家的重视，现已成为最热门的研究领域之一。近年来全国甲壳素的产量已突破 4000 t 大关，并在进一步的拓展中，开发利用前景十分广阔。

以甲壳素、壳聚糖及其衍生物为原料制得的纤维统称为甲壳素类纤维，由于其生物相容性、生物可降解性、天然广谱抗菌性及良好的吸湿保湿性等优良性能，可用于纺织领域等多个行业，具有良好的发展前景。

1990 年日本利用甲壳素纤维与棉混纺制成抗菌防臭类内衣和裤袜，深受广大消费者的青睐。日本旭化成株式会社在接触皮肤一侧添加甲壳素涂层，开发了吸汗防水透湿材料。1991 年东华大学研制出甲壳素缝合线及甲壳胺人造皮肤；1999 年至 2000 年，东华大学相继开发出甲壳素系列混纺纱和织物。目前世界各国都在进行甲壳素纺丝的研究，我国虽然起步晚，但发展迅速。由于甲壳素原材料买卖困难、纺丝成纤技术不成熟，因此其工业化大批量生产仍未实现。世界各国甲壳素纤维的年产量估计未超过 1 万 t，我国最大生产线的年产量约 200 t。

甲壳素纤维具有很多优良的特性，是实现能源可再生、低碳环保、可持续发展的优选材料，是未来具有发展潜力的生物质纤维。虽然甲壳素纤维的工业化生产还需要克服瓶颈，但是对其开发和探索依旧在持续进行中，对其应用也在不断地创新和扩大。

我国对甲壳素及壳聚糖的研发起始于 20 世纪 80 年代，起步较晚。但由于我国海岸线漫长，甲壳素资源丰富，近年来甲壳素及壳聚糖产业发展较为迅速。目前我国东南沿海已有近百家企业生产甲壳素及壳聚糖系列产品，年产量可达 30 万 t 左右。原料来源主要为蟹、虾等，主要产品包括壳聚糖、盐酸氨基葡萄糖、硫酸氨基葡萄糖、乙酰氨基葡萄糖及羧甲基甲壳素等。我国已成为甲壳素及壳聚糖产品的主要输出国家。

但从甲壳素资源的综合利用来看，我国的甲壳素及壳聚糖产业还处于起步阶段，与西方发达国家相比还有很大差距。首先，在产业化规模及综合开发利用水平上，中国每年捕捞的蟹虾可以带来 1000 万 t 左右的甲壳素资源，可以生产甲壳素近 30 万 t，但每年的实际产量只有 3 万 t 左右，其余的主要作为原料出口。其次，中国生产甲壳素及壳聚糖产品的企业规模小，实力薄弱，很难实现工业化大生产及产品的深加工，对甲壳素资源综合利用程度较低，产品大多以初级产品低价出口到国外进行深加工。最后，中国生产甲壳素及壳聚糖产品的企业基本都采用传统的强酸强碱的处理方式，其资源消耗大、有效利用率低，且环境污染严重。

为加快甲壳素及壳聚糖产业发展，一方面应提高综合利用水平、拓展应用领域；另一方面应寻找新原料来源及新的生产方法。由于甲壳素及其衍生物具有良好的降解性、生物相容性及无毒性等，近年来它在医药食品行业备受青睐，如医用纤维及膜、医药赋形剂及保健食品等。在工农业环保领域如功能织物、杀虫抑菌及污水处理等也都有着广泛的应用前景。此外，传统的生产甲壳素及壳聚糖的化学办法一般都需要经过强酸强碱的处理，导致资源利用率低且易造成环境污染，而且所生产的产品性质不稳定（脱乙酰度不均匀，分子量变化大）。因此采用更加环保的新技术、新工艺制备性质稳定的产品就成为现在甲壳素及壳聚糖产业发展的主要任务。其中一个重要的发展方向是生物法生产甲壳素及壳聚糖。

1934 年在美国首次出现了关于制备壳聚糖及其衍生物的专利，并在 1941 年出现了壳聚糖人造皮肤和手术缝合线。早在1991年国际上就已把甲壳素及壳聚糖认定为人体第六大生命要素。目前国外市场产品结构大致是：50%用作环保方面的污水处理及过滤，其余用作医药保健原料、化妆品及农业产品。在产业化方面，国外发展最快的是日本。从1971年日本水产公司开始工业化生产甲壳素起，得益于政府的大力支持，日本甲壳素及壳聚糖产业化发展十分迅速。1982年日本政府拨出50亿美元委托全国13所大学对甲壳素进行系统的研发。1991年，日本甲壳素销售额为20亿日元，而2005年销售额已突破6000亿日元，增幅迅速。目前，日本每年生产的甲壳素和壳聚糖有70%用于食品行业，20%用于医药行业，5%用于生产絮凝剂，剩下的用于生产化妆品及其他产品。同时，甲壳素及壳聚糖是日本政府唯一准许宣传疗效的功能食品。

近年来，对甲壳素和壳聚糖的改性研究工作在快速的发展中进行。美国、日本开发出了一系列壳聚糖可生物降解制品，如絮凝剂、外科缝线、人造皮肤、缓释药膜材料、固定酶载体、分离膜材料等。例如，*N*-乙酰化六聚壳聚糖和六聚壳聚糖，表现出对恶性肿瘤良好的抑制作用，日本Katakura Chikkarin医药公司利用壳聚糖胶原复合材料制成的人工皮肤对外伤和烧伤的愈合有促进作用。壳聚糖可以通过离子交换、吸附和螯合等多种模式与金属离子结合，对过渡金属离子具有较强的富集能力，在工业上常作为吸附材料应用于工业排出物中重金属离子的回收。还有把壳聚糖和氯金酸或者硝酸银的混合溶液浇铸于玻璃基底，在一定温度下热处理制备得到金属-壳聚糖纳米复合膜。另外，以壳聚糖为还原剂和纳米粒子的载体，可制备金属纳米颗粒-壳聚糖复合材料。

3.1.5　明胶及其衍生材料

明胶来源于胶原，作为一种天然生物高分子材料，其具有生物可降解性、良好的生物相容性和凝胶性、低成本等优点，是在医药领域应用较为广泛的一种传统药用辅料。长期以来，明胶用作胶囊剂囊材，是安全、有效的；作为基质，应用于凝胶剂；作为载体，应用于基因、疫苗等药物的递送系统。但随着明胶的应用需求扩大，其缺点也越来越明显。例如，由于亚胺基、醛基等活性基团的存在，明胶产品在存储过程中易发生交联，影响产品效用；明胶凝固点较高、体内易降解、凝胶强度较低、机械性能差，无法满足组织工程、药物载体的要求。为进一步拓宽明胶的应用范围，更好地发挥明胶这一传统药用辅料的作用，研究者们通过对明胶进行改性，弥补其不足。

1. *明胶的结构与性质*

明胶是一种由动物的结缔组织或表皮组织中的胶原蛋白部分水解得到的蛋

白质多肽，它具有许多优良的物理、化学性能。传统明胶主要来源于哺乳动物如牛的骨或皮。然而近年来，哺乳动物疯牛病以及口蹄疫的出现给利用传统明胶产业带来了不小的负面影响。同时，从市场方面来看，猪源明胶或者牛源明胶会受到一些信仰宗教人士的排斥。考虑到上述问题以及明胶在日常生产生活中发挥的重要作用，海洋生物来源的明胶作为其替代品的意义逐渐凸显出来，尤其是利用水产品副产物制备明胶已成为当前国内外许多学者研发的一个热门课题。

明胶是由胶原经水解所得的变性产物，部分保留了胶原的三螺旋链结构。胶原来源于哺乳动物的骨、肌腱、皮（如猪皮、牛皮等）或海产品（如鱼皮等）、可食性昆虫（如瓜虫成虫、高粱虫成虫）；水不溶性胶原在水中加热（大于 45℃）或化学预处理破坏其蛋白质结构，使其氢键和共价键断裂，胶原的三螺旋结构部分解旋为卷曲，得到亲水型明胶；根据水解 pH 不同，明胶可分为 A 型明胶（等电点为 8～9）和 B 型明胶（等电点为 4～5）。

明胶是由多种氨基酸组成的多肽链，具有和胶原相同的重复序列——Gly-X-Y，其中 Gly 为甘氨酸，X、Y 代表甘氨酸以外的任何一种氨基酸。以猪皮明胶为例，该明胶中含有 19 种氨基酸，人体 8 种必需氨基酸占 11.42%。明胶链中脯氨酸和羟脯氨酸间的静电排斥作用促使链间形成左手 α 螺旋，该螺旋结构对稳定明胶结构具有重要作用。此外，明胶分子链中还含有氨基、羧基、羟基等活性基团。

明胶具有两性电解质性质，在不同 pH 下带有不同的电荷。在等电点处，明胶的黏度、凝胶性等性质均会发生明显变化。明胶在冷水中不溶，但可吸水膨胀并软化，溶胀后的明胶质量可增加 5～10 倍；温度达 35℃以上时，明胶在水中溶解，呈溶胶状态。明胶的种类不同，其水溶液的澄明度和颜色也不相同。此外，明胶也可溶于甘油与水的热混合溶液、乙酸，不溶于乙醇（95%）、三氯甲烷或乙醚等有机溶剂。明胶的性质主要有：①凝胶性，包括凝胶的形成、多肽链基团反应性、增稠作用和持水性；②明胶的表面特性，包括乳化性、起泡性和稳泡作用、黏附和凝聚、胶体保护和成膜性。因此，明胶广泛用于医药、食品、化妆品等多个领域。

2. 明胶塑料的制备方法

明胶的提取过程分为三个阶段：原料的预处理、明胶的提取、纯化和干燥。

明胶的提取条件，包括提取时的温度、时间、溶剂种类、浓度等会对所提取明胶特性产生影响。Gómez-Guillén 等（2002）利用 0.05 mol/L 乙酸在 45℃下隔夜提取秘鲁鱿鱼皮中的明胶，所得明胶的凝胶强度为 10 g。为了增加鱿鱼皮明胶的凝胶强度，Gómez-Estaca 等（2009）对提取工艺进行改进，用胃蛋白酶和

0.05 mol/L 的乙酸在 60℃下隔夜提取秘鲁鱿鱼皮中的明胶，所得明胶凝胶强度可以增至 147 g/cm^2。Kasankala 等（2007）提取草鱼鱼皮的明胶，确定最佳提取条件为：先用 1.19% HCl 预处理草鱼鱼皮 24 h，进一步用 52.61℃热水浸提 5.12 h，此时，预测明胶得率为 19.83%，凝胶强度为 267 g/cm^2。

与哺乳动物明胶相比，鱼皮明胶往往具有凝胶强度低、热不稳定、流变性能差等缺点。在明胶中添加其他蛋白、脂类或多糖类等，通过混合改性可以改善其机械性能和阻水性能。

明胶目前在材料制备领域多用于制备生物膜材料应用于医药与食品领域，主要包括以下几类。

（1）明胶-多糖膜。多糖类物质包括纤维素、淀粉、海藻酸盐、果胶、壳聚糖、卡拉胶、树胶和纤维素衍生物等。蛋白质和多糖在成膜时通常对氧气、油脂和芳香类物质表现出极好的屏障属性，但力学性质一般，水蒸气透过率高，易潮解。大量研究表明，明胶和多糖复合制膜可以改善其性能。在与明胶复合的多糖类物质中，研究的最多的是壳聚糖。壳聚糖是甲壳素的脱乙酰基产物，即将甲壳素 C2 上的乙酰基脱去变成氨基，因此，在分子侧链上增加了一个活泼氨基，从而易于化学改性或共混改性。这种多糖由于其价廉易得、无毒、无气味、易于加工及良好的成膜性和力学性能，被广泛应用于膜材料的研究中。Hosseini 等（2016）通过改变壳聚糖的浓度来改善明胶膜的性能，当明胶与壳聚糖的比例为 60∶40 时，复合膜的机械性能达到最佳水平。与单纯的明胶膜相比，添加壳聚糖的复合膜的拉伸强度（TS）和弹性模量（EM）显著增加（$p<0.05$），水蒸气透过率（WVP）和溶解度降低，且明胶-壳聚糖膜对紫外线具有优异的阻隔性能，通过 FTIR 和 DSC 研究表明鱼明胶和壳聚糖之间相互作用明显，形成了机械性能增强的新材料。Cheng 等（2012）制备了壳聚糖-明胶复合膜，发现两者的相容性很好，且明胶量增加时，膜的吸水性增强，断裂伸长率（EAB）较高，弹性模量较低，机械性能提高。在研究壳聚糖与明胶发生作用的同时，一些科研工作者先对壳聚糖结构进行一定的改变再将其应用于明胶的改性。此外，纳米粒子的添加还有助于降低水蒸气透过率。王亚娟等（2012）先对壳聚糖进行氧化处理，再与明胶复合成膜，该复合膜的平衡溶胀度较低，并对 pH、盐有一定的敏感性，可作为生物医学材料运用。

（2）明胶-蛋白质膜。蛋白质类物质包括植物蛋白和动物蛋白，如大豆蛋白、小麦面筋、玉米蛋白、向日葵蛋白、乳清蛋白、酪蛋白和角蛋白等。相对多糖-明胶复合膜来说，这一类研究较少。可能是因为明胶也是一种蛋白质，蛋白质与蛋白质之间的作用没有蛋白质与其他类物质相互间的作用明显。Chambi 和 Grosso（2006）使用转谷氨酰胺酶制备交联酪蛋白，然后将其与明胶混合，发现复合膜比单独的明胶膜、酪蛋白钠膜的 EAB 要大，但添加酪蛋白对膜的 TS 和阻水性影响并不大。石云娇等（2017）以大豆蛋白和明胶为主要原料，采用戊二醛溶液交联方式和戊二醛饱和蒸气交联制备大豆蛋白-明胶复合膜。结果表明，在3个月储藏期内，溶液交联改性、蒸气交联改性处理使复合膜的拉伸强度稳定性分别提高20.58%、38.51%，伸长率稳定性分别提高31.71%、54.49%，水蒸气透过系数稳定性分别提高31.74%、52.19%，透氧率稳定性分别提高0.24%、18.01%。Noorjahan和Sastry（2004）制备了纤维蛋白-明胶复合膜，发现明显提高了纤维蛋白的机械性能。

（3）明胶-脂质膜。用于制备明胶-脂质膜的食用脂类包括蜂蜡、小烛树蜡、巴西棕榈蜡、甘油三酯、乙酰化单甘酯、蔗糖酯等。明胶含有较多的亲水性氨基酸，所以明胶膜的阻水能力较差，无法包装一些高含水量或对干燥条件有较高要求的食品；而脂类膜阻水性较好，但是不透明，又较脆，机械强度也较低，所以可以将明胶和脂类做成复合膜，提高膜的阻水和机械性能。Pérez-Mateos等（2009）在鳕鱼皮明胶膜中添加了一定量的葵花籽油，使得明胶膜的疏水性得到增强，并有效地降低了水蒸气透过率，但随着葵花籽油添加量的增加，膜的机械强度（穿刺力、穿刺形变）下降了30%～60%。Bertan等（2005b）研究了脂肪酸、巴西橄香脂与明胶复合膜的性能，发现添加脂类物质后，复合膜的阻水性能得到了改善，但机械性能降低，膜的透明度也降低了。同时Bertan等（2005a）也研究了月桂酸对明胶、乙酸甘油酯及硬脂酸、棕榈酸复合膜的影响，发现月桂酸能有效降低复合膜的水蒸气透过率，但氧气透过性增加、TS降低、EAB增加，对膜的透明度影响不太明显。

明胶改性方法主要包括以下几点。

（1）添加抗菌剂和抗氧化剂。明胶是一种蛋白质，是细菌生长的营养素之一，单一的明胶膜容易滋生细菌等其他多种致病微生物，使得包装材料被细菌污染进而引起更多安全问题。例如将多酚类物质和细菌素等其他物质用于制备具有抗菌作用的明胶复合膜。研究表明，天然多酚提取物具有良好的抗氧化性能，将其应用于明胶膜，可作为具有抗氧化活性的包装材料。

（2）添加增塑剂。明胶是一种蛋白质，具有蛋白质的三维网状结构，成膜后经脱水处理具有一定的脆性。增塑剂能减少明胶的分子间作用力，提高膜的弹性，减小膜的脆性。增塑剂主要是一些多元醇，如甘油、甘露糖、山梨醇、聚乙二醇、乙二醇等。宫志强等（2008）研究了甘油、乙二醇、聚乙二醇400对明胶-壳聚糖复合膜性能的影响，结果表明增塑剂的加入对膜的物理性能产生了显著的影响，三种增塑剂都使膜的拉伸强度和吸水性降低、断裂伸长率和水蒸气透过率增大。吴婷婷等（2016）采用溶液共混法制备了明胶-淀粉复合膜，探索水、甘油、聚乙二醇对复合膜性能的影响。结果表明甘油和聚乙二醇可以显著提高复合膜的透光率和玻璃化转变温度，提高复合膜的拉伸强度，改善其断裂伸长率。

（3）与合成高分子共混。明胶是一种来源广泛且价格低廉的天然高分子，有良好的成膜性、生物相容性和可生物降解性等，被广泛应用于食品、药品、医用材料、感光、化妆品等领域。用作膜材料时，纯明胶膜存在着质脆、力学性能差、对水敏感及潮湿环境下易霉变等缺陷。为了扩大其应用范围和领域，势必要对其进行改性。目前对其改性处理的方法较多，有共混改性、接枝改性、交联改性等。共混改性是一种简单有效的改性方法，明胶与其他高分子共混复合可以改善纯明胶膜的缺陷，进而扩大其应用领域。例如，Xiao 等（2002）将明胶与聚丙烯酰胺按照不同比例通过溶液共混的方法，制备了明胶-聚丙烯酰胺复合膜，结果表明，该复合膜具有较好的机械性能和热稳定性。聚乳酸与明胶共混后，可增加聚乳酸膜的亲水性并降低明胶膜的亲水性。

3. 明胶生物降解塑料技术水平评价

目前我国是世界最大的明胶生产国，年产明胶 20 万 t，但利用方式尚比较粗放，国内已有一些企业开始尝试明胶生物材料的工业制备，如包头东宝生物技术股份有限公司正在推进明胶纺丝的工业化生产技术的研究。

明胶因其生物可降解性、良好的生物相容性和成膜性而在医药领域中广泛应用，其中明胶作为胶囊剂（硬胶囊、软胶囊、微胶囊）囊材的应用则最为广泛且历史悠久。Frutos 等（2010）以甲基丙烯酸（methacrylic acid，MAA）和聚乙二醇大分子单体［poly(ethylene glycol) macromonomer，PEGMEMA］组成的聚合物 P(MAA-*co*-PEGMEMA)为基质，制备 pH 敏感型水凝胶：将 50%乙醇水溶液、P(MAA-*co*-PEGMEMA)、交联剂及 UV 诱发剂混合，再将上述混合物灌装于明胶软胶囊中，用 365 nm 的紫外线辐照 15 min（辐照过程不影响软胶囊壳），使明胶软胶囊内的混合物反应得到包有盐酸地尔硫卓的水凝胶，以保护盐酸地尔硫卓在低 pH 环境下不被破坏，在高 pH 环境下得以释放继而发挥药效。明胶软胶囊不仅给药方便，且制备工艺不会影响水凝胶的结构；同时，它既是药物的存储容器，也是混合物的反应容器。

明胶胶囊虽有很多优点，但也存在不足：①由于醛基、亚胺基或羰类等基团的存在，胶囊在储存过程中易发生交联，形成稳定的明胶网络，减缓胶囊的溶出，降低其生物利用度；②明胶来源于动物的皮或骨，因此素食主义者用药时不方便；③明胶胶囊囊壳材料来源于动物皮或骨，易传播传染性海绵组织脑科疾病——疯牛病；④软胶囊囊壳机械特性易受温度和水分影响——囊壳中增塑剂的加入，增加了氧渗透率和水分在囊壳和胶囊内容物间的转移，极少量的水分变化就会对药物的溶出造成很大影响；⑤软胶囊还存在药物迁移的现象。因此，需要寻找改性明胶或明胶替代品来改善明胶胶囊的缺陷。丁丁（2014）以淀粉与明胶共混实现明胶改性，以淀粉/明胶为囊材制备硬胶囊，提高明胶硬胶囊的稳定性；增塑剂聚乙二醇的加入，可促进淀粉和明胶的融合以提高膜透光率，增加膜的伸张率、降低脆性。而高羟丙基化的直链玉米淀粉（80%）与明胶共混后可提高淀粉/明胶复合物的稳定性，增强明胶与淀粉间的相容性。淀粉/明胶硬胶囊在一定程度上弥补了明胶硬胶囊水分迁移等不足。

明胶胶囊的替代品有植物胶（魔芋胶、阿拉伯胶等）、微生物胶（黄原胶、结冷胶等）、海藻胶（卡拉胶、海藻酸盐类等）、淀粉等。目前上市的非明胶胶囊主要有美国辉瑞制药有限公司开发的全球第一种非明胶胶囊——羟丙基甲基纤维素（HPMC）胶囊、中国科学院海洋研究所和秦皇岛药用胶囊有限公司联合开发的海藻多糖植物空心胶囊、法国 Capsuge 公司推出的普鲁兰多糖空心胶囊。我国湖南尔康制药股份有限公司实现淀粉空心胶囊产业化。但非明胶材料应用于胶囊的制备也有诸多限制，除了考虑其生物利用度、安全性、稳定性等外，还需考虑其生产工艺。

明胶因其具有较高的生物相容性、生物可降解性且体内降解后不产生其他副产物、无免疫原性和血液相容性以及具有与胶原相同的组分和生物性质，广泛应用于组织工程和药物递送系统中。对于骨组织，理想的骨组织支架需具有生物活性和足够的机械强度，易于细胞黏附，但明胶在体内降解速率较快、机械性能差。Rajzer 等（2014）综合聚己内酯（PCL）良好的机械性能、其在体内降解速率与骨生长速率相当的特点、磷酸钙修饰后的明胶的矿化作用，制备出 3D 双层支架——磷酸钙修饰的明胶/PCL 支架（Gel/SG5/PCL），解决了明胶在体内降解速率快、机械性能差等问题。碱性磷酸酶（ALP）是广泛分布于人体骨骼、肾、肝脏等组织的一组同工酶，处于生长期的青少年及孕妇体内 ALP 活性较高。ALP 活性可看作是成骨细胞分化的一个标志，其活性升高也意味着成骨细胞的增殖。Gel/SG5/PCL 具有更好的空隙分布，更高的 ALP 活性，有助于提高组织支架结合到骨组织的能力。Yoon 等（2016）用鱼皮明胶代替猪皮明胶、以甲基丙烯酸酐为交联剂，制备了可用于组织工程的鱼皮明胶-甲基丙烯酰基（gelatin methacryloyl，GelMA），因鱼皮明胶熔点较猪皮明胶低，可实现在室温环境下制备 GelMA，也可作为 3D 打印的墨汁；细胞在鱼皮 GelMA 中有很高的黏附、增殖能力。因此，鱼皮 GelMA 也可应用于组织工程及药物递送系统。治疗组织损伤的传统方法是注射抗菌剂，同时在损伤部位使用含有生长因子的凝胶剂。但是对于糖尿病患者，这种方法往往需要更长的治疗时间，并且可能会导致糖尿病溃疡；对于难治性创伤、反复创伤和感染会提升促炎因子和金属基质蛋白酶（MMP）水平，进而引起生长因子的降解。而传统的生长因子递送载体半衰期较短，体内滞留时间短。基于此，Adhirajan 等（2009）用 EDC/NHS 激活肝素结构中的羧基，与胺化明胶微球反应，得到肝素功能化明胶微球（heparin-functionalized gelatin microspheres，HMS）。HMS 作为生长因子的传递系统可抑制蛋白酶对生长因子的降解作用、延长生长因子体内释放时间，且无毒副作用，弥补了传统治疗方法的不足，可应用于组织工程及创伤治疗。明胶及改性明胶纳米系统也广泛应用于抗癌药物、蛋白和疫苗、基因等的递送。阿糖胞苷是治疗急性白血病的有效药物，但其生物半衰期短，高剂量给药时易引起诸如神经毒性、抽搐等并发症。Khan 等用京尼平改性明胶克服了明胶在体内快速溶解的问题，达到长效递药的效果。该研究将阿糖胞苷载入京尼平苷改性明胶纳米粒，通过改性明胶纳米粒的溶胀控制阿糖胞苷体内释放速度：纳米粒遇水后，水分子渗入明胶孔道，纳米粒溶胀，阿糖胞苷被溶解、扩散到释放介质中。同时，发现 B 型明胶的释药效果好于 A 型明胶：pH = 7.4 条件下，明胶链带负电，阿糖胞苷带正电，因此 B 型明胶的载药量较高；在释放介质中，明胶链上的相互排斥，明胶网络松弛，促使药物释放。明胶或改性明胶也可作为非病毒载体用于基因药物的递送，可解决传统阳离子载体的细胞毒性及免疫原性等问题。siRNA 诱导基因沉默，可用于包括癌症在内的多种疾病的治疗，但 siRNA 不稳定，易被酶降解。如果将 siRNA 链 5′-末端硫醇化，siRNA 单体自发聚合形成聚 siRNA，同样，用二硫化物修饰明胶链中的羧基得到硫醇化明胶。通过聚 siRNA 与硫醇化明胶间自发地交联而把 siRNA 载入硫醇化明胶纳米粒。载聚 siRNA 硫醇化明胶纳米粒在还原剂存在的条件下释放出 siRNA 单体，避免 siRNA 被酶降解，有效地将 siRNA 递送到病灶。

运用现有技术，明胶性质和功能得以改善，拓宽了其应用领域，但也会存在问题。如对明胶进行交联、接枝共聚改性、紫外线照射三重改性，前两种方法的反应基团均为氨基，会增加下一步改性的难度。随着新化合物的应用及科学技术的发展，需要进一步优化明胶的性质，以期更好地发挥其作用。

3.2　生物基生物降解塑料性质介绍、制备方法及技术评价

3.2.1　聚羟基脂肪酸酯类

聚羟基脂肪酸酯（PHA）是一类由微生物合成的羟基脂肪酸组成的线形聚酯，分子量介于 50000～2000000 之间。许多细菌在代谢不平衡的条件下合成 PHA，作为碳源和能量的储藏性物质，从而增加其在逆境中的生存能力。由于 PHA 具有类似塑料的材料学性质，在很多领域有潜在的应用价值，因而受到了科学界和产业界的广泛重视。从 20 世纪 80 年代开始，许多公司开始尝试生产不同类型的 PHA 材料，其最大优势在于生物可再生性和生物可降解性，通过微生物发酵的方法，PHA 可以由碳水化合物、脂肪酸等可再生资源合成；废弃在环境中以后，PHA 可以迅速地被自然界中的各种微生物完全降解为 CO_2 和 H_2O。开发利用 PHA 材料，将有助于解决日益严重的“白色污染”等环境问题，同时将会降低使用塑料的碳排放，实现塑料产业的可持续性发展。

1. 聚羟基脂肪酸酯类的结构分类与功能特性

聚羟基脂肪酸酯类主要可以分为以下几类：聚 β-羟基丁酸酯（聚 3-羟基丁酸酯，PHB）、聚羟基戊酸酯（聚 3-羟基戊酸酯，PHV），以及 PHB 和 PHV 的共聚物（PHBV）等。

聚羟基脂肪酸酯类是微生物在营养不平衡的生长条件下，胞内积累的一类能量和碳源储藏物。它是由 3-羟基脂肪酸（3HA）单体组成的线形聚酯，其基本结构见图 3-9。其中 m 为 1、2 和 3，在多数情况下 $m=1$，即 β-羟基烷酸；n 为聚合的单体数目，决定分子量的大小；R 为可变基团，多为不同链长的正烷基。

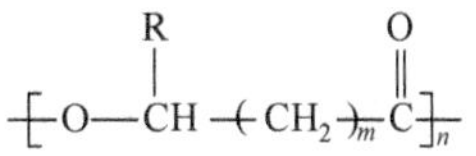

$$\left[O - \underset{\substack{|\\R}}{CH} - (CH_2)_m - \overset{\substack{O\\ \|}}{C} \right]_n$$

图 3-9　聚羟基脂肪酸酯的基本结构

随着 R 基团、共聚单体、链的长短以及羟基的位置不同，可形成不同的聚羟基脂肪酸酯。当 R 为甲基时，单体为 3-羟基丁酸（3HB），聚合物为聚 3-羟基丁酸酯（PHB）；当 R 为乙基时，则为聚 3-羟基戊酸酯（PHV）。此外，在一定条件下两种或两种以上的单体还能形成共聚物，如 3-羟基丁酸和 3-羟基己酸（3HHx）共聚物（PHBHHx），3-羟基丁酸与 3-羟基戊酸（3HV）共聚物（PHBV），3-羟基丁酸、3-羟基戊酸和 3-羟基己酸共聚物（PH-BVHHx）。

由于聚羟基脂肪酸酯的单体种类多样，因此不同的聚羟基脂肪酸酯材料学性质差异很大。聚羟基脂肪酸酯不仅具有化学合成塑料的特性，还具有一些特殊性能，如生物可降解性、生物相容性、光学活性、降解产物无毒性、表面可修饰性以及在生物合成过程中可利用再生原料等。PHB 作为聚羟基脂肪酸酯的典型代表，在某些性能上相似于热塑性塑料，其某些力学性能与聚丙烯相似。但是由于 PHB 的化学结构简单规整，结晶度高达 60%～80%，因而脆性强，断裂伸长率很低；而且 PHB 在加热温度高于熔点（180℃）10℃时就会裂解，增加 PHB 的后处理难度。HV 单体的渗入使得 HB 和 HV 单体的共聚物 PHBV 的结晶度下降，相应的硬度下降，强度上升，韧性增强；PHBV 的熔点随着 HV 单体浓度的增加而下降，PHBV 分子的分解温度却没有同步下降，因此，相比于 PHB，PHBV 的物理和加工性能有很大的提高。由于 PHB 和 PHBV 的单体结构非常相似，在 PHBV 的结晶过程中可看到同二晶现象。当 HV 的含量从 0%增到 95%时，PHBV 的结晶度始终保持在 50%以上，其结晶速率比 PHB 小，使 PHBV 的加工变得更为困难。

与 PHB 和 PHBV 不同，中长链聚羟基脂肪酸酯是热塑性的弹性体。其熔融温度在 39～61℃之间，40℃左右聚合物就会软化，失去交联作用。中长链聚羟基脂肪酸酯的结晶速率低，结晶时间可长达几天，限制了其作为热塑性弹性体的应用。然而短链和长链单体共聚的聚羟基脂肪酸酯，其机械性质有很大改善，这种聚羟基脂肪酸酯可使其熔点及玻璃化转变温度下降不多的同时，韧性和弹性有很大提高，而且长链羟基脂肪酸酯单体不与 HB 单体共结晶的性质也使得其结晶速率与 PHB 相比不会有很大变化。通过对 Aeromonascaviae 合成的 HB 和 HHx 单体共聚物 PHBHHx 的机械性能研究，表明其机械性能随着 HHx 浓度的增加有很大的变化。与 PHB 的硬度高、脆性强，长链聚羟基脂肪酸酯的弹性好，但熔点低、不易加工的特点相比，PHBHHx 具有硬度和韧性都好的特点，同时又抛弃了短链聚羟基脂肪酸酯和中长链聚羟基脂肪酸酯在物理性能上的缺陷，这大大改善了聚羟基脂肪酸酯的材料学性能，进一步扩大其应用性能。

因此，人们力图通过不同的办法对其进行改性，其中共混改性，也称物理改性，是一种简便易行、较为经济的改性方法。通过选择合理的共混组分以及共混比，改善组分间的相容性以及采用不同的材料成型加工方法等手段，可获得满足各种不同使用要求的新型材料。PHB 曾与许多物质发生共混，主要分为：PHB 与热塑性高聚物共混、与天然高分子共混、与橡胶等低分子有机物共混等。但是共混物的缺点很明显，就是力学性质较差。

具有韧性的共聚物是当前 PHA 生产最受瞩目的类群，共聚物中其他单体的掺入对 PHA 的物理性能有较大的改善。如果向 PHB 中引入适量的 3HV 单体组成 PHBV 共聚物，随着 3HV 单体含量的升高，聚合物的硬度、结晶度和熔点就越低，弹性和耐冲击能力就越强，使得加工性能有所改善。将 3HV 的摩尔分数由 0%提高到 22%，T_g（玻璃化转变温度）随之降低，T_m（熔点）也降低，这使 PHBV 材料能在较低温度下使用而不发生脆变现象。弯曲模量的稳步降低表明 PHBV 柔性提高。而断裂伸长率也随着 3HV 含量的增大而提高，这说明 PHBV 材料的韧性增强了。生物合成的 PHBV 共聚物已成为少数的能完全生物降解的热塑性材料之一。一般希望 PHBV 中 3HV 的摩尔分数为 5%～20%。一般来说，含 3HV 为 5%左右的 PHBV 适用于要求刚硬的注塑件，含 3HV 10%的适用于一般注塑以及作为包装材料的挤出吹塑，含 3HV 20%的适用于作医药缓释剂。PHBV 的结晶度高（大于 50%），当从熔融状态中重结晶时，其成核密度低，重结晶速率慢，给加工成型造成一些困难。增加 PHBV 中 3HV 单元的比例，可使其熔点降低、韧性及冲击强度增强。作塑料用途的 PHBV 最好具有 200000 以上的分子量。

中长链 PHA 是热塑性的弹性体，柔韧性好，但熔融温度在 39～61℃之间，40℃左右聚合物就会软化，而且它的结晶速率很低，结晶时间可长达几天甚至几十天，这些特点限制了它作为热塑性弹性体的应用。而在 PHB 中掺入中长链的单体能够相互补充性能上的不足。所以要考虑 PHA 的使用性能及其加工性能，我们必须对 PHA 分子的单体组成予以控制，在聚合物中引入 3HV、4HB 或增加中等链长 PHA 的含量。人们预计，羟基丁酸（HB）与羟基辛酸（HO）或羟基癸酸（HD）

的共聚物当 HB 摩尔分数为 85%～95%时将得到物化性能更优的 PHA，因而研究者将众多目光集中在这里。表 3-3 列出了几种 PHA 和传统塑料的性能比较。

表 3-3　PHA 和传统塑料的性能比较

聚合物	熔融温度 T_m/℃	玻璃化转变温度 T_g/℃	结晶度/%	拉伸强度/MPa	断裂伸长率/%
PDLLA	220～230	50～60	0～1	40～50	5～10
P(3HB)	177	4	60	43	5
P(3HB-*co*-20%[a]3HV)	145	−1	56	20	50
P(4HB)	53	−40	51	104	1000
P(3HB-*co*-16%4HB)	150	−7	45	26	444
P(3HB-*co*-10%3HHx)	151	0	34	21	400
P(3HB-*co*-17%3HHx)	120	−2	26	20	850
P(3HB-*co*-6%3HA)	133	−8	45	17	680
聚丙烯	176	−10	50～70	38	400
聚氨酯	195	20	60	38	550
高密度聚乙烯	137	−30	35	30	10
低密度聚乙烯	130	−36	20～50	10	620

a. 摩尔分数，下同。

PHA 与传统的以石油为原料合成的塑料如聚乙烯、聚丙烯等有相似的材料学性质，但可以用可再生的能源（如植物光合作用产生的碳水化合物、脂肪酸等）合成，并且可以完全降解进入自然界的生态循环，因此被认为是一种“绿色塑料”，可以替代不可降解的传统塑料，而引起世界各国科学界和产业界的广泛重视。随着石油资源不断耗竭、环境污染日益严重，PHA 由于具有可完全生物降解和利用可再生资源合成的特点，引起越来越多的关注。目前，PHA 已被广泛地应用于生物塑料、纤维、生物医学植入材料、药物缓释载体及特殊包装等领域。

2. 聚羟基脂肪酸酯类生物合成的主要途径

不同细菌合成 PHA 的种类不同，所使用的 PHA 合成途径也不同；使用不同碳源，PHA 合成的途径也不同。目前已知的天然存在的 PHA 合成途径主要分成三种，如图 3-10 所示。

第一，PHB 的葡萄糖合成途径。以 *R. eutropha* H16 为代表。葡萄糖经糖酵解生成丙酮酸，然后生成乙酰辅酶 A，PHB 的合成从乙酰辅酶 A 开始，中间产物有

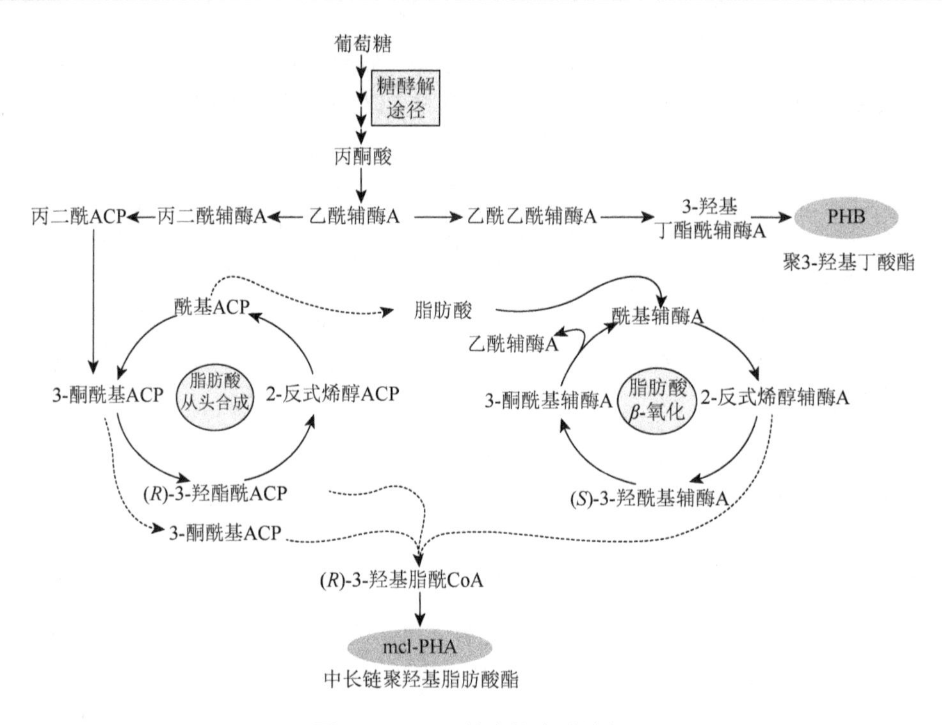

图 3-10　PHA 的生物合成途径

乙酰乙酰辅酶 A 和 3-羟基丁酯酰辅酶 A（3HBCoA）。*β*-酮基硫解酶（PhaA）催化两个乙酰辅酶 A 缩合成乙酰乙酰辅酶 A，乙酰乙酰辅酶 A 由 NADPH 依赖的乙酰乙酰辅酶 A 还原酶（PhaB）还原，生成的 3HBCoA 最后在 PHB 聚合酶（PhaC）催化下合成 PHB。

第二，脂肪酸 *β*-氧化途径。以铜绿假单胞菌（*Pseudomonas aeruginosa*）为代表，合成 mcl-PHA。外加长链脂肪酸为碳源时，经 *β*-氧化途径生成各种中间产物，如 L-3-羟酯酰 CoA、烯脂酰 CoA、酮酯酰 CoA 等，这些中间代谢产物为 PHA 合成的前驱体，均可以转化为 3HACoA，在 *P. aeruginosa* 为代表的假单胞菌中主要将(*R*)-烯脂酰 CoA 在烯脂酰 CoA 水合酶（PhaJ）的催化下形成 PHA 的前驱体(*R*)-3-羟基脂酰 CoA，再由 PHA 聚合酶（PhaC）催化聚合形成 PHA。

第三，脂肪酸从头合成途径。以恶臭假单胞菌（*Pseudomonas putida*）为代表，合成 mcl-PHA。碳源代谢（葡萄糖）产生的乙酰 CoA 进入脂肪酸从头合成途径，其中间代谢产物(*R*)-3-羟酯酰 ACP 在(*R*)-3-羟酯酰 ACP∶CoA 酰基转移酶（PhaG）的催化下生成 PHA 的前驱体(*R*)-3-羟基脂酰 CoA（3HACoA），进一步由 PHA 聚合酶（PhaC）催化生成 PHA。

以上三条 PHA 合成途径中，从乙酰 CoA 直接合成 PHB 是研究得最多、分布最广的途径，在很多不同种属的细菌中都发现了这条途径。脂肪酸从头合成途径主要见于假单胞菌属中的细菌。脂肪酸 β-氧化途径主要见于假单胞菌属和气单胞菌属（Aeromonads），后者主要包括 *Aeromonas caviae* 和 *Aeromonas hydrophila*。有些细菌具有不止一条 PHA 合成途径，例如，假单胞菌属（Pseudomonads）中 rRNA 同源群 I 的很多细菌具有脂肪酸从头合成和 β-氧化两条 PHA 的合成途径。在一个细菌中可能会同时有两条途径来合成 mcl-PHA，虽然这两条途径并不一定是均等地起作用的。

1）短链 PHA 的发酵生产

短链 PHA 的单体碳原子数在 3～5 之间，主要包括聚羟基丁酸酯（PHB）、3-羟基丁酸酯和 3-羟基戊酸酯共聚物（PHBV）以及聚 3-羟基丁酸-4-羟基丁酸酯（P3HB4HB）等。到目前为止，它们均已进入商业化规模生产的阶段。假气单胞菌 *R. eutropha* 是最常见的短链 PHA 生产菌，它能利用糖类碳源积累超过细胞干重 80%的 PHB，细胞干重可达 200 g/L 以上；当添加丙酸或 4-羟基丁酸等作为 3HV 或 4HB 的前驱体时，*R. eutropha* 能够合成 PHBV 或者 P3HB4HB。广泛产碱菌（*Alcaligenes latus*）也可以用来生产 PHB 或 PHBV，其优点是生长迅速，能利用蔗糖为碳源，但是 PHB 含量较低，一般只能达到细胞干重的 50%左右。然而，高生产成本仍是阻碍 PHA 商业化的主要原因。近年来，大量研究都在致力于开发降低短链 PHA 生产成本的新技术。

2）PHB 的生物合成

对于 PHB 生产的过程分析和经济学评价已有相关报道，一些影响 PHB 生产成本的因素，如产 PHB 菌株的生产能力、PHB 的含量及产量、碳源的成本和 PHB 的提取量都是非常重要的因素。

生产 PHB 的菌种通常被分为两大类：一类细菌在氮、磷、镁、钾、氧或硫等必需元素缺乏而同时碳源过剩时开始积累 PHB，同时细菌的生长在此条件下也被限制；而另一类细菌生产 PHB 却是与细胞生长相关的。包括罗氏真养菌和甲基营养菌（methylotrophic bacteria）在内的许多细菌属于第一类；而广泛产碱菌 *A. latus*、拜氏固氮菌（*Azotobacter beijerinckii*）和重组大肠杆菌 *E. coli* 属于第二类。因此，为了提高 PHB 的生产能力，对于不同的微生物需要确定不同的发酵策略。

许多微生物都可以从可再生资源中合成 PHB，但是，具有商业化生产可行性的细菌却仅限于罗氏真养菌、广泛产碱菌和重组大肠杆菌等几种。在考虑哪种菌最适合进行商业化规模生产时，常需要考虑涉及 PHB 生产成本的几个因素，包括在某碳源中 PHB 的产量、含量、产率以及从细菌细胞内提取方法等。表 3-4 列举了目前常用的一些 PHB 生产菌株的生产能力。

表 3-4　不同菌株生产 PHB 的情况

菌种	底物	时间/h	细胞终浓度/(g/L)	PHB 终浓度/(g/L)	PHB 含量/%	生产力/[g/(L·h)]
罗氏真养菌	葡萄糖	50	164	121	76	2.42
	葡萄糖	74	281	232	82	3.14
	木薯水解液	59	106	61	58	1.03
广泛产碱菌	蔗糖	18	143	71.4	50	3.97
	蔗糖	20	111.7	98.7	88	4.94
棕色固氮菌	葡萄糖＋鱼蛋白胨	47	40.1	32	79.8	0.68
褐色球形固氮菌	淀粉	70	54	25	46	0.35
嗜有机甲基杆菌	甲醇	70	250	130	52	1.86
产气克雷伯氏菌	糖蜜	32	37	24	65	0.75
重组大肠杆菌	葡萄糖	42	117	89	76	2.11
	葡萄糖	49	204.3	157.1	77	3.2
	蔗糖	48	124.6	34.3	27.5	0.71
	乳清	49	87	69	80	1.4

在所有的 PHB 生产菌株中，大肠杆菌作为研究得最为清楚的微生物，具有生长快、培养简单、可以利用木糖等多种碳源、遗传操作体系清楚等特点，非常适合于用作微生物的细胞工厂生产能源和生物基化学品。并且，大肠杆菌不含有聚酯的降解酶，合成的 PHB 不会被降解；易于破碎，有利于 PHB 的提取纯化。因此，大肠杆菌一直被认为是替代罗氏真养菌和广泛产碱菌进行 PHB 生产的良好候选菌株，近年来在 PHB 生产领域受到越来越多的关注。

在 PHB 生产中，底物的成本对整个 PHB 的生产成本有很大的影响。因此，降低原材料价格，寻求 PHB 生产的廉价底物是解决当前问题的必需途径。可以发酵生产 PHB 的底物来源非常广泛，包括各种糖、一些有机化合物、糖蜜、淀粉、乳清等（表 3-5）。天然 PHB 合成菌在廉价碳源中生产 PHB 的产率和含量都不高。但用重组大肠杆菌在乳清中分批发酵培养的结果表明，通过代谢工程可以从廉价且可再生的碳源中实现 PHB 的高效生产。

表 3-5　底物成本对 PHB 生产的影响

底物	价格/(美元/kg)	产率/(g PHB/g 基底)	底物成本/(美元/kg PHB)
葡萄糖	0.493	0.38	1.35
蔗糖	0.295	0.4	0.72
甲醇	0.18	0.43	0.42

续表

底物	价格/(美元/kg)	产率/(g PHB/g 基底)	底物成本/(美元/kg PHB)
乙酸	0.595	0.38	1.56
乙醇	0.502	0.5	1
糖蜜	0.22	0.42	0.52
乳清	0.071	0.33	0.22
玉米淀粉水解液	0.22	0.185	0.58
半纤维素水解液	0.069	0.2	0.34

在国外，研究最多的是利用乳清发酵生产PHA，这是针对国外奶酪制品工业较多、乳清资源丰富的现状而出现的。而我国作为一个农业大国，最为丰富的资源就是天然纤维素原料，其年产量为11.45亿t，仅农作物秸秆、皮壳一项，每年就可达7亿多吨。这些秸秆大部分被用作燃料或在田间直接烧掉，不但破坏了生态平衡，使土壤肥力衰竭，造成农业上的恶性循环，而且污染环境，还存在火灾隐患。这些天然的纤维素、半纤维素类原料经水解后，可产生大量的单糖（葡萄糖、木糖、阿拉伯糖等），是淀粉质原料的最佳替代物。同时，农业植物纤维原料处理技术成熟，成本低。据报道，经过简单的酸水解技术处理的玉米芯，其水解液中总还原糖含量可达到10%以上。农业植物纤维原料的开发利用是当前解决能源危机的一个有效途径，如果应用于PHB生产领域，将大大加快PHB产业的发展。

3）PHBV共聚物的生物合成

PHBV是由两种短链PHA单体3HB和3HV共聚而成的一类高分子化合物。最早实现PHBV工业化生产的是英国帝国化学工业有限公司（ICI公司），利用罗氏真养菌，以葡萄糖和丙酸为碳源，生产出商品名为“Biopol”的PHBV产品。随后，德国、美国、日本等也相继开发出了PHBV产品。我国中国科学院微生物研究所目前已开发出了用淀粉与丙酸发酵生产PHBV的技术，并与浙江宁波天安生物材料有限公司合作建立了一个年产1000 t PHBV的生产装置。

PHBV的合成和PHB的合成过程相同，都是通过三步合成系统合成的。所不同的是，PHBV的合成除了需要乙酰辅酶A作为前驱体外，还需要丙酰辅酶A作为前驱体。从PHBV的合成途径可以看出，细胞中丙酰辅酶A的含量直接决定PHBV中3HV单体的含量。研究表明多数能合成PHB的菌株，也有合成PHBV的能力，并可通过调节发酵条件获得具有不同3HV含量的PHBV产品。一般来说，要在细胞中合成PHBV，除了以葡萄糖等作为主要底物外，还必须向发酵液中加入某种辅助底物作为合成丙酰辅酶A的前驱体，如丙酸、戊酸、正戊醇等。自从ICI公司以罗氏真养菌利用葡萄糖和丙酸半商业化生产Biopol以来，绝大部分 PHBV 的生产都是采用共底物生产的模式。表 3-6 列举了由各种微生物利用共底物发酵生产 PHBV 的情况。

表 3-6　微生物分批补料培养发酵生产 PHBV 的情况

菌株	底物	时间/h	细胞浓度/(g/L)	PHBV 含量/%	产率/[g/(L·h)]
罗氏真养菌	葡萄糖 + 丙酸	46	158	74	2.55
罗氏真养菌	乙醇 + 丙醇	44	41.4	77	0.72
脱氮副球菌	甲醇 + 正戊醇	120	9	26	0.02
嗜有机甲基杆菌	甲醇 + 戊酸	78	240	41.3	2.8
产碱菌 SH-69	葡萄糖 + 酵母提取物	48	62	57	0.87
重组大肠杆菌	葡萄糖 + 丙酸	55.1	203.1	78.2	2.88

共底物生产 PHBV 时，加入的辅助底物对积累 PHBV 的效率和对细胞生长的抑制作用各不相同。在这些辅助底物中，丙酸的成本相对较低，对细胞生长的抑制作用相对较小，所以在 PHBV 的研究中，已被广泛应用。但是，加入的辅助底物对细胞都会有不同程度的毒害作用，并且对辅助底物浓度的控制过程比较复杂，大大增加了 PHBV 生产的成本，因此，仍需对生产菌株的代谢途径进行进一步优化。

4）P4HB 及其共聚物的生物合成

P(3HB-*co*-4HB)的性质随着 4HB 在聚合物中的含量从 0%（摩尔分数）到 100%变化而改变。当 4HB 含量变化为 0%～16%（摩尔分数），P(3HB-*co*-4HB)涂膜的熔点由 178℃降低到 53℃，其玻璃化转变温度由 4℃降低到–48℃，结晶度由 60℃降低到 43℃，P(3HB-*co*-4HB)涂膜的抗张强度从 43 MPa 下降到 26 MPa，相应的断裂伸长率从 5%增大至 444%。当 4HB 含量变化为 64%～100%（摩尔分数），P(3HB-*co*-4HB)涂膜的抗张强度从 17 MPa 增加到 104 MPa，相应的断裂伸长率更大，从 591%增大至 1000%。热力学及材料力学性质的研究表明，与 PHB 相比，P(3HB-*co*-4HB)共聚酯的结晶度下降，断裂伸长率增大，表现出明显的弹性体的特点。P(3HB-*co*-4HB)的另一个引人注意的性质是其在不同环境中的降解速率很快，不管是在土壤、烂泥还是海水中，都有比较好的生物降解速率。所以 P(3HB-*co*-4HB)聚合物具有 P3HB 无法比拟的优越性，可应用范围也很广。

现在发现的可以生产 P(3HB-*co*-4HB)的菌株有广泛产碱菌（*A. latus*）、富养产碱菌（*Alcaligenes eutrophus*）、食酸丛毛单胞菌（*Comamonas acidovorans*）、假气单胞菌（*R. eutropha*）、睾丸酮丛毛单胞菌（*Comamonas testosteroni*）、食酸假单胞菌（*Pseudomonas acidovorans*）、类黄氢噬胞菌（*Hydrogenophaga pseudoflava*）。

利用野生菌发酵生产P4HB需要添加1, 4-丁二醇、4-羟基丁酸、γ-丁内酯等直接前驱体物质，然后表达来自克氏梭菌（*Clostridium kluyveri*）的4-羟基丁酰辅酶A-辅酶A转移酶Cat2和来自真氧产碱杆菌的PhaC即可产生P(4HB)，但是添加的原料往往比较昂贵，限制了P4HB的生产和应用。

通过在大肠杆菌中异源表达，构建出能够利用葡萄糖生产P(3HB-*co*-4HB)的基因工程菌。同样利用上述代谢途径，对基因表达进行了优化，并对大肠杆菌的琥珀酸半缩醛脱氢酶基因*sad*和*gabD*进行敲除，获得了更高的细胞干重和4HB单体含量。以葡萄糖为唯一碳源，细胞干重达到24.7 g/L，含有62.0%的P(3HB-*co*-12.1%4HB)（12.1%为摩尔分数）。

5）P3HP及其共聚物的生物合成

P3HP是PHA家族中出现的新成员，具有较好的材料刚度和延展性能。相对于其他两种研究最多的可生物降解塑料P3HB和聚乳酸（PLA），P3HP综合了它们的优点，它比PLA更稳定，不会水解，又由于碳链骨架中没有甲基而比P3HB更易被微生物降解。而且3HP作为单体之一与3-羟基丁酸（3HB）形成共聚物时，可以有效地降低聚合物的结晶度，降低材料的熔点和玻璃化转变温度，提高材料的柔韧性和生物降解性，可以极大地改善材料性能。

已知的生物都不能天然合成P3HP，早期含3HP单体的共聚物都是由产PHA的野生菌或工程菌在人工添加3HP结构相关前驱体的条件下合成的。使用较多的前驱体包括3HP、丙烯酸、1, 3-丙二醇（PDO）、1, 5-戊二醇、1, 7-庚二醇等。以产PHB生产菌为基础，添加3HP或其结构类似前驱体可直接合成P(3HB-*co*-3HP)，如*R. eutropha*在3HP、1, 5-戊二醇或1, 7-庚二醇存在时可积累3HP单体含量为1%～7%（摩尔分数）的共聚物。与其他PHA共聚物的代谢工程一样，这些前驱体都来源于石油化工产品，价格昂贵，而且具有细胞毒性，会抑制细菌的生长，所以通过基因工程手段寻找可以利用碳为原料合成P3HP的工程菌种逐渐成为研究的重点。目前主要的合成路线为甘油途径。

引入肺炎克雷伯氏菌（*Klebsiella pneumoniae*）的甘油脱水酶基因*dhaB123*及其辅助因子基因*gdrAB*。在有氧条件下，*dhaB123*由于其辅助因子的激活仍有较高活性，使发酵能够在有氧条件下进行，有利于菌体快速生长及产物的积累。在对发酵工艺进行优化时发现在培养初期，葡萄糖为细菌生长提供了最易于利用的碳源，而甘油只是作为合成P3HP的底物。最终在补料分批发酵条件下，P3HP产量达到10.1 g/L，占细胞干重的46.4%。

6）生物合成短链中长链共聚PHA

短链中长链共聚PHA（scl-mclPHA）是3HB与长链mcl3HA单体（C6～C14）形成的共聚物，根据单体组成不同，其性能可以从硬塑料到弹性体之间有很大调节空间。

Ahn 等（2000）可以利用超过 12 个碳原子的脂肪酸积累 3-羟基丁酸和 3-羟基己酸共聚酯（PHBHHx），Chen 等（2001）报道了在 20000 L 的发酵罐中 *A. hydrophila* 两步法培养生产 PHBHHx 的实验，细胞最初在 50 g/L 的葡萄糖中培养，之后在 50 g/L 的月桂酸中限磷培养，最终培养 46 h 后得到的细胞干重和 PHA 含量分别为 50 g/L、50%，共聚物中 3HHx 的单体含量为 11%（摩尔分数）。在 *R. eutropha* PHB-4 中表达 *A. caviae* 的 *phaC* 基因，得到的重组菌能够以豆油为碳源高效地生产 PHBHHx，其中 3HHx 单体含量为 5%（摩尔分数），细胞干重为 123～138 g/L，PHBHHx 含量高达 71%～74%，由豆油生产 PHA 的转化率为 0.72～0.76。Taguchi 等通过基因改造得到的重组菌能够利用果糖合成占细胞干重 48%的 PHBHHx，其中 3HHx 单体含量为 1.5%（摩尔分数）。

7）PHA 的提取

短链 PHA 的提取方法可分为四类：有机溶剂提取、次氯酸盐消化、酶解和简单碱解等方法。碱解法可采用 1 mol/L 的 NaOH、pH = 12（pH＞7 和单价阳离子的双重影响），作用时间 40 min，同样可去除菌体中 70%左右的蛋白质，PHA 含量由初始的 67%提高到 88%以上。基于高效提取 PHA 的要求，提取过程应主要考虑提取设备和所用化学试剂的成本和废物处理的费用。从经济性出发，使用廉价的化学试剂如氢氧化钠等的简单方法是最有效的，但这种方法到目前为止只适用于 PHA 含量较高的又易于破碎的细胞，且产物纯度不高。氯仿萃取法（属于有机溶剂提取法）对短链 PHA 降解少，所得短链 PHA 分子量大，次氯酸钠提取的短链 PHA 纯度高，但分子量小。将氯仿和次氯酸钠回收短链 PHA 的两者优势结合起来，Hahn 等（1994）利用次氯酸钠溶液和氯仿混合弥散回收短链 PHA，次氯酸钠在溶液中从细胞里分离出 PHA，释放出的短链 PHA 立即转移到氯仿中，从而避免了短链 PHA 分子被次氯酸钠进一步破坏。该法由于氯仿的屏蔽作用能显著降低次氯酸钠的降解。最适作用条件为 30%次氯酸钠浓度，反应时间 90 min，氯仿与次氯酸钠溶液比 1∶1（体积比），PHA 分子量为 100 万，纯度 97%以上，最大回收率 91%。

短链中长链共聚 PHA（PHBHHx）的提取使用乙酸乙酯法回收，具体方法为：发酵结束后，使用絮凝剂 Na_2HPO_4、$CaCl_2$ 和聚丙烯酰胺沉淀细胞后，离心收集细胞，干燥后粉碎，使用乙酸乙酯破坏细胞壁，然后使用己烷或庚烷将 PHBHHx 从乙酸乙酯中沉淀出来。该方法所得产品纯度高、分子量大，缺点是生产成本高，回收所用试剂易燃，而且回收率不高。

3. PHA 生物降解塑料技术水平评价

我国在研究、开发和应用可持续发展的环境友好生物材料方面已经积累了相当多的基础，包括清华大学、天津大学、同济大学和中国科学院长春应用化学研究所等单位，在PHA领域的研发工作以及国内业已形成2000 t PHA的生产能力，这为生产PHA做好了技术和物质储备。“七五”以来，生物可降解材料一直得到国家重大攻关项目的支持。在国家自然科学基金的支持下，我国在2001年成功地克隆了十个以上与PHA合成有关的基因，合成了十五种非传统的PHA材料，开发了PHA加工成型的工艺技术。“八五”期间，我国首次成功地进行了新型聚酯，即PHBHHx的工业化生产，产品出口美国。“九五”期间，我国在天津、浙江和广东分别进行了PHA材料的中试和工业化生产，取得了宝贵的产业化经验，并在广东和浙江建设了产业化生产基地。

我国是目前世界上生产PHA品种最多、产量最大的国家。同时我国在PHA高附加值化、用于生物医学组织工程领域等也取得了较好的业绩。例如，宁波天安生物材料有限公司和江苏南天股份有限公司生产的PHA各项指标都达到了国际先进水平，产量也是世界之最。天津国韵生物材料有限公司从2009年起能够每年生产10000 t PHA，其中包括利用1, 4-丁二醇等生产P3HB4HB，其发酵水平可在50 h内达到150 g/L以上。此外，通过采用现代基因工程技术，在PHA生产的上下游都取得了许多突破，江苏南天股份有限公司和汕头保税区联亿生物工程有限公司分别首次实现了基因工程菌生产PHB和PHBHHx。目前清华大学正尝试利用极端嗜盐菌生产PHA，其发酵过程在高渗状态下进行避免了污染，因而无需灭菌且能够连续培养，这一技术有望大大降低PHA的生产成本。经过了20年多学科的联合攻关，我国PHA产业取得了令人瞩目的进展，技术水平处于国际领先地位。

在聚羟基脂肪酸酯（PHA）的产业化方面，2009年深圳市意可曼生物科技有限公司邹城分公司的生物降解材料项目投产，该项目应用微生物合成法生产PHA，总投资8亿元，当时计划三年内分三期达到年产10万t的规模，项目全部建成后将成为全球规模最大的PHA产业基地之一。目前的产品包括注塑级、吹膜级、板片级及纺丝/无纺布级PHA等，可广泛应用于农业、环境、生化、微电、能源及医用等领域。另外，天津国韵生物科技有限公司等也在筹备年产万吨的PHA生产工厂。

目前国内外已建、在建或拟建的PHA项目主要有德国慕尼黑Biomers公司1000 t/a和江苏南天股份有限公司10 t/a的第一代PHB项目，英国ICI（Zeneca）公司350 t/a、宁波天安生物材料有限公司2000 t/a的第二代PHBV项目，美国宝洁（P&G）公司5000 t/a的第三代PHBHHx项目，以及美国ADM公司5万t/a、天津国韵生物材料有限公司1万t/a的第四代P34HB项目。日本三菱瓦斯化学株式会社、日本卡奈卡公司、美国Metabolix公司、巴西PHBIndustrialS/A公司、英国Biocycle公司、德国Biomer公司和荷兰Agrotechnology & Food Innovations公司等也在研发生产相关产品。其中已经投产的深圳意可曼生物科技有限公司5000 t/a的第四代P34HB项目，是PHA材料产业化的重大突破。在几个“五年”计划和国家高技术研究发展计划（863计划）支持下，我国目前在生产方面掌握了一些具有自主知识产权的菌种和后期工艺，PHA 年总产能超过 1.5 万 t，为国际市场上提供了所有 PHA 类型，使我国 PHA 产业化种类和产量都处于国际领先地位。

PHA 是聚羟基脂肪酸酯类材料的总称，是由细菌在特定的条件下将淀粉或纤维素等原料合成的细胞内聚酯。从 20 世纪 80 年代开始生产，到现在已产业化的有 4 代产品。由于生产工艺及纯化复杂，目前 PHA 价格偏高，主要用于高端的包装、药物释放传输载体及医用植入器械领域，这也导致了 PHA 产能在生物基可降解塑料中属于偏少的一类。美国 Metabolix 公司与农业产品集团 Archer Paniels 公司的合资企业 Telles 在美国衣阿华州拥有产能为 5 万 t/a 的 PHA 生产装置，由于业绩不好，2012 年停止生产，近期有计划重启在美国的生产。美国 P&G 公司有 0.5 万 t/a 的产能。意大利 Bio-On 公司以甘油为原料生产 PHA，一期产能为 0.5 万 t/a，计划扩产至 1 万 t/a。我国 PHA 研发及产业化处于世界的前沿，天津国韵生物科技有限公司产能 1 万 t/a，深圳市意可曼生物科技有限公司在山东的生产基地一期产能为 0.5 万 t/a，计划二期启用 7.5 万 t/a 的装置，宁波天安生物材料有限公司产能 0.2 万 t/a。

PHA 既是一种性能优良的环保生物塑料，又具有许多可调节的材料性能，其随着成本的进一步降低以及高附加值应用的开发，将成为一种成本可被市场接受的多应用领域生物材料。由于它是一个组成广泛的家族，其从坚硬到高弹性的性能使其可以适用于不同的应用需要。PHA 的结构多样化以及性能的可变性使其成为生物材料中重要的一员，未来具有广阔的发展潜力与应用空间。

3.2.2　聚乳酸

聚乳酸（PLA）是以乳酸为原料聚合生成的高分子材料，具有无毒、强度高、易加工成型和优良的生物相容性的特点，并且 PLA 制品在使用后可完全降解。由于 PLA 一般采用通用的加工方法进行成型加工，而 PLA 在加工温度下极易降解，使得力学性能降低，必须采用物理方法对其进行改性，以拓展其应用领域。

1. PLA 的结构与性质

1780 年，瑞典化学家谢勒（Scheele）就从发酸牛奶中提炼出一种有机酸，称之为乳酸。乳酸是生物体内正常糖代谢的产物，是以一些植物中提取的淀粉为最初原料，经过酶分解得到葡萄糖，再通过乳酸菌发酵得到的，原料方便易得，工艺已趋向成熟。乳酸分子有一个手性碳原子，根据其光学活性可分为左旋 L-乳酸和右旋 D-乳酸，分子式为 $C_3H_6O_3$，两种不同光学活性的乳酸结构式如图 3-11 所示。

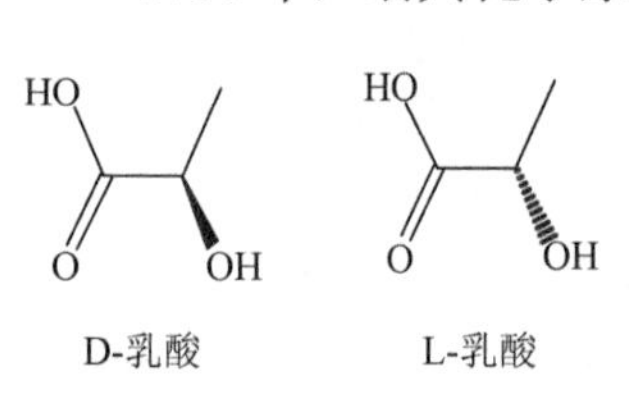

图 3-11　乳酸结构式

聚乳酸分子链中不同单体组成和序列分布会使物质具有不同的性能。聚乳酸具有三种立体异构体：聚消旋乳酸 PDLLA（poly D, L-lactic acid）、聚左旋乳酸 PLLA（poly L-lactic acid）、聚右旋乳酸 PDLA（poly D-lactic acid）。其中，PDLA 与 PLLA 具有结晶性，PDLLA 则是非结晶性的。常用的是 PDLLA 和 PLLA。对聚乳酸而言，PLLA 和 PDLA 在生物体内都是通过水解作用降解成乳酸，进入三羧酸循环，被生物体完全吸收，无毒性作用。聚乳酸的基本原料乳酸是人体固有的生理物质之一，对人体无毒无害。并且聚乳酸具有良好的机械性能及物理性能，适用于吹塑、热塑等各种加工方法，操作简便。可用于加工工业及民用的各种塑料制品、食品包装、快餐饭盒和布匹。聚乳酸有良好的防潮、防油脂和密闭性，在常温下性能稳定，但在温度高于 55℃或富氧及微生物的作用下会自动分解，使用后能被自然界中微生物完全降解，最终生成二氧化碳和水，不污染环境。

聚乳酸具有良好的生物相容性、可吸收性、机械强度和耐久性，可经受各种消毒处理，有良好的加工性能，因此应用广泛，主要集中在环保与医学两个领域。

2. PLA 塑料制备方法

传统的生物基 PLA 主要指聚 L-乳酸，近年的研究发现，将聚 L-乳酸和聚 D-乳酸共混，制成的聚乳酸材料，其耐热性和力学性能显著提高。因此生物基 PLA 合成原料包括生物法制备的生物基 L-乳酸及生物基 D-乳酸。生物基 L-乳酸和 D-乳酸均通过微生物发酵法制备，以淀粉、葡萄糖为原料，通过微生物的发酵将其转化为 L-乳酸或 D-乳酸，具有生产成本低、安全性好、产品光学纯度高、产量高等优势，这也是全球目前主要的乳酸工业化生产方法。

微生物代谢葡萄糖产乳酸的途径主要分为同型发酵和异型发酵（图 3-12），其中的同型发酵是指微生物在厌氧条件下，1 mol 葡萄糖通过糖酵解途径，转化生成 2 mol 乳酸。在此过程中，乳酸是唯一的代谢产物，葡萄糖对乳酸的理论转化率为 100%，目前工业生产中所采用的乳酸菌主要采用同型发酵途径。L-乳酸与 D-乳酸的代谢途径基本相似，仅在最后一步由丙酮酸生产乳酸时存在差异，通过微生物中存在的 L-乳酸脱氢酶将转化丙酮酸生成 L-乳酸，而微生物中存在的是 D-乳酸脱氢酶，则将转化丙酮酸生成 D-乳酸。

工业发酵生产 L-乳酸的生产菌株主要采用乳酸杆菌和凝结芽孢杆菌，前者具有产酸量高、产酸快等优点，后者对乳酸有较好的耐受性，发酵温度较高，发酵过程不易染菌，底物可以不经过灭菌而直接进行添加，避免了原料因高温灭菌导致的损耗，同时减少能源的消耗。目前 L-乳酸的发酵已经达到较高的生产水平，2009 年，王玉华等利用干酪乳杆菌生产 97.6 g/L 的乳酸。国外分离获得一株干酪菌 CHB2121，其在浓度为 200 g/L 的葡萄糖培养基中发酵产乳酸 192 g/L。Qin 等（2009）从土壤中筛选得到一株凝结芽孢杆菌，该菌株在 55℃条件下，发酵 123 g/L 葡萄糖产生 118 g/L 的 L-乳酸。周剑和虞龙（2005）利用自行选育的凝结芽孢杆菌生产 135 g/L 的 L-乳酸。

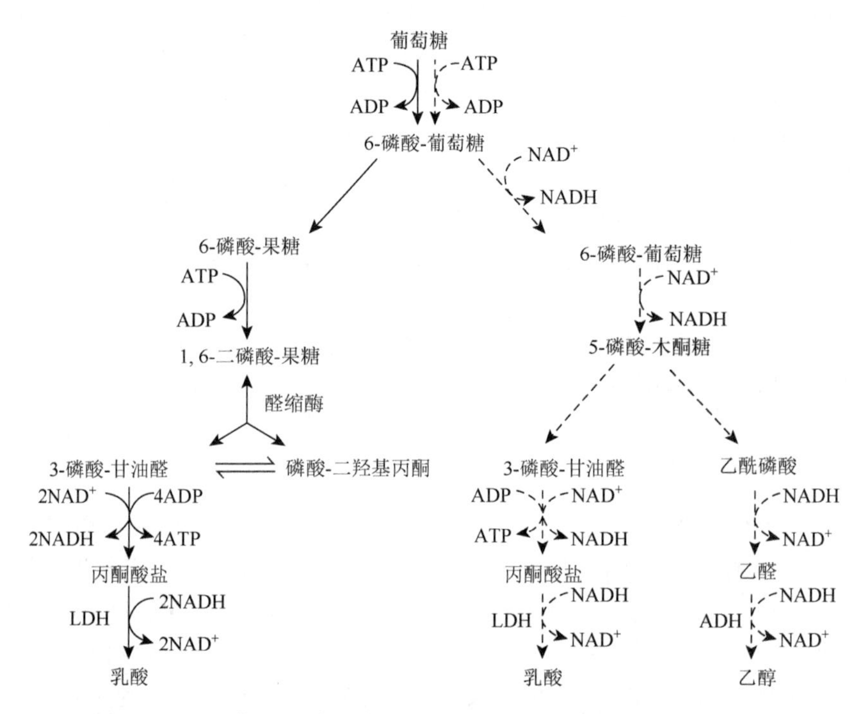

图 3-12　乳酸菌的同型发酵途径（实线）和异型发酵途径（虚线）

目前国内外研究较多的 D-乳酸生产菌主要集中在乳杆菌属和芽孢乳杆菌属。这两个属的菌都属于典型的同型发酵菌，专性或兼性厌氧，产量高，适合大规模发酵生产。Nguyen 等（2013）利用 *L. coryniformis* ATCC25600 发酵获得 91.6 g/L 的 D-乳酸。许平等（2011）以葡萄糖为碳源，利用芽孢乳杆菌 *S. inulinus* CASD 发酵制备 207 g/L 的 D-乳酸。何冰芳等（2015）利用常压室温等离子体诱变选育菊糖芽孢乳杆菌，D-乳酸产量从原始菌的 41 g/L 提高至 125.8 g/L，生产强度从 0.6 g/(L·h)增加到 1.39 g/(L·h)。

根据统计，原料成本已超过了乳酸生产成本的 34%。因而，开发廉价替代原料成为降低乳酸生产成本的热点。近年来，乳清、糖蜜、木薯、菊芋和木质纤维素等廉价生物质已被开发用于生物基乳酸的发酵制备。同步糖化发酵（SSF）技术是解决乳酸菌利用可再生资源（如木质纤维素）的良策。纤维素酶和木聚糖酶将木质纤维素转化为可发酵的糖类。在 SSF 过程中，对酶类有抑制作用的糖类可及时被微生物利用，降低发酵罐中糖类浓度，从而减少对酶的抑制作用。由表 3-7 可见，以糖蜜、木薯和菊芋为替代原料的发酵水平已经达到或接近葡萄糖，具有显著的工业价值。而以秸秆为原料的乳酸发酵生产水平也已达到 70 g/L 以上，未来随着菌株分子改造和代谢调控研究的深入，预计木质纤维素原料的乳酸生产水平还会进一步提高，具有良好的发展前景。

表 3-7　主要非粮生物质原料发酵制备乳酸的生产水平

菌株	碳源	发酵方式	乳酸类型	乳酸产量/(g/L)
鼠李糖乳杆菌	木薯	同步糖化发酵	L-乳酸	175
乳酸乳球菌	菊芋	酶解、固定化发酵	L-乳酸	142
德氏乳杆菌	糖蜜	分批发酵	L-乳酸	190
米根霉	办公废纸	酶解、发酵	L-乳酸	65
凝结芽孢杆菌 NL01	玉米秸秆	酶解、发酵	L-乳酸	73
凝结芽孢杆菌 36D1	纸浆	同步糖化发酵	L-乳酸	92
凝结芽孢杆菌 IPE22	麦秆	同步糖化发酵	L-乳酸	38
戊糖乳杆菌 ATCC7469	纸浆	同步糖化发酵	L-乳酸	73
乳酸乳杆菌 RM2-24	纤维素	同步糖化发酵	D-乳酸	73
棒状乳杆菌 ATCC25600	姜黄渣	酶解、分批发酵	D-乳酸	92
乳酸乳杆菌 RM2-24	藤条	酶解、分批发酵	D-乳酸	85
胚芽乳杆菌	硬木纸浆	同步糖化发酵	D-乳酸	102.3
德氏乳杆菌 JCM1148	糖蜜	分批发酵	D-乳酸	107

乳酸提取的技术比较复杂，发酵液中残糖、蛋白的分离是其最大的难点，分离不彻底将严重影响产品质量，还会影响聚乳酸的生产。目前 L-乳酸生产成本大部分来源于对发酵液后期进行处理，尤其是在获得高光学纯度的产品方面。当前国内 L-乳酸生产主要的提取方法有离子交换法、酯化法、膜分离法、分子蒸馏法、萃取法等。

离子交换法是我国 L-乳酸生产厂家普遍采用的方法，优点是工艺简单、投资较少、对设备要求低，但也存在着废水排放量大、产品纯度偏低、不能生产出高品质 L-乳酸等问题。

酯化法乳酸提取技术是将钙盐提取后的乳酸在高温下同甲醇或乙醇反应生成乳酸甲酯或乳酸乙酯，然后蒸馏出乳酸酯，再水解乳酸酯获得乳酸，该法能耗较高，分离不彻底会残存甲醇或甲酯，设备的投资也较高。

膜分离法是以材料为基础的新型化工分离过程之一。膜分离技术在乳酸精制过程中的应用主要包括发酵液的澄清除杂和乳酸精制浓缩，前者主要采用微滤和超滤分离过程，后者则采用纳滤、反渗透或电渗析过程。膜分离法提取的乳酸纯度较高，其中微滤与超滤分离技术成熟，目前已经成功应用于生产；但是膜精制与膜浓缩过程的分离效果与膜寿命均有待提高，相关膜的制备成本仍居高不下，限制了其工业化推广。

分子蒸馏法是在高真空条件下进行的非平衡连续蒸馏过程，常用于分离低挥发度、高沸点、高黏度、热敏性及具有生物活性的物料。由于乳酸沸点较高，高温易分解，故一般采用高真空操作蒸馏得到乳酸。该法工艺简单，得到产品纯度较高，但产品单程收率低，设备投资较高，且只能对乳酸产品进行深加工，不能直接从发酵液获得乳酸，国内企业采用较少。

萃取法是采用适当的溶剂加入发酵体系将乳酸萃取到萃取相进行分离提纯的一种方法。其中溶剂反应萃取的效率较高，已报道的用于乳酸萃取的萃取剂有正丁醇、三烷基氧化膦、磷酸三丁酯以及胺类物质（如三辛胺）。目前，河南金丹乳酸有限公司已经成功地将连续萃取技术投入到乳酸的工业化生产中。但是，萃取剂残留等问题会影响乳酸的品质，还需进一步提纯，且萃取剂的反萃取和溶剂回收较烦琐，仍需进一步优化。

聚乳酸的聚合制备方法主要分成两大类：乳酸直接缩聚法和丙交酯开环聚合法。

1）乳酸直接缩聚法

乳酸直接缩聚法是利用乳酸兼具羟基和羧基两种官能团，具备酯化反应的条件的特点，理论上具有乳酸直接缩聚的可行性（图 3-13）。直接缩聚法反应成本低、聚合工艺简单、不必使用有毒催化剂。然而直接缩聚存在着乳酸、水、聚酯及丙交酯的平衡，不易得到高分子量的聚合物。直接缩聚法要获得高分子量的聚合物必须注意以下三个问题：①动力学控制；②水的有效脱出；③抑制降解。

$$n\,\mathrm{CH_3CH(OH)COOH} \xrightarrow[\text{脱水缩合}]{140\sim210^{\circ}\mathrm{C}} \mathrm{H{\left[O\!-\!CH(CH_3)\!-\!C(=O)\right]}_n OH} + n\mathrm{H_2O}$$

图 3-13　乳酸直接缩聚制备聚乳酸

水的脱除，一方面可以通过使用沸点与水相近或略低于水的有机溶剂，在常压下反应带走聚合反应产生的小分子水。日本三井化学株式会社采用溶剂法直接缩合，反应过程用共沸蒸馏法不断除去缩合产生的水，得到高分子量的聚乳酸。另一方面，可以在高真空的条件下采用本体熔融缩聚使水的沸点降低，通过不断匀速搅拌带走聚合反应过程中产生的小分子水。最后，有效地抑制聚合反应中伴随的水解反应也是直接缩聚值得关注的问题。水的移除有利于抑制聚乳酸的水解和酸解等副反应的发生。PLA 直接缩聚法工艺按照反应体系可分为溶液聚合和熔融聚合。

溶液聚合中，反应液在高真空和相对低的温度下，水与溶剂形成共沸物被脱除，其中夹带丙交酯的溶剂经过脱水后再返回聚合反应器中。反应在纯溶剂中进行时所使用的这种有机溶剂不参与聚合反应，但能够溶解聚合物。在高真空和相对较低的温度下，溶剂与单体乳酸、水进行共沸回流，回流液经过除水后返回到反应容器中，逐渐将反应体系中所含的微量水分带出，推动反应向聚合方向进行，从而获得高分子量的产物。因此溶液聚合能很好地抑制解聚副反应的速率，可以在较长的时间内合成出相对较高分子量的 PLA。目前，国外报道溶液聚合法直接合成聚乳酸比较多，且得到了较高分子量的产物，已经达到了实际应用的要求。研究发现：聚合反应所使用的溶剂沸点越高，聚合速率越快。所以一般在溶液聚合中都使用沸点较高的溶剂，如二甲苯、二苯醚、苯甲醚等。用于溶液聚合的催化剂可以大致分为三类：质子酸类、金属单质类、金属化合物类（主要包括金属氧化物、卤化物和有机金属盐）。其中锡类化合物对乳酸的直接聚合有较好的催化效果。使用锡类化合物时催化直接聚合反应，能够得到较高分子量的聚合物，其重均分子量超过 200000。溶液聚合法的基本特点是：溶剂的存在使得反应比较缓和而且平稳，有利于热量交换，避免了局部过热现象。但要求采用高真空，装置复杂，不便于操作；同时高沸点溶剂的使用给 PLA 的纯化带来困难，反应后处理相对复杂，因此生产成本较熔融聚合法高。

熔融聚合是指聚合体系中只加入单体和少量的催化剂，不加入任何溶剂，聚合过程中原料单体以及生成的聚合物都处于熔融状态。熔融聚合是发生在聚合物熔点温度以上（一般高于熔点 10～25℃以上）的聚合反应，是没有任何介质的本体聚合。乳酸分子中同时具有—OH 和—COOH，理论上可以利用直接脱水缩合反应来合成 PLA。乳酸在催化剂的存在下直接聚合成 PLA。熔融聚合的特点是反应温度高，有利于提高反应速率。但由于反应体系黏度大，缩聚反应后期产生的水很难从体系中排除出去，因此很难得到分子量较高的 PLA。熔融聚合的优点是不需要分离介质，可以得到纯净产物。不足之处在于产物分子量不高，因为随着反应的进行，体系的黏度增大，小分子难以排出，平衡难以向聚合方向移动，同时温度过高，副产物也越多，容易生成环状低聚物（如丙交酯）。提高高分子化合物分子量的重要方法之一是进行扩链反应，通常是指使用扩链剂等手段，在短期内通过两个聚合物的基团（通常在末端）相连接而增加聚合物分子量的反应。可以用来作为扩链剂的物质，多数是具有双官能团的高活性的小分子化合物。其中较常用的二异氰酸酯有二苯基甲烷二异氰酸酯（MDI）、4, 4-二异氰酸酯二环己基甲烷（HMDI）、甲苯二异氰酸酯（TDI）、异佛尔酮二异氰酸酯（IPDI）、六亚甲基二异氰酸酯（HDI）和赖氨酸二异氰酸酯（LDI）等。但是 PLA 广泛应用于医学材料，因此必须选择价廉无毒的扩链剂、单体和催化剂等进行扩链。

2）丙交酯开环聚合法

在生产 PLA 的商业化过程中得到广泛应用的仍然是丙交酯开环聚合法（图 3-14）。这种聚合方法较易实现，且可制得分子量 700000～1000000 的 PLA。该法分为两步。

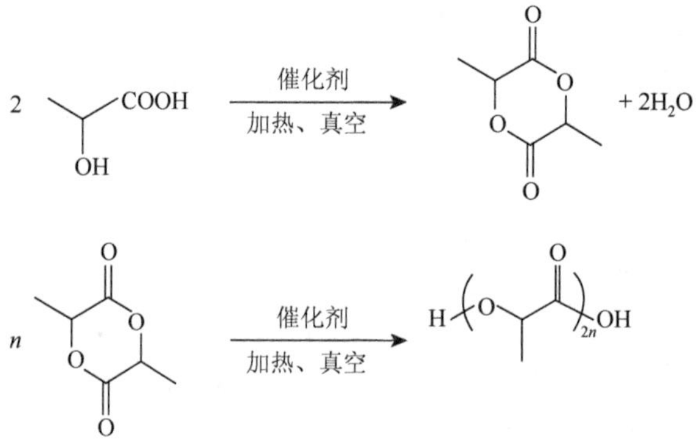

2 COOH OH → 催化剂 加热、真空 → + $2H_2O$

n → 催化剂 加热、真空 → H OH 2n

图 3-14　丙交酯开环聚合法

第一步将乳酸转化为丙交酯。丙交酯是由乳酸分子间缩聚得到的低聚物（预聚物）在高温低压下裂解生成的环状二酯。丙交酯主要分为三种类型：L-丙交酯、D-丙交酯和由一个 L-乳酸和一个 D-乳酸分子脱水而成的 meso-丙交酯。两步法是制备丙交酯最常用的方法。第一步乳酸通过直接缩聚得到乳酸预聚物，第二步乳酸预聚物在较高温度下解聚生成丙交酯。丙交酯作为间接法合成聚乳酸的中间体，粗品中常含有少量乳酸、水及降解产物等杂质。这些杂质的存在，将严重影响丙交酯的开环聚合。粗丙交酯必须经过精制，纯度超过 99.5%之后，才能用于合成高分子量的聚乳酸。丙交酯的纯化常用的工艺有重结晶法、气助蒸发法和水解法，这些工艺操作均较烦琐，丙交酯损失量大。目前，PLA 大规模生产中对于丙交酯的纯化已经采用蒸馏法取代了传统的结晶法，可以回收残留的乳酸、水与副产物，具有较好的经济性。

第二步是丙交酯的开环聚合，丙交酯开环聚合的反应机理可分为阴离子型开环聚合、阳离子型开环聚合、配位开环聚合三种。由于开环聚合反应中所使用的催化剂同时也会催化解聚反应，为了降低解聚反应程度可以添加一种稳定剂，这种稳定剂可以由抗氧化剂和干燥剂组成，促使反应平衡向聚合方向移动。反应过程中还可以添加一种催化剂活性抑制剂来进一步抑制解聚反应程度。此外，在可以催化丙交酯开环聚合反应的前提下，应控制催化剂水平以尽量防止熔融过程中的解聚反应，并控制残留单体和水都在极低的水平，且保证最终PLA的分子量在10000～300000之间。

3. 聚乳酸塑料生产技术水平评价

目前国内外生产PLA主要企业产能情况如表3-8所示。我国聚乳酸的产能约为5万t/a，生产工艺以丙交酯开环聚合法为主，生产全过程如图3-15所示。国产PLA的质量已经可以媲美进口产品，2016年中国PLA出口量突破3500 t，增长率超过310%，但是我国聚乳酸生产企业规模较小，在制备高纯度丙交酯方面尚存不足，美国NatureWorks公司与荷兰Purac公司掌握着丙交酯的核心生产技术，因此国内企业对高品质丙交酯的进口依存度较高，已经成为产业发展的瓶颈，亟待突破。近年来，乳酸直接缩聚制备聚乳酸的方法受到关注。但是只有日本真正实现了聚乳酸直接合成的工业化生产，得到的产物分子量可以达到300000以上。我国开展这方面的研究比较晚，尚处于技术探索阶段，得到PLA产物分子量很难超过50000，尚未达到生产的要求，未来还需深入研发相关技术。

表3-8　国内外生产PLA主要企业产能

企业	生产能力/(t/a)
美国NatureWorks公司	140000
德国巴斯夫公司	75000
日本三井化学株式会社	40000
日本帝人公司/美国NatureWorks亚洲合资工厂	10000
浙江海正生物材料股份有限公司	5000
深圳市光华伟业实业有限公司	10000
上海同杰良生物材料有限公司	1000（一期投产） 10000（二期在建）
江苏九鼎集团有限公司	10000

目前全球市场需求以L-乳酸为主，超过47万t，而D-乳酸全球市场需求仅为2000 t。我国的生物基乳酸生产已经达到了较大的规模，我国的乳酸产量大约占全球的30%，2015年我国乳酸产量已经超过9.5万t，出口量达到3.6万t。我国的乳酸生产发酵水平较高，但分离纯化方面与世界先进水平尚有差距，导致相当部分乳酸不能满足材料聚合需求。美国Corbion Purac公司在聚合级L-乳酸生产方面占据全球主导地位，而日本武藏野株式会社则主导D-乳酸的生产。我国目前聚合级乳酸生产企业主要包括河南金丹乳酸科技股份有限公司、武藏野

化学（中国）有限公司、安徽中粮生化格拉特乳酸有限公司、江苏森达生物工程有限公司等。

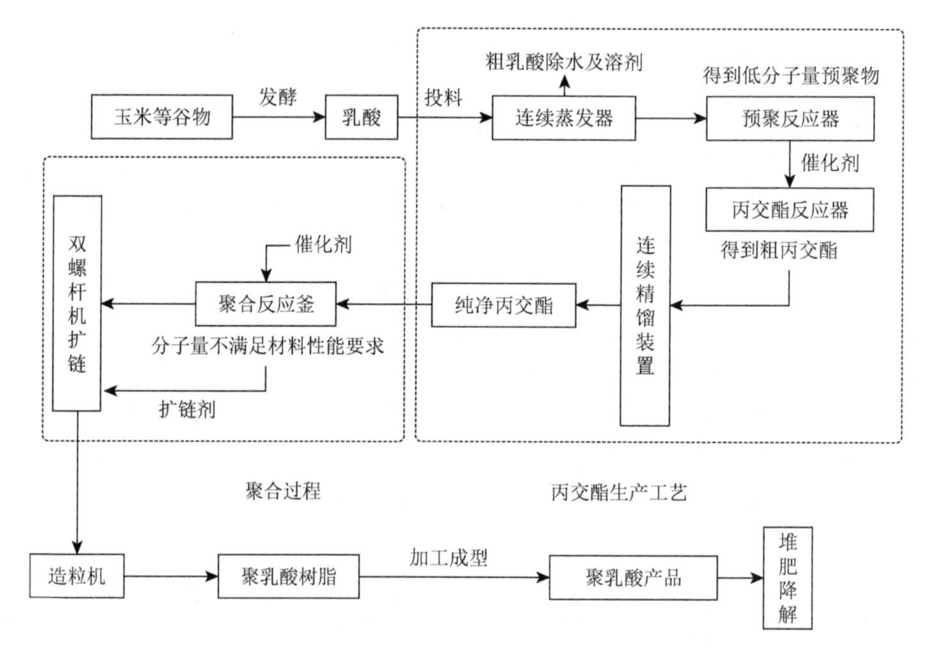

图 3-15　聚乳酸生产全流程

华东理工大学直接缩聚合成高分子量 PLA 项目通过上海市教育委员会和科学技术委员会的鉴定。聚乳酸是可完全生物降解的合成高分子材料，可用于薄膜、缓释农药、肥料、包装材料、骨固定和修复材料、药物释放、医用缝合线等多种生产领域。经过研究，该校提出了密闭体系中利用脱水剂进行固相缩聚以制备高分子量 PLA 的新工艺。该工艺简单、合理，技术具有独创性，工业化应用前景广阔。清华大学、中国科学院长春应用化学研究所、天津大学和同济大学等在 PLA 和 PHA（聚羟基脂肪酸酯）领域开展研发工作，国内现已形成的 10 万 t/a 乳酸、100 t/a PHA 的生产能力，为加快 PLA 和 PHA 研发与生产做好了技术储备。目前国内越来越多的大型生物发酵和塑料加工企业参与了 PLA 和 PHA 的研发和生产，如华北制药股份有限公司、安徽丰原集团有限公司、广东星湖生物科技股份有限公司、上海同杰良生物材料有限公司、武汉华丽环保科技有限公司、浙江海正生物材料股份有限公司、北京燕山石油化工股份有限公司等，为 PLA 和 PHA 产业化发展提供了强大的物质基础。

我国江西国桥实业有限公司研制的 PLA 针刺非织布通过江西省经贸委组织的技术鉴定。该产品以 PLA 为原料，采用国际先进的高速气流牵伸直接成布技术生产，具有优良的生物相容性和降解性，是一种新型环保无纺布产品，主要应用于工业、农业、医疗卫生、环境工程及生活用品等领域。PLA 纤维试制成功，填补了国内空白，建议迅速扩大生产规模。江西国桥实业有限公司是香港国桥实业（集团）有限公司的分公司，主要产品有“国桥牌”纺黏法聚酯长丝热轧非织布、纺黏法聚酯长丝针刺土工布、聚酯长丝基胎、地板革基布、工业滤布等。

中国科学院长春应用化学研究所和浙江海正生物材料股份有限公司经过 7 年的攻关，建成了国内规模最大、年产 5000 t 的绿色可降解环保型 PLA 树脂工业示范生产线，并实现了批量生产。截至 2008 年 3 月 19 日，所得产品各项性能指标均全面达到或部分超过美国同类产品水平，装置保持平稳运行，可以稳定达产。这标志着我国继美国之后，成为世界上第二个 PLA 产业化规模达 5000 t 以上的国家，产品质量跻身世界前列。中国科学院长春应用化学研究所前瞻性地认识到，加速生物降解 PLA 塑料研发对经济和社会发展具有重大意义。他们从 20 世纪 90 年代末就把研究重点聚焦到这一重大方向上。2000 年，该所与国内颇具实力的浙江海正生物材料股份有限公司开展联合攻关，从而加速了 PLA 研制和产业化的研发。在研制过程中，他们以实现合成 PLA 所需的 L-丙交酯国产化为突破口，先后解决了提高 L-丙交酯收率、纯化、聚合反应等制备聚乳酸的三大瓶颈问题，得到了熔点 160～180℃、玻璃化转变温度 58～60℃、抗张强度大于 65 MPa、模量大于 3 GPa 的国产化制品，产品性能达到国外 PLA 先进标准。2000 年下半年，他们把工作的重点转移到 PLA 产业化的研发上。经过近 7 年的攻关，先后突破了乳酸脱水时间、PLA 分子量分布、裂解催化剂反应条件、单体高温消旋化、精馏和聚合工艺等产业化关键技术。2007 年年底，他们建成了乳酸低聚裂解、L-丙交酯提纯、绿色无溶剂本体聚合等核心技术都具有自主知识产权的我国第一条、世界第二条年产 5000 t 绿色可降解环保型 PLA 树脂工业示范线，并实现批量生产。目前，该示范线聚乳酸收率达理论收率的 90%以上，所生产的 PLA 数均分子量大于 100000，完全达到企业标准。

我国哈尔滨市威力达药业有限公司与瑞士伍德伊文达-菲瑟尔（Uhde Inventa-Fischer）公司就合作建设世界第二大 PLA 生产基地的技术引进取得进展。该 1 万 t/a 装置生产生物降解性聚合物 PLA，项目已于 2007 年下半年投产。瑞士伍德伊文达-菲瑟尔公司研发的低成本连续式 PLA 生产工艺，已在我国 100 余家企业应用。哈尔滨市威力达药业有限公司拥有世界先进的生产装置和生产线，所生产的变性淀粉、葡萄糖等产品可成为 PLA 的生产原料。双方吸收上市公司中国中化集团有限公司的资金，三家联手合作，共同打造国内最大、世界第二的年产万吨生物降解性聚合物 PLA 生产基地。该项目总投资 4 亿元，以哈尔滨市威力达药业有限公司原有生产线为基础，建设占地 2 万 m^2 的乳酸生产线和聚合物生产线，以玉米为原料。投产后每年可生产 PLA 1 万 t，可转化玉米 3 万 t，实现销售收入 3.3 亿元，利润 1 亿元。

3.2.3　聚丁二酸丁二醇酯

聚丁二酸丁二醇酯（PBS）可用于包装、餐具、化妆品瓶及药品瓶、一次性医疗用品、农用薄膜、农药及化肥缓释材料、生物医用高分子材料等领域。PBS 综合性能优异，性价比合理，具有良好的应用推广前景。

1. PBS 结构与性质

聚丁二酸丁二醇酯（PBS）是以 1, 4-丁二酸和 1, 4-丁二醇为原料聚合而成的脂肪族聚酯，分子式结构为 $HO\!\left[CO\!\left(CH_2\right)_2CO-O\!\left(CH_2\right)_4O\right]_nH$。PBS 呈白色或乳白色，无嗅无味，在环境中可被微生物降解利用，是一种新型生物降解高分子材料。

PBS 可以利用石油原料合成，也可以通过微生物发酵生产获得（王斌和许斌，2014）。PBS 具有良好的材料力学性能，可以满足通用塑料的使用要求。目前 PBS 已被应用于塑料外壳包装、玩具填充物、食品包装、一次性餐具、一次性医疗用品、生物医用高分子材料等领域，也可用于体内植入材料、农田覆膜、大棚用膜和缓释肥料等。PBS 优良的物化性质和热稳定性能使其在正常储存和使用过程中非常稳定，并且 PBS 的生物降解性良好，可以在堆肥等接触微生物的条件下完全降解。

与其他生物降解塑料相比，PBS 力学性能十分优异，接近 PP 和 ABS 塑料；耐热性能好，热变形温度接近 100℃，改性后使用温度接近 100℃，可用于制备冷热饮包装和餐盒，克服了其他生物降解塑料耐热温度低的缺点；加工性能非常好，可在现有塑料加工通用设备上进行各类成型加工，是目前降解塑料加工性能最好的，同时可以共混大量碳酸钙、淀粉等填充物，得到价格低廉的制品；PBS 生产可通过对现有通用聚酯生产设备略作改造进行，目前国内聚酯设备产能严重过剩，改造生产 PBS 为过剩聚酯设备提供了新的机遇。另外，PBS 只有在堆肥、水体等接触特定微生物条件下才发生降解，在正常储存和使用过程中性能非常稳定。

PBS 以脂肪族二元酸、二元醇为主要原料，既可以通过石油化工产品满足需求，也可以通过纤维素、奶业副产物、葡萄糖、果糖、乳糖等自然界可再生农作物产物，经生物发酵生产，从而实现来自自然、回归自然的绿色循环生产，而且采用生物发酵工艺生产的原料，还可大幅降低原料成本，从而进一步降低 PBS 成本。

目前，有关 PBS 的研究主要集中于 PBS 的合成及改性方面，但是 PBS 在改性或制成产品后，在自然界中往往降解缓慢且存在特殊性，因此在进行 PBS 及其改性共聚物生产和开发的同时，PBS 生物降解的重要性开始受到关注，相关研究领域也取得了一些进展。

2. PBS 单体的生物法制备

生物基PBS的合成原料包括来自生物法制备的生物基丁二酸及由丁二酸催化转化生成的 1, 4-丁二醇。因此，生物基 PBS 的原料主要源自生物基丁二酸。

生物基丁二酸均采用微生物发酵法制备，其原料以糖类和 CO_2 作为碳源，葡萄糖是目前制备生物基丁二酸的主要碳源，并已实现工业化规模的生产或中试。近年来，也有将非粮生物质降解为可发酵性糖类用于发酵制备丁二酸的报道。碳源发酵制备丁二酸的代谢途径，可分为三大类（图 3-16）。其中还原三羧酸途径是厌氧条件下微生物合成丁二酸的主要途径。该途径以经糖酵解合成的磷酸烯醇丙酮酸（PEP）为起点，在磷酸烯醇丙酮酸羧化酶或羧化激酶催化下生成草酰乙酸（OAA）并伴随 CO_2 的固定。随后，草酰乙酸依次转化生成苹果酸（MA）、富马酸（FA），并最终在富马酸还原酶作用下生成丁二酸（SA），理论上由该途径合成丁二酸得率可达 2 mol 丁二酸/mol 葡萄糖。

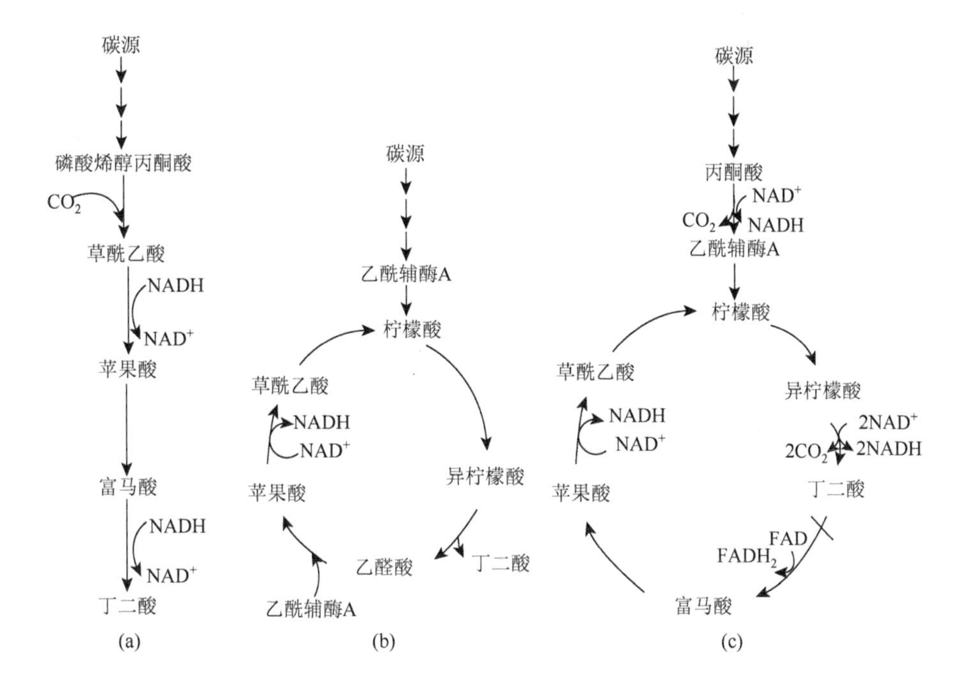

图 3-16 碳源发酵制备丁二酸的三种主要代谢途径

（a）还原三羧酸途径；（b）乙醛酸循环；（c）有氧 TCA 路径

NADH：还原型辅酶 I；NAD^+：辅酶 I；FAD：黄素腺嘌呤二核苷酸；$FADH_2$：还原型黄素腺嘌呤二核苷酸

尽管有很多微生物可生产丁二酸，但目前面向工业化生产需求选育的生物基丁二酸生产菌株主要集中在产琥珀酸放线杆菌（*Actinobacillus succinogenes*）、重组谷氨酸棒杆菌（*Corynebacterium glutamicum*）和重组大肠杆菌（*Escherichia coli*）。但是前者为营养缺陷型菌株，往往需要补充昂贵的氮源和某些维生素，而后两者具有较清楚的基因组信息以及较成熟的基因操作工具，使其成为改造高产丁二酸生产菌株的主要对象。

目前生物基丁二酸的发酵生产水平已经大幅提高（表 3-9）。例如，产琥珀酸放线杆菌 *A. succinogenes* 的厌氧发酵制备丁二酸产量已经可达 105.8 g/L。Okino 等在消除重组谷氨酸棒杆菌 *C. glutamicum* 发酵过程副产物乳酸的积累的基础上强化还原 TCA 通路，使该菌株的丁二酸产量达到 146 g/L。Altman 等利用染色体突变菌株 *E. coli* AFP111，以葡萄糖为底物生产丁二酸，产量可达 99.2 g/L，底物转化率高达 110%。近年来在利用非粮生物质发酵制备丁二酸方面也获得长足的进步，尤其是以木薯和菊芋为原料的丁二酸发酵生产已达到或接近以淀粉葡萄糖为原料的发酵水平，具有重要的工业价值。在利用木糖方面，姜岷等（2009）通过敲除 *ptsG* 基因获得重组菌 *E.coli* BA305，解除了大肠杆菌体内的碳代谢抑制作用，实现了对葡萄糖和木糖的共利用，该菌以甘蔗渣水解液为碳源时，丁二酸产量可达 83 g/L，以玉米秸秆水解液为碳源时，丁二酸产量达 61 g/L，总糖得率达到 0.92 g/g。

表 3-9　主要非粮生物质原料发酵制备丁二酸的生产水平

底物	发酵方式	丁二酸量		
		浓度/(g/L)	得率/(g/g)	生产力/[g/(L·h)]
玉米秸秆水解液	厌氧	29.10	0.85	0.61
玉米、小麦、水稻秸秆水解液	厌氧	40.21；30.06；39.07	0.5；0.38；0.49	0.56；0.42；0.54
玉米秸秆水解液	厌氧	70.30	0.96	0.63
玉米秸秆水解液	厌氧	35.40	0.73	0.98
玉米秸秆水解液	厌氧	42.70	0.83	0.81
玉米秸秆、废酵母水解液	厌氧	56.40	0.73	ND
玉米籽皮	厌氧	42.30	0.62	0.98
玉米皮	厌氧	35.80	0.72	0.75
木薯粉和玉米浆	厌氧	69.31	0.90	1.44

续表

底物	发酵方式	丁二酸量		
		浓度/(g/L)	得率/(g/g)	生产力/[g/(L·h)]
稻壳酒糟	厌氧	32.00	0.13	ND
啤酒废酵母酶解液	厌氧	34.60	0.69	0.72
甘蔗糖蜜和乳清粉	厌氧	32.54	0.81	1.55
菊芋	厌氧	98.20	0.95	1.02
蔗糖	厌氧	60.50	0.83	2.16
木薯淀粉和未加工的木薯	厌氧	127.1；106.1；60.20	0.86；0.66；0.89	3.23；ND；1.36

注：ND 表示没有测定。

值得注意的是，南京工业大学姜岷教授团队在中国石化扬子石油化工有限公司的千吨级生物基丁二酸发酵生产装置上，开展了利用该企业产生的环氧乙烷装置生产尾气协同制备丁二酸的中试生产研究，结果证明CO_2含量只有80%～85%的环氧乙烷尾气（其中含有 1%～2%的氧气和大量水汽）并未影响丁二酸生产水平，可完全替代高纯度 CO_2。整个过程不仅实现了生物基丁二酸的高效制备，而且首次在工业规模上实现了对化学工业尾气中 CO_2 的固定和减排，具有极高的推广价值。

发酵法生产的丁二酸是以丁二酸盐的形式存在于发酵液中，且在发酵液中存在多种其他物质，如残糖、副产物（乙醇、乙酸、乳酸、甲酸等）、生物大分子（蛋白质、核酸、多糖）、无机盐类等，因此丁二酸后续的分离提取成本占整个生产成本的 50%～70%。生物基丁二酸的下游提取工艺主要有三个重要步骤：第一步是通过膜过滤或离心法去除菌体；第二步是利用吸附、萃取、离子交换等手段除去杂质对丁二酸进行初步分离；最后采用蒸发和结晶对丁二酸进行纯化。目前采用的发酵液中丁二酸的提取方法主要有直接结晶法、沉淀法、膜分离法、萃取法、色谱法等，这些方法各有其优缺点（表 3-10）。

表 3-10　生物基丁二酸的主要分离提取方法比较

提取方法	优点	缺点
直接结晶法	操作简单	低产量，低纯度；高能耗；需要除盐、除蛋白
沉淀法	操作简单	化学试剂需求量大，且不可重复利用，产生硫酸钙残渣，高能耗，对装备腐蚀性强

续表

提取方法	优点	缺点
膜分离法	高产率，高纯度，能耗低，处理量大	膜污染严重
萃取法	高产率，低能耗	过程复杂，成本高
色谱法	能耗低，处理量大	色谱柱填料需不断再生，再生需大量的酸和碱

以上提取方法中，膜分离法和色谱法具有能耗低、处理量大的优势，结合结晶法可获得符合生物塑料聚合要求的生物基丁二酸产品，相关技术的可靠性与成熟度已在我国工业规模的试验中得到验证，产品总收率可以达到 85%以上，有望成为生物基丁二酸分离提取的主流方法。

目前，PBS 的合成在工业生产中使用最多的方法为丁二酸与 1, 4-丁二醇直接熔化聚合法，酯化反应可在丁二酸的氢离子（H^+）自催化作用下进行，也可在其他酸性催化剂的作用下进行。其合成的关键影响因素如下。

1）醇酸比

从酯化反应方程式看，提高醇酸比显然有利于反应向主反应方向移动，能够加速反应进行；若醇酸比过小，则反应速率减慢，酯化程度难以继续提高。但是若醇酸比过大，反应中必然会有大量的醇蒸出，不仅耗能而且会延长缩聚时间甚至影响产物的性能。研究醇酸比对产物分子量的影响可以得到聚酯合成的最佳投料比例，醇酸比一般在 1.03～1.10 之间。

2）反应温度

在缩聚反应中，温度是影响反应速率的重要因素。反应温度升高可大大加速链增长反应的进行。反应初期，体系中反应物浓度高，单体间或单体与低聚物间反应十分剧烈，体系中水的生成速率非常快。若此阶段温度控制不好可能导致体系中醇随缩合水而流失，造成物料配比失调，影响聚酯分子量。反应后期升温能提高反应速率，有利于排出水和低分子量物质。但温度若超过 230℃，会造成聚酯热氧化，影响产品的色泽和产品性能。温度过低则反应速率慢，当温度低于 190℃时，反应周期延长一倍。

3）升温方式

酯化反应的速率不仅随温度的变化而变化，而且温度的变化也会导致丁二醇脱水产生四氢呋喃。加快升温速度有利于反应进行，缩短反应周期。聚酯反应升温方式可以采用直线升温或阶梯升温。采用直线升温方法，升温速度快，反应剧烈，大量醇会随缩合水而逸出，得到的聚酯分子量较低。采用阶梯升温方法，可使醇的可控损失量降低到最低限度，得到高分子量的聚酯产品。同时，对聚酯分子链的稳步增长十分有利，也有利于制得分子量分布均匀的聚酯。

4）真空度

在酯化反应阶段，应当使用低真空的方式除去系统中的水分，否则酯化反应阶段将会持续很长一段时间来分离出酯化过程中的水分和副产物，且还有可能得不到具有足够高分子量的 PBS 产品。聚酯合成反应后期，由于单体浓度很小，反应速率较慢，加之酯交换反应又生成单体多元醇或低聚物多元醇，为强化反应降低酸值，在反应后期需抽高真空，抽出体系中的水、单体多元醇、低聚物多元醇，以提高反应速率。要得到高分子量的聚酯产品，高真空度这一条件尤为关键。

5）催化剂

目前工业生产应用和研究较多的聚酯催化剂主要是锑、锗、钛三个系列的化合物。使用最为普遍的锑系催化剂虽然催化活性高，对副反应促进小，价格便宜，但它在反应中会还原成锑，使聚酯呈灰雾色；另外，锑系催化剂也具有毒性，在生产过程中造成污染，增加了后处理费用。锗系聚酯催化剂合成的聚酯切片呈白色且高度透明，色相较好，但其催化活性比锑系低，所得聚酯醚键较多，熔点较低，由于自然界中的锗资源稀少，锗系催化剂价格昂贵，也限制了它在聚酯生产中的广泛应用。钛系催化剂由于其较高的催化活性和安全环保性成为目前研究最多的一类聚酯催化剂。中国科学院理化技术研究所工程塑料国家工程研究中心开发了特种纳米微孔载体材料负载 Ti-Sn 的复合高效催化体系，大大改善了催化剂的催化活性，在此基础上，通过采用预缩聚和真空缩聚两釜分步聚合的新工艺，直接聚合得到了高分子量的 PBS，该创新性工艺不仅可以和扩链法一样得到分子量超过 200000 的 PBS，而且在工艺流程和卫生方面具有明显优势。

PBS 的生产工艺流程主要分为 6 步，在上述装置基础上，再增加一套对苯二甲酸供应系统和酯化釜，可使装置具备既能生产 PBS 又能生产可生物降解的脂肪-芳香族共聚酯能力。工艺流程如图 3-17 所示。

3. 国内外 PBS 生产技术水平评价

目前由于成本问题，全球 PBS 的生产规模还较小，处于成长期，尚未形成由少数跨国公司控制产业发展的垄断格局。目前我国生产的大部分 PBS 产品出口到欧美市场，但在政府的支持下，这一局面将发生改变，可以预计未来国内市场将会快速成长。

2010 年，由 DNP 绿色技术公司与法国农业研究开发公司组建的合资企业美国 Bio Amber 公司建成了全球首套生物基丁二酸生产装置，以小麦衍生的葡萄糖为原料，初期生产能力为 2000 t/a，2013 年产能增加到 1.7 万 t/a，并将扩展到 8 万 t/a。美国 Myriant 生物技术公司于 2011 年建成 1.3 万 t/a 的生物基丁二酸生产装置，并规划增加产能至 8 万 t/a 以上。荷兰皇家帝斯曼集团与法国从事农业材料加工的

Roquette 公司于 2011 年合作建设生物基丁二酸生产装置，年生产规模达 1 万 t。2013 年，巴斯夫/普拉克（Purac）合资建设的 2.5 万 t/a 生物丁二酸装置投产。

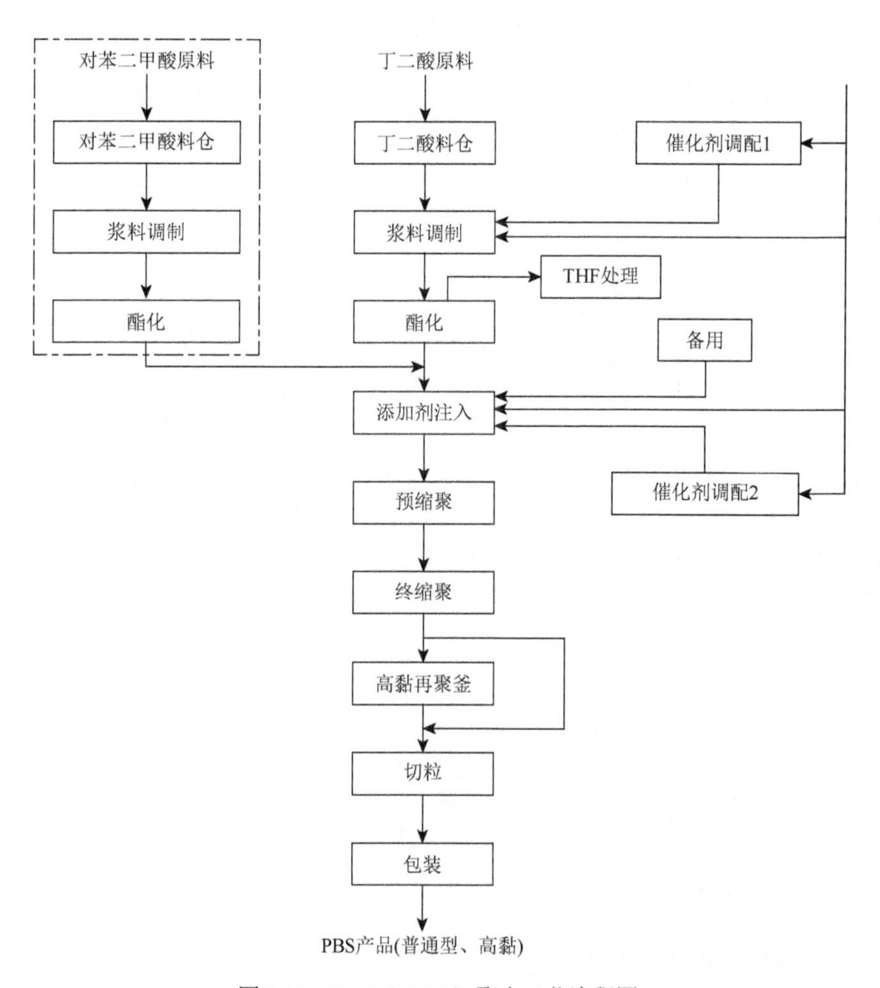

图 3-17　PBS（PBTS）聚合工艺流程图

目前我国已建成或正在建设的生物基丁二酸生产装置的企业包括：中国石化扬子石油化工有限公司（1000 t/a，中试装置）、常茂生物化学工程股份有限公司常州分公司（1 万 t/a，生产装置）、山东兰典生物科技股份有限公司（5 万 t/a，生产装置）。但相关生产装置在建成后，遭遇全球原油价格暴跌和国内粮价高位运行的双重压力，石化基丁二酸的生产成本由于原料顺酐价格暴跌而大幅下降，使得生物基丁二酸的成本优势难以显现，因此国内相关装置在完成生物基丁二酸生产的开车试运行后，尚未进入大规模的常态化生产。

在聚丁二酸丁二醇酯（PBS）的产业化方面，中国科学院理化技术研究所取得了较大进展及产业化先机。其工程塑料国家工程研究中心依托“十一五”规划，联合国内设备制造厂家、聚酯生产企业、制品生产企业以及海尔集团等制品应用企业，形成了一个由科研机构和企业组成的完全降解塑料产业化梯队。该中心与扬州邗江佳美合资建设的扬州市邗江格雷丝高分子材料有限公司，已于 2007 年建成 2 万 t/a 的 PBS 生产线，这标志着我国 PBS 生物降解塑料产业达到国际先进水平。另外，杭州鑫富药业股份有限公司也已建成 3000 t/a 的 PBS 生产线，以二元酸及二元醇为原料生产商品名为 Biocosafe 的生物降解树脂。

2005 年年底，从中国科学院理化技术研究所工程塑料国家工程研究中心传出令人振奋的消息，世界最大规模聚丁二酸丁二醇酯（PBS）生产线将在中国诞生，年产能为 2 万 t。这标志着中国生物降解塑料产业将开创大规模产业化的新纪元。

PBS 生产装置的建设，为中国生物降解塑料制品开发应用奠定了基础，相关技术也引起了产业界的广泛关注。与此同时，塑料制品行业对这一成果也给予高度重视和积极配合。上海申花（集团）公司、福建恒安集团有限公司等企业对 PBS 在一次性包装用品、卫生用品、餐具等领域的应用和推广进行了有效开拓。目前，上海申花（集团）公司 PBS 制品已经面市，改性材料、挤出片材已经小批量出口韩国。据悉，上海申花（集团）公司已与扬州市邗江格雷丝高分子材料有限公司签署长期购货合同，从而形成了树脂、改性、制品完整的产业链。

3.2.4　聚对苯二甲酸丙二醇酯

聚对苯二甲酸丙二醇酯（PTT）是一种性能优异的聚酯类新型纤维，由对苯二甲酸（PTA）和 1, 3-丙二醇（1, 3-PDO）缩聚而成。生物基 PTT 的原料主要源自生物基 1, 3-丙二醇。

1. PTT 结构与性质

PTT 分子式如图 3-18 所示。

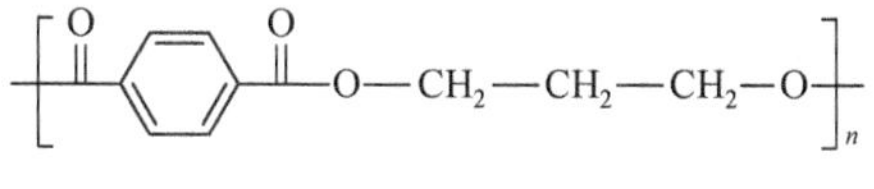

$$\left[-\overset{O}{\overset{\|}{C}}-C_6H_4-\overset{O}{\overset{\|}{C}}-O-CH_2-CH_2-CH_2-O- \right]_n$$

图 3-18　PTT 分子式

从分子式可以看出，其分子链含有 3 个亚甲基，为“3G”，一个苯环，为“T”，所以 PTT 又被称为“3GT”聚合物（Whinfield and Dickson，1946）。研究表明，在许多缩聚高聚物的化学结构中的奇数或偶数个亚甲基单元会影响高聚物性能，即“奇碳效应”。Ward 等（1976）的研究显示 PTT 比 PET、PBT 的回弹性优异，其回弹性能为 PTT＞PBT＞PET。Dandurand 等（1979）采用 X 射线和电子衍射测试发现 PTT 大分子链呈现“Z”字形构象，认为 PTT 属于三斜晶系，且计算出了各晶面的晶面间距。研究表明，PET 结晶单元在 C 轴上的长度是分子链完全展开时的 98%，PBT 的为 88%～96%，而 PTT 的则是 75%。这种分子结构使得 PTT 的形变就像弹簧那样能够发生键角的改变和旋转。另外，PTT 每个晶胞沿 C 轴方向含有一个大分子链的两个重复单元，而对于 PET、PBT 等亚甲基数为偶数的聚对苯二甲酸酯类，每一晶胞只含有一个重复单元。当拉伸力去除后，PTT 纤维并未发生结构形变，由此导致 PTT 的弹性回复优于 PET 和 PBT。陈克权（2001）认为，以“奇碳效应”解释 PTT 的高回弹性过于牵强。他认为大分子链在非晶相中是无规分布的，不可能形成“Z”字形的构象；在晶相中，受力时“Z”字形构象的大分子链不可能先发生构象变化。因此，PTT 纤维高回弹性的结构原因仍需进一步研究。Ponnusamy 和 Balakrlshnan（1985）通过差热分析法（DTA）研究了聚对苯二甲酸（乙二醇/丙二醇）共聚酯的性能，发现随着 1, 3-PDO 含量的增加，共聚酯的结晶度降低，当其含量 x（1, 3-PDO）增加到 60%以上时，共聚酯为完全非晶结构，而当其含量为 100%时，得到的是结晶型 PTT。Huang 等（1999）通过 DSC、WAXD 和 NMR 等方法研究了 PTT 的结晶和熔融性能，发现通过 DSC 虽然能观察到两个峰，但 PTT 仅有一种结晶结构，两个峰中的一个是由于原始结晶区熔融吸热形成的，另一个峰是由于原始结晶区熔融后重新形成的结晶区熔解形成的。韩国的 Kim 等（2001）利用红外（IR）光谱研究了各种温度条件下未拉伸 PTT 薄膜的纯结晶和无定形的特征光谱，提出了以 1465 cm 作为晶区的特征谱带和 1173 cm 作为无定形区的特征谱带，通过对特征光谱的分析计算出样品的结晶度，该计算结果与由密度梯度法测得的结晶度有较好的线性相关性。李建华等（2006）通过 IR、^{1}H NMR、DSC 和 TG 表征了由 1, 3-PDO 生物法合成的 PTT 和由 1, 3-PDO 化学法合成的 PTT，结果表明，由生物法合成的 PTT 比相同纯度的由化学法合成的 PTT 色泽好、黏度大、摩尔质量高，且随 1, 3-PDO 纯度的提高，PTT 的黏度、摩尔质量增大；由生物法合成的 PTT 的熔点与由化学法合成的 PTT 的熔点相差不多，但熔融峰比由化学法合成的 PTT 尖锐，结晶度高，熔融热大；不同 1, 3-PDO 合成的 PTT 热失重相差不多。

2. PTT 制备方法

1）1, 3-丙二醇的生物合成

目前生物法生产 1, 3-PDO 主要有两条途径：氧化途径和还原途径。其中，氧化途径主要包括：①甘油在甘油脱氢酶（GDH）催化下生成 2-羟基丙酮（DHA），GDH 以 NAD 为辅酶，属于厌氧酶；②DHA 在 ATP 及 2-羟基丙酮激酶共同作用下，生成磷酸二羟基丙酮（DHAP）；③DHAP 先代谢生成丙酮酸，然后进一步代谢生成乙酸、乙醇、乳酸等代谢副产物。氧化途径不仅生成能量 ATP 和还原当量 NADH，还伴随着微生物菌体的生长，此过程产生的 NADH 供给甘油歧化为 1, 3-PDO 路径，而形成的 DHAP 则进入糖酵解途径。还原途径主要包括两步酶催化反应：①甘油脱水酶在辅酶 B12 存在下将甘油转化为中间产物 3-羟基丙醛（3-HPA）；②在 NADH 存在下，由 1, 3-PDO 氧化还原酶（PDOR）将 3-HPA 还原为 1, 3-PDO，产生的 1, 3-PDO 是细胞代谢终产物，可以在发酵液中实现高度聚集。还原途径消耗氧化途径生成的过量 NADH，使微生物细胞内的氧化还原达到平衡。

以甘油为底物转化生产 1, 3-PDO 的生物合成途径如图 3-19 所示。

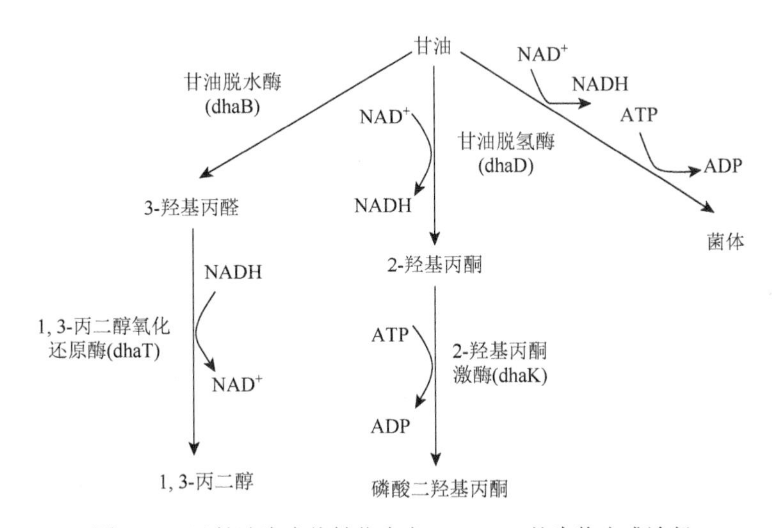

图 3-19　以甘油为底物转化生产 1, 3-PDO 的生物合成途径

能够将甘油转化成 1, 3-PDO 的菌株有短乳杆菌、魏氏芽孢杆菌、弗氏柠檬酸杆菌、肺炎杆菌（克雷伯菌）、巴斯德梭状芽孢杆菌及酪酸梭状芽孢杆菌等。肺炎杆菌的 1, 3-PDO 的转化率可达每摩尔甘油得到 0.55～0.65 mol 1, 3-PDO，其生产强度为 1～2.5 g/(L·h)，最终浓度达到 50～60 g/L。当前，自然界中以甘油为底物合成 1, 3-PDO 的微生物主要是厌氧菌或兼性厌氧菌。

杜邦公司和 Genencor 公司利用基因工程技术，在大肠杆菌中插入取自酿酒酵母的基因，从而将葡萄糖转化为甘油，再插入取自柠檬酸杆菌和克雷伯菌的基因，将甘油转化为 1, 3-PDO，开发了由葡萄糖一步法生产 1, 3-PDO 的发酵技术，使生产效率提高了近 500 倍，有效地提高了 1, 3-PDO 的产率。不同菌株微生物生产 1, 3-PDO 的结果见表 3-11。

表 3-11 不同微生物发酵生产 1, 3-PDO 的性能

菌种	培养方式	得率	生产强度/[g/(L·h)]	副产品（>5%）
丁酸梭菌（*C. butyricum*）	连续	0.61	1.88	乙酸、丁酸
	连续	0.70	5.95	
	批式	0.71	—	
	批式	0.66	2.40	
	批式	0.54	0.72	丁酸
	批式	0.57	1.21	
产气克雷伯菌（*K. aerogenes*）	连续	0.50	3.82	乙酸、乙醇
弗氏柠檬酸杆菌（*C. freundii*）	批式	0.64	1.33	乳酸
	批式	0.48	0.78	
	细胞循环	0.43	0.16	
	辅助发酵	0.61	0.14	
	固定床	0.57	8.2	乙酸、乙醇、乳酸

由清华大学承担的发酵法生产 1, 3-PDO 已完成一期攻关任务，并获准继续主持二期产业化试验的攻关任务。基于微生物合成 1, 3-PDO 的代谢特性，开展了菌种筛选的研究，筛选了一株克雷伯菌 AC1，能在供氧发酵条件下快速合成 1, 3-PDO，发酵 24 h，1, 3-PDO 浓度可达 50 g/L，生产强度可达 2.08 g/(L·h)。在 5 L 罐上发酵试验 30 多批次，1, 3-PDO 终浓度达到平均 70.58 g/L，质量得率 45.92%，生产强度 1.05 g/(L·h)，2, 3-丁二醇浓度达 22.78 g/L，总二醇质量得率为 60.73%。有文献报道肠道细菌的流加批式发酵可以转化 60%以上的甘油，1, 3-PDO 的质量浓度大于 50 g/L。美国杜邦公司在 Genencor 公司的协助下，用 DNA 的办法生产出一系列的微生物和酵母素，以谷物糖浆为原料生产出 1, 3-PDO，目前已经投入批量生产。

2）1, 3-丙二醇的分离提取

由于 1, 3-PDO 具有很强的亲水性，沸点较高，且发酵液中产物浓度较低、发酵液成分复杂，故目前尚无可从发酵液中简单有效地分离纯化出产品的成熟工艺，但是随着研究的深入，近几年来人们也在不断地改进和提出新的分离方法。一般来说，1, 3-PDO 的下游分离过程大致包括三个步骤：①通过絮凝沉降、膜过滤和高速离心等方法去除发酵液中的菌体；②利用蒸馏法、电渗析脱盐和醇沉法等手段去除杂质，初级分离 1, 3-PDO；③通过真空精馏等方法得到 1, 3-PDO 纯品。1, 3-PDO 分离流程图如图 3-20 所示。

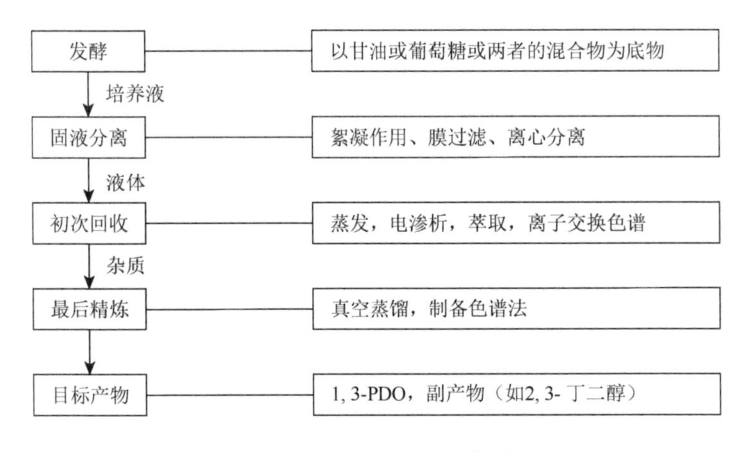

图 3-20　1, 3-PDO 分离流程图

a. 蒸发精馏法

首先，向发酵罐中加入抑膜物质和助滤剂，通过某种过滤（如微过滤）操作将发酵液中的生物分子等除去，并洗涤过滤介质；然后，采用薄层蒸发器蒸馏水相溶液，高沸点物质如发酵液中的营养盐类和产品与水得到分离；最后，通过精馏与短程蒸馏得到 1, 3-PDO 的同时，得到副产品 2, 3-丁二醇。

b. 萃取分离

溶剂萃取又称液液萃取，是一种重要的分离技术，主要用于物质的分离和提纯，该技术装置简单、操作容易，通常在常温或较低温度下进行，易于实现大规模生产，在工业发展和环境保护方面占有重要的地位。

a）有机萃取

与蒸馏方法相比，溶剂萃取法具有效率高、生产能力大、能耗低等一系列优点，许多科学工作者都试图找到一种适合工业化需要的萃取剂。化学法比较好的萃取剂有环己烷。对于直链醇随着碳个数增加，分配系数减小。同碳的异构物分配系数差别较大，但与少一个碳的直链醇差不多。二元醇的分配系数比一元醇的高，但因其与甘油的亲和力较大而降低了 1, 3-PDO 的选择性。

b）络合萃取

醇类物质性质介于 Lewis 酸碱之间，在对乙醇等稀醇溶液的分离中，利用一些明显具有 Lewis 酸性或碱性的物质作为络合萃取剂取得了明显效果。向波涛等（2001）选取磷酸三丁酯、己酸、辛酸为络合剂，对 1, 3-PDO 的稀溶液进行络合萃取。由于 1, 3-PDO 的亲水性较乙醇更强，络合萃取方法对该体系作用较小。

c）反应萃取

通过反应将 1, 3-PDO 可逆转化为不含羟基的化合物并萃入有机相，分离后再通过逆反应得到 1, 3-PDO，这就是目前的一个研究热点——反应萃取分离法。其特点是基于多羟基化合物和醛类之间的缩醛反应，在强酸性树脂催化下，通过加入乙醛与 1, 3-PDO 发生可逆缩醛反应，生成 2-甲基-1, 3-二烷（2MD），脱去有机相中水后，用邻二甲苯或甲苯或乙苯萃取，然后通过水解得到 1, 3-PDO，可以有效地分离稀溶液中的 1, 3-PDO。使用甲苯进行同步萃取时，1, 3-PDO 的转化率和 2MD 收率都要高于不加萃取剂时。一般认为，反应过程中的同步萃取改变了反应的平衡位置，使得平衡向生成 2MD 的方向移动，结果得到了较大的转化率与收率。

c. 分子筛分离

分子筛（molecular sieve）是一种具有立方晶格的硅铝酸盐化合物，主要由硅铝通过氧桥连接组成空旷的骨架结构，在结构中有很多孔径均匀的孔道和排列整齐、内表面积很大的空穴。沸石（zeolite）是具有骨架结构的硅铝酸盐，其骨架中的每一个氧原子都为相邻的两个四面体所共有，其化学通式为［M_2(Ⅰ), M(Ⅱ)］$O\cdot Al_2O_3\cdot nSiO_2\cdot mH_2O$。M(Ⅰ)和 M(Ⅱ)分别为一价和二价金属（通常为钠、钾、钙、锶、钡等），n 称为沸石的一般硅铝比，$n=2\sim10$，m 为结晶水含量，$m=0\sim9$。

沸石分子筛提取发酵液中的 1, 3-丙二醇分为粗提纯与细提纯两部分。前者获得的是 1, 3-丙二醇与甘油的混合物，工艺过程如下：①发酵液用某种沸石进行处理；②可以用乙醇、$C_1\sim C_4$ 的醇与水混合液或纯水作为脱附剂处理沸石；③对上述混合液分离提取得到 1, 3-丙二醇和甘油；④重复前面的操作可提高产物纯度。后者与前者类似，区别是选择不同种类沸石。

d. 阳离子交换树脂吸附

Binder 和 Hilaly（2002）提出了用离子交换树脂吸附分离 1, 3-PDO 的方法。磺化聚苯乙烯阳离子树脂由于其基体上带有磺酸基（$—SO_3H$），它在碱性、中性甚至酸性介质中都显示离子交换功能。它对烷基越大的醇吸附越好，这是因为树脂结构中的非极性大分子链与醇中烷基的亲和性不同。将待处理的发酵液与磺化聚苯乙烯阳离子树脂接触，再加入溶剂洗脱组分，在产物中回收 1, 3-PDO，整个过程省略了蒸馏操作。

e. 超滤和醇沉

1, 3-PDO 回收率可达 80.35%，产品纯度 95.8%。醇沉工艺对于从甘油发酵液中分离 1, 3-PDO 是可行的、有效的。超滤-醇沉是首先通过超滤去除发酵液中的菌体、核酸、多糖、蛋白质等生物大分子，然后减压蒸馏去除发酵液中易挥发的乙醇、有机酸和水分等，向浓缩发酵液中加入工业乙醇，使核酸、多糖、蛋白质等生物大分子再次沉淀。超滤菌体去除率 99%、蛋白质去除率 89.4%、核酸去除率 69%。过膜发酵液经浓缩后醇沉，可继续去除蛋白质、核酸以及大量的多糖、有机盐及无机盐。

3）生物基 PTT 的聚合

PTT 可先通过对苯二甲酸二甲酯（DMT）的酯交换法或对苯二甲酸（PTA）的直接酯化法制备对苯二甲酸双-3-羟丙酯（BHPT），再进行缩聚反应。在此反应过程中，都会发生化学副反应，主要是 PTT 熔体在高温下进行的大分子链热裂解反应，生成低聚物和挥发性小分子有机物两类副产物。一般情况下，PTT 中低聚物的含量为 1.6%～3.2%，高于 PET 的 1.7%和 PBT 的 1.0%，这些低聚物会影响纺丝和染色的加工。挥发性小分子有机物包括 0.2%～0.3%的丙醛和烯丙醇，这类副产物可用精馏方法除去。

a. DMT 法（或称酯交换法）

以 DMT 为原料的酯交换法合成 PTT 工艺，其优点是反应为均相反应，操作方便，控制容易，酯交换产物中羧基含量极微，羧基含量对缩聚过程的影响几乎可以忽略；其缺点是生产中工艺过程多，设备多，投资大，且产生大量甲醇，环境效益差，回收量大，增加设备与能源消耗。反应式如图 3-21 所示。

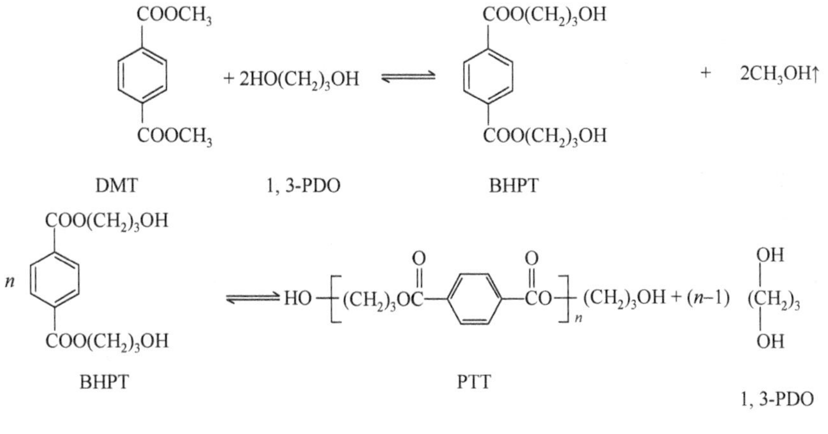

$$\underset{\text{DMT}}{CH_3OOC-C_6H_4-COOCH_3} + \underset{\text{1, 3-PDO}}{2HO(CH_2)_3OH} \rightleftharpoons \underset{\text{BHPT}}{HO(CH_2)_3OOC-C_6H_4-COO(CH_2)_3OH} + 2CH_3OH\uparrow$$

$$n\,\underset{\text{BHPT}}{HO(CH_2)_3OOC-C_6H_4-COO(CH_2)_3OH} \rightleftharpoons \underset{\text{PTT}}{HO\left[(CH_2)_3OC(=O)-C_6H_4-C(=O)O\right]_n(CH_2)_3OH} + (n-1)\,\underset{\text{1, 3-PDO}}{HO(CH_2)_3OH}$$

图 3-21　以 DMT 为原料的酯交换法合成 PTT 的反应式

b. PTA 法（或称直接酯化法）

直接酯化法是将 PTA 与 1, 3-PDO 直接进行酯化反应制得 BHPT。由原 Zimmer（吉玛）公司与 Degussa 公司研究开发的直接酯化法生产工艺，包括 PTA 与 1, 3-PDO 酯化、预缩聚及缩聚等三个主聚合阶段。反应式如图 3-22 所示。

3. 国内外 PTT 生产技术水平评价

目前世界 PTT 树脂生产能力每年 40 万 t 左右，每年产量约 30 万 t。主要生产商是美国壳牌（Shell）公司和美国杜邦公司，其生产处于绝对垄断地位，工艺技

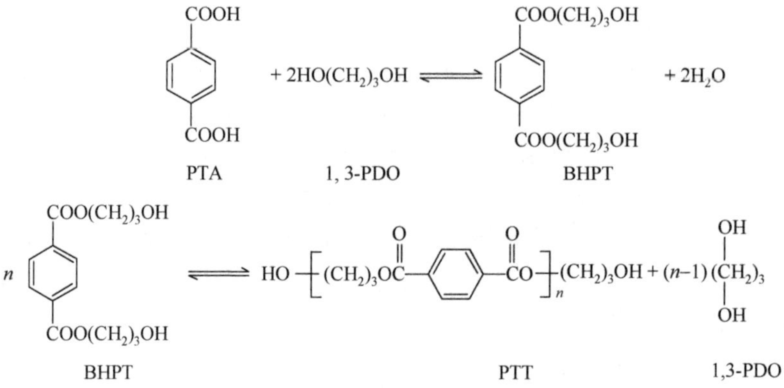

$$\underset{\text{PTA}}{HOOC-C_6H_4-COOH} + \underset{\text{1, 3-PDO}}{2HO(CH_2)_3OH} \rightleftharpoons \underset{\text{BHPT}}{HO(H_2C)_3OOC-C_6H_4-COO(CH_2)_3OH} + 2H_2O$$

$$n\,\underset{\text{BHPT}}{HO(H_2C)_3OOC-C_6H_4-COO(CH_2)_3OH} \rightleftharpoons \underset{\text{PTT}}{HO-\!\left[(CH_2)_3O\overset{O}{\overset{\|}{C}}-C_6H_4-\overset{O}{\overset{\|}{C}}O\right]_n\!-(CH_2)_3OH} + (n-1)\underset{\text{1,3-PDO}}{HO(CH_2)_3OH}$$

图 3-22　直接酯化法制备 PTT 的反应式

术世界领先。截至目前，世界上最大的 PTT 生产装置位于加拿大蒙特利尔，由美国 Shell 公司和 Lurgi Zimmer 公司合资运行，年产能 9.5 万 t，主要用于地毯领域。张家港美景荣化学工业有限公司于 2008 年 2 月建成投产 PTT 装置，生产能力 3 万 t/a，原料 PDO 由美国杜邦公司供应；2012 年 4 月，盛虹集团自主研发、设计的年产 3 万 t PTT 缩聚装置开车一次成功，这标志着盛虹集团打破了跨国公司长期以来对 PTT 缩聚技术的垄断。

2011 年，张家港华美生物材料有限公司以自主知识产权建成我国第一条年产 6.5 万 t 的生物基 PDO 生产线，标志着打破了美国企业在 PDO 原料供应上的垄断地位。张家港美景荣化学工业有限公司 2017 年宣布，启动“20 万 t/a PTT 聚合纺丝一体化”项目。可见我国 PTT 行业已经进入自主技术主导的快速发展期。

1941 年，美国 Calico Printers，Association 公司的科学家 Whinfield 和 Dickson 首次在实验室合成出 PTT 聚合物。由于当时 1, 3-PDO 的价格较高，因此 PTT 树脂及其下游产品的研发进程较为缓慢。1994 年，德国 Degussa 公司成功开发了以丙烯为原料生产 1, 3-PDO 的技术。1995 年，美国 Shell 化学公司开发了以环氧乙烷为原料生产 1, 3-PDO 的技术，并于同年正式向市场推出商品名为“Corttrra”的 PTT 树脂。与此同时，美国杜邦公司开展生物发酵法合成 1, 3-PDO 的研究，并与 Genencor 公司合作开发出大批量生产 1, 3-PDO 的生物技术，于 2000 年推出商品名为“Sorona”的 PTT 树脂即生物基 PTT 树脂。Sorona（PTT）聚合物中有 37% 的原料来自天然可再生资源，因而减少了合成纤维对矿石资源的依赖性。法国的 Metabolic Explorer 公司利用工业粗甘油通过发酵法制备出 1, 3-PDO，利用其开发的提纯技术，产品纯度超过 99.5%，可用于合成 PTT。此外，日本旭化成株式会社也积极推进 PTT 纤维工业化研发，该公司申请了上百项关于纤维的制造和加工技术专利，主要涉及原料、纺丝、机织、针织和染整等领域，纤维的商品名为“Solo”，由 100%高特纶聚合物纺丝制备得到。PTT 纤维作为韩国化纤行业重点生产品种，也被列入韩国政府的开发计划中，SK 化工株式会社生产、销售商标为“Es-pol”的衣料用原丝，韩国晓星集团开发了商标为“Noe-pol”的地毯用 PTT 原丝，韩国可隆工业公司、韩国合纤公司也计划批量生产商标为“Zispan”PTT 的纤维等。

为巩固其在 PTT 纤维领域的领先地位，美国杜邦公司主要以出售 Sorona（PTT）聚合物、纤维及其制备技术的形式，与韩国的新韩工业株式会社、日本东丽工业公司和日本帝人公司、中国台湾地区的远东纺织公司等合作开发 PTT 纤维。其中日本东丽工业公司主要开发生物基 PTT-PET 双组分纤维及共纺纤维，并在 2002 年与美国杜邦公司达成协议即在亚洲销售采用杜邦公司的技术生产的 PTT 纤维；韩国 Huvis 公司利用美国杜邦公司的技术将一套 PET 的生产线改造成为年产 1 万 t 的 PTT 生产线。中国大陆生物基 PTT 纤维的产业化始于 2000 年 7 月，方圆化纤有限公司获得杜邦授权，成为首家获得 PTT 纤维产品生产权的公司，随后，多家公司与美国杜邦公司展开合作共同开发 PTT 纤维及制品。

20 世纪 90 年代，国内科研单位如清华大学、大连理工大学、华东理工大学、中国石油化工股份有限公司抚顺石油化工研究院等开始以甘油或葡萄糖为原料通过生物发酵制备 1, 3-PDO 的研究。黑龙江辰能生物工程有限公司、河南天冠企业集团有限公司和湖南海纳百川生物工程有限公司相继采用清华大学技术建立了发酵法制备 1, 3-PDO 的生产线。2011 年，江苏盛虹集团与清华大学合作，利用清华大学的专利技术以生物柴油副产物甘油作为主要原料，建成年产 3 万 t 的生物法 1, 3-PDO 生产装置，用于开发 PTT 弹性纤维，2014 年，盛虹集团开发出具有自主知识产权的 PTT 及改性 PTT 关键设备及成套生产技术，成为全球第二家、国内首家集 1, 3-PDO 生产、聚合纺丝、面料印染技术等完整的 PTT 产业链技术的公司，打破了国外在这一行业的垄断。

3.2.5　聚碳酸酯

聚碳酸酯（PC）是分子链中含有碳酸酯基的高分子聚合物，根据酯基的结构可分为脂肪族、芳香族、脂肪族-芳香族等多种类型。

1. 聚碳酸酯结构与性质

脂肪族聚碳酸酯是由二氧化碳和环氧化合物催化共聚形成的一种线形无定形共聚物，主链上含有亚烷基、醚键和碳酸酯键，末端是羟基。脂肪族聚碳酸酯结构式如图 3-23 所示。

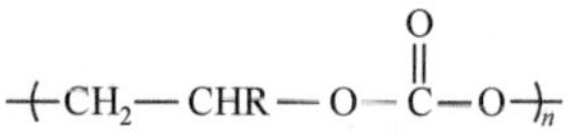

$$-\!\!\!\!+\mathrm{CH_2}-\mathrm{CHR}-\mathrm{O}-\overset{\mathrm{O}}{\overset{\|}{\mathrm{C}}}-\mathrm{O}\!\!-\!\!\!\!+_{n}$$

图 3-23　脂肪族聚碳酸酯结构式

脂肪族聚碳酸酯的主要合成原料为CO_2和环氧丙烷。以CO_2为原料生产可降解材料是合理、可行并具有经济潜力的途径之一。将CO_2用于合成APC，从资源有效利用角度看，可以有效利用CO_2资源，节约石化原料资源；从环境保护角度看，则可以降低CO_2的排放量，改善大气环境质量。世界CO_2来源和储量丰富，据报道其在地球的储量比石油、天然气和煤的总和还要多，因此以二氧化碳为聚合单体合成共聚物的原料来源非常丰富。

2. 脂肪族聚碳酸酯的合成

1）利用光气化反应

一般采用溶液缩聚法，脂肪族二羟基物溶于惰性溶剂中，在吸酸剂存在下与光气作用，得到脂肪族聚碳酸酯。光气化反应的最终产物取决于所用的脂肪族二羟基物及所控制的反应条件。其主要反应过程如图 3-24 所示。

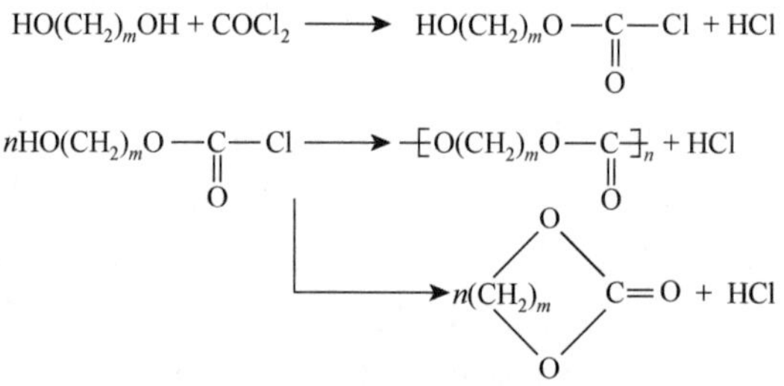

$$\mathrm{HO(CH_2)_{\mathit{m}}OH} + \mathrm{COCl_2} \longrightarrow \mathrm{HO(CH_2)_{\mathit{m}}O}-\underset{\underset{\mathrm{O}}{\|}}{\mathrm{C}}-\mathrm{Cl} + \mathrm{HCl}$$

$$n\mathrm{HO(CH_2)_{\mathit{m}}O}-\underset{\underset{\mathrm{O}}{\|}}{\mathrm{C}}-\mathrm{Cl} \longrightarrow -\!\!\left[\mathrm{O(CH_2)_{\mathit{m}}O}-\underset{\underset{\mathrm{O}}{\|}}{\mathrm{C}}\right]_{n}\!\!- + \mathrm{HCl}$$

$$\longrightarrow n(\mathrm{CH_2})_m\!\!\begin{array}{c}\diagup\mathrm{O}\diagdown\\ \\ \diagdown\mathrm{O}\diagup\end{array}\!\!\mathrm{C{=}O} + \mathrm{HCl}$$

图 3-24　溶液缩聚法反应式

首先，将脂肪族二羟基物溶于氯仿与吡啶的混合液中，吡啶的用量为脂肪族二羟基物物质的量的 2 倍，然后在室温或更低温度下通入光气，反应得到的黏稠液体，先后用稀盐酸和水洗涤，并除去溶剂，最后进行干燥而得成品。目前该方法在聚碳酸酯工业化生产中仍占主导地位，具有工艺成熟、产品质量高、物性优良等优点，但该法所需原料光气剧毒，溶剂CH_2Cl_2对环境有污染，反应过程中会产生大量的HCl气体，后处理设备多、负荷大，且其中间产物氯代甲酸酯与脂肪族二羟基物反应很慢，而提高温度又得不到高分子量的聚合物，因此，开发非光气法工艺生产聚碳酸酯已成为其主要发展方向。

2）通过酯交换反应

脂肪族二羟基物与碳酸二酯的酯交换反应是制备脂肪族聚碳酸酯的重要方

法。其主要反应如图 3-25 所示。

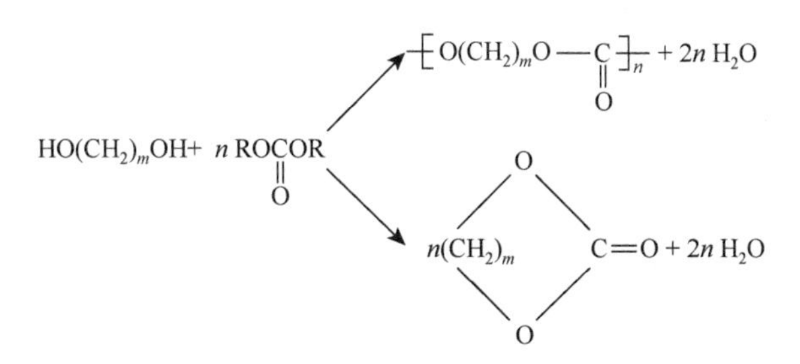

图 3-25　酯交换反应式

在无氧、搅拌以及 180～220℃和真空度 0.4～100 mmHg（1 mmHg = 1.33322×10^2 Pa）下，进行酯交换反应，反应中形成的酚作为副产物排除，历时 4 h 后，得到一种无色的熔融物，它冷却后呈不透明角质状。这种方法不需使用有毒的光气和易污染环境的卤代烃，但是碳酸二烷基酯在高温下易挥发，从而使脂肪族二羟基物过量，很难得到高分子量的聚碳酸酯；且在碱性催化剂存在下，生成的聚碳酸酯易发生降解和分解。

3）利用二氧化碳与环氧化物反应

在催化剂存在下，环氧化物与二氧化碳作用发生加成反应合成高分子量的脂肪族聚碳酸酯，其主要反应如图 3-26 所示。

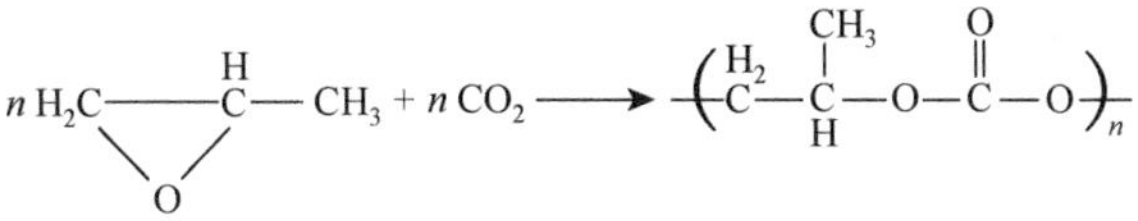

$$n\,\underset{\diagdown\ O\ \diagup}{H_2C\!-\!\!-\!\!-\overset{H}{C}}\!-\!CH_3 + n\,CO_2 \longrightarrow \left(\overset{H_2}{C}\!-\!\underset{H}{\overset{CH_3}{C}}\!-\!O\!-\!\overset{O}{\overset{\|}{C}}\!-\!O\right)_n$$

图 3-26　二氧化碳与环氧化物反应式

该反应需在阴离子配位催化剂的活化作用下进行，阴离子配位共聚合的方法是目前实现二氧化碳合成聚碳酸酯的最有效、最现实的手段。共聚时加入特定的调节剂可使反应特性得到控制，生成有规定的分子量和端基官能团的反应物，即二氧化碳的调节共聚反应。常用的环氧化物为环氧乙烷或环氧丙烷，由于没有发生碳的还原，耗能不大，CO_2 的利用率较高。陈立班等（1988）成功研制的催化剂 PBM——聚合物负载的双金属体系，利用其双金属协同效应和载体效应提高对 CO_2 的活化程度，效果明显，用于合成 APC，催化活性达 104 g/mol Zn 以上，单程收率可达 90%。该催化剂价廉易得，稳定性好，反应易控制，反应条件也较为温和，而且产物中 CO_2 单体含量将近一半，这就使得由 CO_2 和环氧化物合成 APC 变得较为经济，具有良好的工业前景。

3. 国内外 PC 生产技术水平评价

20 世纪 90 年代末特别是进入 21 世纪以来，随着科学技术的进步，以及人们对环境保护及可持续发展认识的日益提高，脂肪族聚碳酸酯因原料采用长期以来一直被视为会污染环境、产生温室效应的二氧化碳废气，而产品是可完全降解的环境友好塑料，具有资源利用和环境保护的双重意义而受到极大的关注，成为近年来世界化工领域令人瞩目的发展热点。日本、美国、中国等国家已相继建成数百吨至数千吨工业化/半工业化生产装置，一些更大规模的装置也开始或计划建设。此外，脂肪族聚碳酸酯树脂的应用也取得了很大进展，已在一次性包装材料、餐具、保鲜材料、一次性医用材料、地膜等方面获得成功应用。至今，美国、日本、韩国、俄罗斯等国家均在该领域进行了大量的研发工作，经过 10 余年的发展，脂肪族聚碳酸酯技术已取得实质性进展，工业化进程不断向前推进。

20 世纪 90 年代初我国开始开展脂肪族聚碳酸酯研究，2004 年在内蒙古建成 3000 t/a 生产装置，这是迄今世界上投入运行的规模最大的二氧化碳共聚物的生产线，也是目前国内正式运行的唯一一条生产线。随后，江苏、吉林、河南、海南等地也相继开始建设脂肪族聚碳酸酯生产装置。2016 年我国聚碳酸酯产能 88.5 万 t，产量约为 68.42 万 t，尽管产量已经有了很大的提升，但还是不能满足国内的需求。2017 年 1～10 月聚碳酸酯进口量在 112.46 万 t。二氧化碳来源和储量丰富、成本较低，油田、炼厂、化肥厂以及水泥厂、酿酒厂等均有很大的二氧化碳排放量，因此以二氧化碳为聚合单体合成共聚物的原料来源丰富。目前，脂肪族聚碳酸酯的价格为通用树脂的 1.5～2 倍，随着催化剂和规模化生产的发展，生产成本有更接近常规聚合物的潜力。从资源利用、技术、经济、市场、环保等方面综合考核，二氧化碳基聚合物性价比高，在生物降解塑料市场中将具有较好的竞争力，市场前景广阔。

3.2.6 γ-聚谷氨酸

γ-聚谷氨酸（γ-PGA）是具有良好的生物相容性、生物可降解性、强吸水性、低免疫原性的新型高分子材料。γ-PGA 的优良性质决定了其广泛的应用。

1. γ-聚谷氨酸结构与性质

γ-PGA 是一种水溶性高分子，由 D-谷氨酸和 L-谷氨酸通过 γ-谷氨酰胺键聚合而成，其侧链存在大量游离羧基，因此具有良好的生物相容性及可生物完全降解性，是一种新型的高分子材料，它具有重要的潜在应用价值。

由于 γ-PGA 极易溶于水，因此其具有很好的吸水特性，γ-PGA 的最大自然吸水倍数可达到1108.4倍，比目前市售的聚丙烯酸盐类吸水树脂高1倍以上，对土壤水分的吸收倍数为30～80倍。γ-PGA的水浸液在土壤中具有一定的保水力和较理想的释放效果，有明显的抗旱促苗效应。在0.206 mol/L浓度的PEG6000模拟渗透胁迫条件下，γ-PGA仍有较强的吸水和保水能力，可明显提高小麦和黑麦草的发芽率，用其直接拌种也能显著提高种子的发芽率。γ-PGA的吸水性和保水性可使γ-PGA被广泛应用于干旱地区保水以及沙漠绿化。

生物可降解性是γ-PGA的特性之一。所有γ-PGA产生菌株都可以以γ-PGA作为营养源进行生长。在*B. licheniformis* 9945a的培养液中存在一种与γ-PGA降解有关的解聚酶。其他自然菌株也具有降解γ-PGA的能力。以γ-PGA作为唯一碳源和氮源对可降解γ-PGA的菌株进行筛选，结果筛选出至少12株可降解γ-PGA的菌株。由此可知，发酵生产γ-PGA的培养时间对产量有较大的影响，时间过长会导致γ-PGA分子被酶解而损失。

2. γ-聚谷氨酸生物合成方法

γ-PGA的合成方法有化学合成法、提取法和微生物发酵法。其中化学合成法包括传统的肽合成法和二聚体缩合法，产物纯度由于难以控制、副产物比较多，同时产物的分子量比较小，所以限制了该方法的应用。提取法是从日本传统食品纳豆（类似中国的豆豉）中分离得到γ-PGA，由于纳豆中成分复杂，γ-PGA的含量不稳定，也使得该方法得不到广泛应用。γ-PGA是由多种杆菌（*Bacillus* species，芽孢杆菌属）产生的一种胞外多肽，它是某些微生物荚膜的主要组分。目前生产γ-PGA的主要方法是微生物发酵法，该法工艺相对简单，培养条件温和，产物分离纯化容易，周期较短，适合于大规模生产。微生物发酵法在近几年得到了广泛的采用与快速的发展。通过微生物发酵方式得到的γ-PGA是一种水溶性可生物降解的新型绿色生物材料，具有可食用性、无毒性、成膜性、黏结性、保湿性等特点，其应用非常广泛，既可以作为药物载体、增稠剂和保湿剂用于医药、食品和化妆品中，又可以作为保水剂及水果、蔬菜的防冻剂、保鲜剂，还可以作为水处理的絮凝剂和重金属螯合剂等。

工业上普遍采用的是以芽孢杆菌属为生产菌的发酵法，其中枯草芽孢杆菌为最常用菌种（偶有地衣芽孢杆菌、短小芽孢杆菌的报道）。培养该菌株，收集发酵液，通过一系列的分离、结晶、复溶、纯化、重结晶、干燥等过程，达到获得较纯净的γ-PGA的目的。

工业化生产γ-PGA大多采用液体发酵，其优势在于，较易通过控制发酵条件来调整γ-PGA的分子量，从而得到分子量适宜和纯度较高的γ-PGA，例如，Birrer等（1994）在研究地衣芽孢杆菌的生化反应条件时发现，其分泌到胞外的γ-PGA的分子量会随着培养基中离子强度的改变而改变。除此之外，发酵过程可控制的因素还有很多，如发酵过程中的温度、pH、接种量、代谢调控等均可影响发酵结果。例如，在发酵过程中，摇瓶补料分批培养可提高 γ-PGA 的产量，该方法通过分批次加入培养基，分批次取出培养液分离 γ-PGA，减少了 γ-PGA 蓄积导致的工程菌负反馈调节，提高 γ-PGA 的产量。党建宁和梁金钟（2010）用此方法将 γ-PGA 的产量由 20 g/L 提高到 76.56 g/L。另外，固态发酵法也可用来生产 γ-PGA，发酵的底物为农业或工业生产过程中产生的废弃物。目前尝试过的有用牛粪堆肥和味精生产残留物等作为发酵底物的方法。由于我国产业链发展不完善，养殖业与传统发酵行业等产生的下游废弃物长期得不到利用，既浪费资源，又造成了严重的环境污染，此法却能变废为宝，实现资源重新利用，既节能又环保，实现了社会效益和经济效益的双赢，是一种值得大力发展的生产模式。

至今发现的 γ-PGA 生产菌株主要集中在枯草芽孢杆菌 *B. subtilis* 和地衣芽孢杆菌 *B. lichemiformis*。根据培养基中是否需要提供谷氨酸前驱体，可将 γ-PGA 产生菌分为两类：谷氨酸依赖型（Ⅰ类）和谷氨酸非依赖型（Ⅱ类）。Ⅰ类包括 *B. licheniformis* ATCC9945A、*B. subtilis* IFO3335、*B. subtilis* F-2-01 等菌株，这类菌株通常生成较多量的 γ-PGA，培养基中需提供谷氨酸前驱体作为 γ-PGA 合成的前驱体物质或诱导剂。Ⅱ类包括 *B. subtilis* TAM-4、*B. licheniformis* A35 等，这类菌株不需提供外源谷氨酸前驱体，采用全程合成途径合成 γ-PGA。但由于Ⅱ类菌株积累的 γ-PGA 浓度都较低，因此目前研究主要集中在谷氨酸依赖型（Ⅰ类）菌株。

γ-PGA 的生物合成与发酵培养基组成、发酵条件关系密切，对于不同生产菌株，其培养条件也各不相同。γ-PGA 的发酵生产通常采用合成培养基，培养基中各种元素的配比对 γ-PGA 的生产非常重要。对于谷氨酸依赖型菌株，L-谷氨酸和额外碳源对 γ-PGA 的生产都是必需的，大多数 γ-PGA 发酵培养基以柠檬酸、甘油和 L-谷氨酸为复合碳源，且多采用有机复合氮源（牛肉膏或酵母浸汁）。无机盐类（Mn^{2+}、K^{+}和 Mg^{2+}等）也是细胞生长和细胞内外物质传递所必不可少的物质。发酵通常采用 pH 中性，培养温度为 30～37℃，同时还需对培养条件（种龄、装液量、发酵时间和接种量等）进一步优化。

1）γ-PGA 的分离提取

目前适合高黏发酵液的除菌方法有高速离心法、絮凝法和微孔滤膜法等。絮凝法成本过高，且除杂不彻底。由于 γ-PGA 分子大小与菌体较为接近，微孔滤膜法不能有效实现 γ-PGA 与菌体的分离。对于高浓度的 γ-PGA 发酵液，酸化处理后虽黏度大大降低，但高速离心的方法仍难以实现彻底的菌液分离和杂蛋白的去除，且难以应用于工业化生产。因此，如何实现 γ-PGA 高黏发酵液中的菌液分离是 γ-PGA 提取纯化工艺的关键之一。γ-PGA 的提取纯化通常采用有机溶剂沉淀法、铜盐沉淀法和膜分离沉淀法。近年来，膜分离技术由于兼有分离、浓缩、纯化和精制的功能，也应用于 γ-PGA 的分离纯化。Do 等（2001）采用发酵液酸化、离心、过膜微滤、超滤浓缩、醇析、真空干燥的工艺进行了 γ-PGA 的提取与纯化，如图 3-27 所示，与传统的有机溶剂沉淀-复溶-透析的方法相比，节省了乙醇用量，降低了成本。但该工艺的处理能力有限，且 γ-PGA 成品的品质不高。

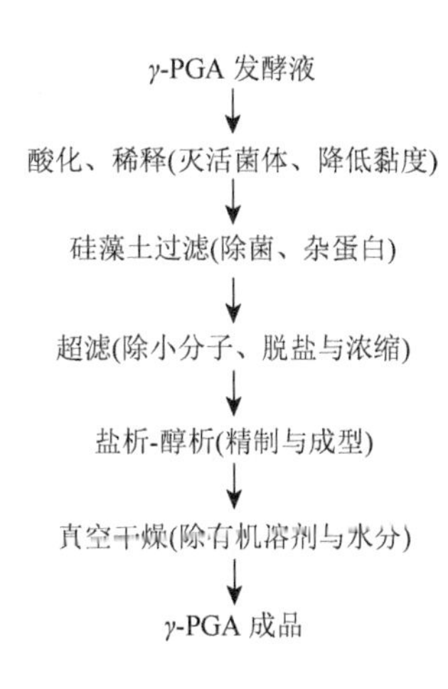

图 3-27　γ-PGA 分离纯化工艺

通过收集发酵液，后经 5000 r/min 离心，吸取上清液，加入 2～5 倍乙醇结晶，然后加入去离子水复溶，经高分子膜透析得到的透析液再加 5～8 倍乙醇结晶，最后干燥结晶物。重复这一操作，即可得到 γ-PGA（含其他蛋白 48%）。此方法所用试剂廉价易得、操作简单方便，但得到的 γ-PGA 所含杂质比例较大，属于粗品。此外，鞠蕾和马霞（2011）也通过异丙醇提取的方法，成功分离出发酵液中的 γ-PGA。此法需浓盐酸水解、四氯对苯醌衍生等一系列操作，步骤复杂、难度较大，但所得 γ-PGA 纯度可达 95%。此外，还有微孔滤膜法、絮凝法、硫酸铜诱导析出法等。

2）γ-PGA 生物材料的制备

目前 γ-PGA 在材料领域内主要用于合成高吸水树脂，以 γ-PGA 为原料，乙二醇缩水甘油醚为交联剂，采用溶液聚合法合成了新型 γ-PGA 吸水树脂，其吸水率 220 g/g，透光率 99.6%，分解温度 334.9℃。

从线形聚谷氨酸的交联反应入手，采用一系列不同分子量的聚乙二醇缩水甘油醚作为交联剂制备 γ-PGA 吸水树脂，对其制备工艺及性能进行了研究，并对 γ-PGA 吸水树脂进行了改性，对其农业应用做了初步探讨。首先，对二甘醇缩水甘油醚和聚乙二醇缩水甘油醚的制备工艺进行研究。以一缩二乙二醇、环氧氯丙烷为原料，三氟化硼乙醚络合物为催化剂合成低黏度的二甘醇缩水甘油醚，并对其制备工艺进行探讨，同时，用傅里叶变换红外光谱及环氧值对其进行了分析证明与预期结果相符。当一缩二乙二醇用量为 0.05 mol，三氟化硼乙醚络合物用量为 3 mL、环氧氯丙烷与一缩二乙二醇的物质的量比为 4∶1、氢氧化钠与一缩二乙二醇的物质的量比为 2∶1、在 40℃左右进行成环反应时，可制得低黏度的产物，收率为 81%。

3. 国内外 γ-PGA 生产技术水平评价

过去，γ-PGA 生产技术长期被日本企业垄断，随着自由技术的开发，我国已经逐渐成为 γ-PGA 的生产国，目前国内产能为 4000 t/a 左右，其中南京轩凯生物科技有限公司产能为 3000 t/a。γ-PGA 不仅对农业、化妆品、食品等行业有着非同凡响的意义，而且在临床治疗和地质环境研究等领域也发掘出了崭新的应用价值，这是 γ-PGA 研究的可喜进展，值得人们进一步为之不懈努力。但其中仍存在一些问题亟待解决，否则，会大大限制和阻碍 γ-PGA 的进一步发展和应用。例如分子量的控制，应用在土壤级别的 γ-PGA，要求分子量在 2 万左右，否则，保水保肥的效果不佳，而水处理级别的 γ-PGA 要求分子量在 150 万以上，才能在水中形成胶体，净化污染，提高水质，因此要加大发酵过程中各种因素的控制，研究新的生产工艺，进一步实现对其分子量的控制。同时，因生产水平和生产成本的限制，市售的 γ-PGA 价格较高，根据聚合度不同每千克从几千元到上万元不等，因此，尽管其在许多行业有独特的卓越性，但其应用范围极窄，如在农业生产中，γ-PGA 仅限于实验田及特殊作物的生长中使用，这一现状也大大束缚了 γ-PGA 的发展脚步。要解决这一难题就要进一步探索高产菌株的选育，利用基因工程定向改造符合高产愿望的菌株。另外，分离纯化的效率较低，导致产生的 γ-PGA 纯度不高，绝大部分只能作为农业级产品，只有少数产品能满足材料的聚合级需求，应进一步探索新的分离纯化方法，进一步提高产品附加值。同时，其吸水机制并没有得到透彻研究，构效关系也未能得到明确的阐述，这也成为其性质探索与改良过程中的瓶颈。

3.2.7 ε-聚赖氨酸

ε-聚赖氨酸（ε-poly-L-lysine，ε-PL）作为微生物代谢的产物具有抑菌谱广、杀菌能力强、热稳定性及水溶性好、不影响食品风味等优点，先后在日本、韩国、美国等国家作为食品添加剂广泛使用，虽然我国还没批准作为生物添加剂应用在食品中，但其独特的效果和应用前景已引起人们的高度重视。

1. ε-PL 结构与性质

ε-PL 具有广谱抑菌性，能够抑制革兰氏阳性菌、革兰氏阴性菌、真菌和病毒，具有安全性能高、水溶性好、热稳定性好等优点，是一种性能优良的生物防腐剂。此外，ε-PL 在化妆品、基因载体、药物包被物、电子材料和环保材料等领域也具有广阔的开发和应用前景。目前世界上仅有日本实现了 ε-PL 工业化。ε-PL 作为一种具有巨大应用潜力与商业价值的生物高分子，已成为众多学者的研究热点。ε-PL 的结构式如图 3-28 所示。

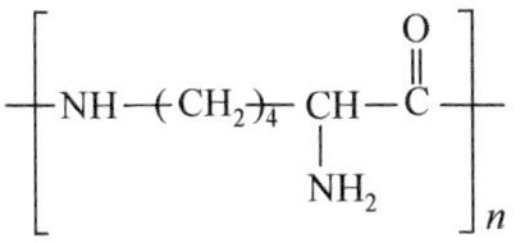

$$\left[-NH-(CH_2)_4-\underset{\underset{NH_2}{|}}{CH}-\overset{\overset{O}{\|}}{C}- \right]_n$$

图 3-28　ε-PL 结构式

2. ε-PL 的生物合成

ε-PL 是一种非核糖体合成的 L-赖氨酸均聚物，是由 ε-氨基和 α-羧基依次连接而成的，具独特功能的多肽结构，也是一种生物碱，具有广谱抗菌活性和抗噬菌体的活性。ε-PL 的残基数量为 10～40 个不等，容易被生物降解，对人体无毒害。25～35 个氨基酸残基的 ε-PL 具有较强的抗微生物活性，通常用作食品防腐剂，21 世纪初由日本率先进行商业生产，并在日本、韩国和美国的食品防腐中广泛应用。在 Nishikawa 和 Ogawa 发明新的菌种筛选方法前，研究者筛选到分泌 ε-PL 的菌种均为白色链霉菌，很少有其他新的菌种。主要研究单位有日本的滋贺县立大学和冈山大学资源生物科学研究所。21 世纪初，中国的江南大学、天津科技大学、南京工业大学、华南理工大学和南开大学等单位在 ε-PL 产生菌株的筛选、诱变、分子改良育种及发酵生产方面做了大量的研究，如表 3-12 所示，其中江南大学的研究取得了巨大进展，他们采用 *Streptomyce* ssp. M-Z18 菌株补料发酵，ε-PL 的批生产量为 54.70 g/L，达到了商业生产的要求，甚至高于日本商业生产用菌 *Streptomyces albulus* No. 410 的生产能力（48.3 g/L），图 3-29 为 ε-PL 工业化发酵生产流程。

表 3-12　诱变菌株与产量

序号	菌株	诱变后摇瓶发酵产量/（g/L）	诱变后产量提高百分数/%	育种方法
1	*Streptomyces albulus* TF-1	0.79	113.5	UV/DES
2	*Streptomyce albulus* 9-5	1.085	15.20	UV
3	*Streptomyces albulus* BU-215	0.75	20.97	UV
4	*Kitasatospora* sp. PL6-3	1.17	300	DES
5	*Streptomyces albulus* Z-18	1.23	42.90	UV/*S*-AEC
6	*Streptomyces albulus* Z-18	1.05	54	NTG
7	*Streptomyces albulus* GC11	—	132	30 keV 氮离子注入

续表

序号	菌株	诱变后摇瓶发酵产量/（g/L）	诱变后产量提高百分数/%	育种方法
8	*Streptomyces albulus*-8#	0.79	220	UV/DES
9	*Streptomyces albulus* UN2-71	1.56	49.43	原生质体的DES 处理
10	*Streptomyces diastatochromogenes* L9	0.69	13	离子体诱变仪诱变
11	*Streptomyces albulus* NBRC 14147	2.8	—	—
12	*Streptomyces albulus* 346：11011A4	—	330	NTG
13	*Streptomyces albulus* 346：50833	—	900	氯霉素
14	*Streptomyces albulus* 346：410	—	600	*S*-AEC/Gly 抗性筛选
15	*Streptomyces albulus*	2.1	1000	*S*-AEC/Gly 抗性筛选

注：UV 表示紫外线；DES 表示硫酸二乙酯与紫外复合诱变；*S*-AEC 表示 *S*-（2-氨基乙基）-L-半胱氨酸；NTG 表示亚硝基胍。

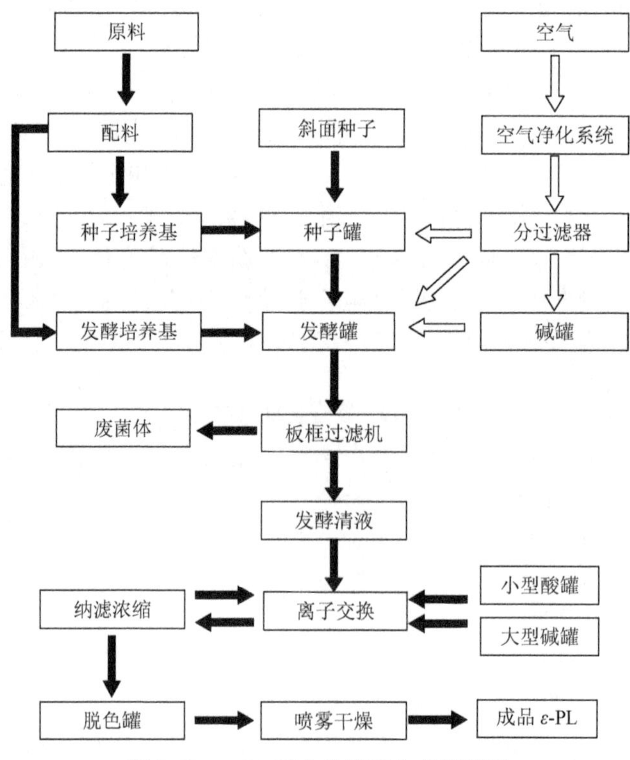

图 3-29　ε-PL 工业化发酵生产流程图

高效生产菌株的选育是 ε-PL 研究的热点之一。目前工业上一般采用 *S. albulus* 作为 ε-PL 的发酵生产菌株，它是 1981 年由 Shima 筛选得到并进行分类鉴定的。在很长一段时间内，筛选 ε-PL 的产生菌株都是一项烦琐的工作。直到 2002 年，日本学者 Nishikawa 找到了一种颇为有效的 ε-PL 菌株筛选方法，通过在培养基中加入一种酸性染料 PolyR-478，可以在 ε-PL 产生菌的菌落周围看到明显的颜色变化，克服了 ε-PL 生产菌株筛选的盲目性，可以进行大规模的筛选。Nishikawa 采用这种方法对各地土壤样品进行了大规模的筛选，获得了多株 ε-PL 产生菌株，并且发现这些菌株大部分属于链霉菌。在链霉菌中，除了白色链霉菌外，北里孢菌属 PL6-3、诺尔斯链霉菌和弗吉尼亚链霉菌也具有产 ε-PL 能力。*Epichloe* sp. MN-9 是目前发现的唯一一株产 ε-PL 的真核微生物菌株。

1）ε-PL 的分离提取

ε-PL 是一种胞外多肽类物质，提取工艺与胞外酶或蛋白质的提取基本相似。ε-PL 的提取方法有盐析法、有机溶剂萃取法和离子交换法。通常情况下根据被提取物质的理化和生物学特性选择两种方法结合使用。传统的 ε-PL 分离提取工艺由酒井平一、岛昭二等开发，该方法分离纯化 ε-PL 主要采用离子交换和有机溶剂萃取的方法。该方法选用的阳离子交换树脂 Amberlite IRC-50 价格较贵，有机溶剂萃取步骤烦琐，成本较高。此外，如需获得纯度较高的 ε-PL 产品，需经过 CM-Sepharose 及 SephadexG-25 凝胶层析两步较为精细的分离过程，ε-PL 的分离成本较高。徐虹等（2009）开发了一种经济、高效可行的 ε-PL 生产方法，与传统工艺相比，该工艺采用了一种廉价而高效的阳离子交换树脂 ZH-5，经树脂分离、膜浓缩、脱色、喷雾干燥等步骤，即可获得较高纯度的 ε-PL，相比较而言，该工艺经济性较强（图 3-30）。

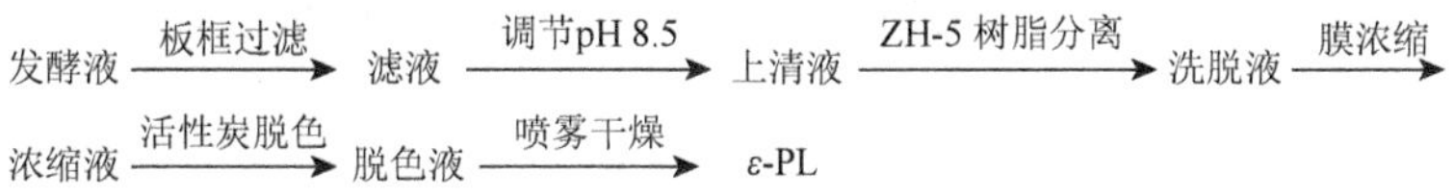

发酵液 —板框过滤→ 滤液 —调节pH 8.5→ 上清液 —ZH-5 树脂分离→ 洗脱液 —膜浓缩→
浓缩液 —活性炭脱色→ 脱色液 —喷雾干燥→ ε-PL

图 3-30　ε-PL 分离纯化工艺流程

ε-PL 属于胞外产物，将 *K.* sp. MY5-36 发酵结束后所产生的发酵液经板框过滤机过滤，得澄清滤液。由于发酵上清液中含有大量的胞外可溶性蛋白，必须将其有效去除，以免影响后续分离工作。另外，发酵液中主要的无机离子有 Mg^{2+}、Fe^{2+}、Zn^{2+}等，高价无机离子的存在对离子交换树脂吸附 ε-PL 的吸附容量和选择性会有一定影响。因此，必须对板框过滤后的澄清滤液进行再处理。具体处理方法为：利用 5 mol/L 的 NaOH 调节发酵液 pH 到 8.5，调节 pH 以后，发酵液中产生大量白色絮状沉淀，静置一段时间，过滤除去产生的沉淀，所得上清液即可用于下一步树脂分离。脱色是 ε-PL 生产中的一个重要步骤之一。离子交换的洗脱液呈浅褐色，经浓缩后 ε-PL 溶液色泽比较深，必须经过脱色才能生产出外观合格的产品。对 ε-PL 的脱色 pH、脱色温度、活性炭用量及脱色时间进行系统优化，得到最优的脱色条件为：pH 6.0，温度 80℃，活性炭用量 2.0%，脱色时间 30 min。脱色结束后趁热过滤活性炭，即可进行下一步工艺。将脱色后的 ε-PL 样品进行喷雾干燥，即可获得 ε-PL 产品。喷雾干燥料液浓度为 40%、料液温度为 30℃、流量为 20 mL/min、进口温度为 160℃、出口温度为 80℃。脱色液通过喷雾干燥，得到 ε-PL 产品为白色或淡黄色粉末状，颗粒均匀。

2）ε-PL 在材料合成方面的应用

ε-PL 具有水溶性、聚阳离子、无毒可食用、可生物降解等许多独特的理化和生物学特性，这些特性使其具有抗菌抗病毒、安全、耐高温等优点。

ε-PL 在医药方面主要应用于药物的缓释和靶向载体。由于 ε-PL 富含阳离子，与带有阴离子的物质有很强的静电作用力并很容易通过生物膜，这样可以降低药物的阻力并提高药物的转运效率。可将 ε-PL 用作某些药物的载体，这在医疗和制药方面得到广泛的应用。

吸水材料是一种通过引进国外先进技术发展得来的新型高分子聚合物，其具有超强的吸水作用，在不同的应用领域需要不同种类及规格的吸水材料。目前大部分的吸水材料还都是化学合成的，ε-PL 的出现使得人们对开发天然产物作为吸水材料产生了极大兴趣。已有将其用于制备高吸水性材料的报道，如 ε-PL 与丙烯乙二醇酯结合，形成的水凝胶具有高吸水性，对吸水量的反应灵敏度较高，由于其所具有的抑菌活性而广泛应用于妇女卫生巾、婴儿纸尿裤等产品中。

ε-PL 富含阳离子，与带有阴离子的物质有强的静电作用力并且对生物膜有良好的穿透力，基于这一特性，ε-PL 可用于某些药物的载体，因此在医疗和制药方面得到广泛应用，ε-PL 已作为生物医学材料研究和应用的热点。

3. 国内外 ε-PL 生产技术水平评价

1989 年日本室素肥料株式会社首先用生物技术方法工业生产 ε-PL（年产 1000 t ε-PL 的生产线），2009 年樟树市狮王生物科技有限公司年产 500 t ε-PL 建成，打破了日本在此领域的垄断地位。

对于 ε-PL 的研究开发重点应着重从以下方面入手：①高活性 ε-PL 生产菌株的改良。现有的 ε-PL 生产菌株产量普遍较低，菌种稳定性较差，需要进行高通量筛选技术获得 ε-PL 高产稳定菌株。②菌株合成途径的分析。分析 ε-PL 合成的代谢过程，阐明代谢网络及关键酶系，揭示营养及环境条件的影响，确立发酵条件优化策略。③发酵工艺的优化及产业化生产。探讨发酵参数对于菌株生产 ε-PL 的影响，找出最优化发酵条件，使菌株能够更加高效地生产 ε-PL，达到产业化生产的目的。④ε-PL 下游产品的开发。目前 ε-PL 的应用研究尚处于初步阶段，开展 ε-PL 应用研究，对于 ε-PL 的生产将产生非常明显的促进作用。

3.3　石油基生物降解塑料性质介绍、制备方法及技术评价

3.3.1　聚己内酯

聚己内酯（PCL）具有良好的生物降解性、生物相容性且具有无毒性，而被广泛用作医用生物降解材料及药物控制释放体系，可运用于组织工程作为药物缓释系统。

1. 聚己内酯结构与性质

PCL 是一种以二元醇为反应开始剂，由 ε-己内酯开环聚合得到的一种半结晶型聚合物，其玻璃化转变温度为–60℃，熔点在 59～64℃范围内，其数均分子量一般从 3000 到 80000 并由分子量进行分级，而且具有优良的生物相容性、渗透性及低毒性，在医学上有广泛的用途。PCL 具有良好的溶解性，室温下易溶于 CH_2Cl_2、$CHCl_3$、CCl_4、苯、甲苯、环己酮和 2-硝基丙烷。其溶解性在丙酮、2-丁酮、乙酸乙酯、二甲基甲酰胺、乙腈等溶剂中较差；其在乙醇、石油醚以及乙醚中不溶。聚己内酯能够被微生物（细菌和真菌）降解，但由于人体和动物体内缺少相应的酶，因此不能进行生物降解。据文献报道，PCL 埋入土壤 12 个月后可降解失重 95%。

PCL 是脂肪族聚酯中应用较为广泛的一种可降解高分子材料，将其掩埋在土壤中可在许多微生物的作用下缓慢降解，12 个月后降解了 95%，而在空气中存放 1 年，观察不到降解。PCL 的结构特点使得它可以与许多聚合物进行共聚和共混，赋予材料特殊的物理力学性能，从而提高 PCL 的应用价值。

2. 聚己内酯制备方法

聚己内酯的制备方法大多是：ε-己内酯在具有活性官能团的各种有机催化剂和助催化剂（引发剂）的存在下进行聚合反应。根据所用催化剂性质的不同，ε-己内酯按阳离子聚合、配位聚合或阴离子聚合的机理进行。

ε-己内酯开环聚合反应机理是引发聚合反应的活性物质，反应如图 3-31～图 3-33 所示。

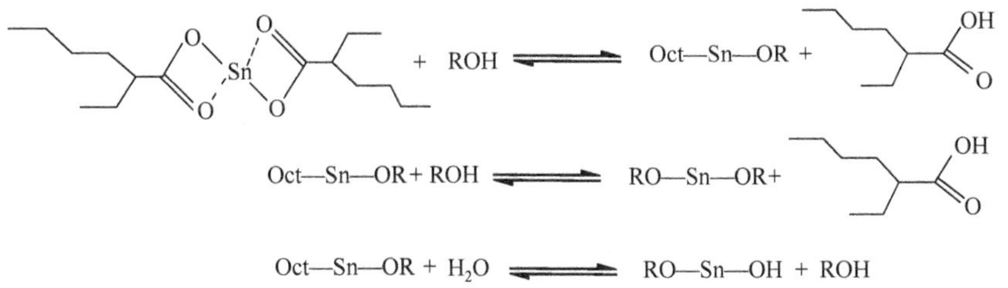

图 3-31　聚合反应前期阶段形成锡氧化物

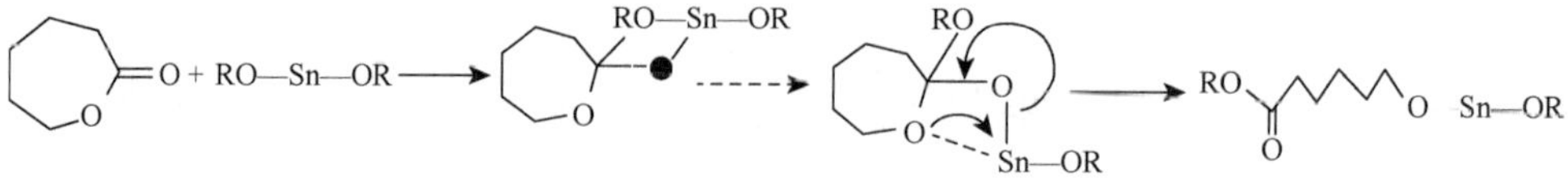

图 3-32　ε-己内酯聚合反应

图 3-33　反应终止

高分子量的 PCL 几乎都是由 ε-己内酯单体开环聚合而成的，一般的方法为：单体 ε-己内酯在钛酸丁酯、辛酸亚锡、其他双金属阴离子或络合配位催化剂的存在下，140～170℃下，熔融本体聚合。随着聚合条件的变化，聚合物的分子量可从几万到几十万。其中采用钛酸丁酯为引发剂的合成生物高分子材料 PCL 制备技术、反应条件及生产、纯化工艺和 PCL 晶胞参数的测定技术，已被列入《中国禁止出口限制出口技术目录》。目前，PCL 常与其他高分子共混，也可单独作为花木移植盒使用。例如，P-HB02、P-HB05 就是其共混品种，耐热性、机械性能和加工性能都得到改善，生物降解性稍差，如表 3-13 所示。

表 3-13　几种 PCL 的性能

性能	PCL-H7	P-HB02	P-HB05
熔体流速/(g/10 min)	1.14	1.21	1.22
拉伸强度/MPa	59.8	50.0	41.2
断裂伸长率/%	730	570	510
拉伸模量/MPa	225	264	255
弯曲强度/MPa	13.7	25.5	27.4
弯曲模量/MPa	274	529	558
缺口悬臂梁冲击强度/(kJ/m^2)	—	0.49	0.38
热变形温度/℃	47	50	51
维卡软化点/℃	55	106	106
20 天生物降解性/%	75	70	45

Mi 等（2014）将 PCL 与纳米晶体纤维素制成纳米复合材料，并使用二氧化碳作为物理发泡剂制备微孔纳米复合材料，研究表明：纳米晶体纤维素加入后，使得 PCL 的 T_g、T_c和 V_C（结晶度）均提高。复合材料的复数黏度、拉伸弹性模量、储能模量也有显著提升，但是 T_d 降低。

张广志等（2013）先乙酰化改性粉碎后的稻草秸秆，再与 ε-CL 进行接枝共聚合成 PCL/乙酰化稻草的共聚物，共聚物具有较好的热塑性，且聚合物的热稳定性有所改善。

Félix 等（2015）将小龙虾粉和 PCL 共混制成生物复合材料，获得的材料晶体结构不变，力学性能增强，弹性更好。

Carmona 等（2015）将热塑淀粉（TPS）、PCL 和 PLA 进行三元共混，TPS/PCL/PLA 呈现为不相容的材料。进一步添加二苯基甲烷二异氰酸酯、顺丁烯二酸酐和柠檬酸作为复合材料的相容剂。结果表明：PCL 和 PLA 结晶性能均增加，并且复合材料的拉伸强度和延展性有显著改善。但其热稳定性没有显著变化。

Shen 等将淀粉与 PCL 进行共混并用于脱除硝态氮和硝酸盐。结果表明：硝态氮脱除率达到 90%以上，甚至硝酸盐的去除率高达 98.23%，脱硝率有了显著的改善。并且复合材料具有良好的热塑性（Shen and Wang，2011；Shen et al.，2015）。

Patrício 等（2013）使用熔融技术和溶剂浇铸技术制备 PLA 和 PCL 掺混物，得到的支架材料与常规的架构比较，呈现出无毒性，细胞附着性增强。

Mattaa 等（2014）将可生物降解的 PLA 和 PCL 用熔融方法制备复合材料并进行表征。结果表明：改性后的复合材料的伸长率、韧性和强度均增加。但是损耗因子和储能模量减小。

王艳艳等（2010）以辛酸亚锡为催化剂、对苯二甲醇为引发剂，将 PLA 和 PCL 制成复合材料，制成不同 PCL/PLA 链段比的 PLA-PCL-PLA 三嵌段共聚物。三嵌段共聚物的断裂伸长率高于 1000%，拉伸强度几乎为 30 MPa，力学性能提高明显。

朱继翔和全大萍（2012）以辛酸亚锡为催化剂，大分子引发剂为含单端羟基的 PCL（PCL-OH），引发丙交酯与少量的 ε-CL 本体开环聚合制备共聚物，共聚物 PLLA 链段的 T_m 下降至 171.2℃、T_g 下降至 53.4℃。

金和等（2013）采用共混方法用增容剂柠檬酸三丁酯，合成 PLA/PCL 复合材料。研究发现复合材料具有良好的生物相容性、生物降解性和热致形状记忆功能，且其力学强度高、刚性好。

Laura 等（2013）采用共混方法制备 PCL 和 PLLA 的共混物。结果表明：共混物具有形状记忆行为。该材料在非常接近人体温度（40℃左右）时的伸长率更佳。该共混物在未来可被生物医学应用领域作为形状记忆的复合材料。

宋晓骥（2010）将聚对苯二甲酸丁二醇酯（PBT）和 PCL 进行共混，PBT 和 PCL 是部分相容体系，随着 PCL 含量的增多，体系的相容性也提高，PBT 的加入使得 PCL 的结晶能力也得到提高。

冀玲芳（2010）以过氧化苯甲酰引发反应，用熔融接枝共聚法合成了马来酸酐接枝 PCL（PCL-*g*-MAH），然后在 PCL 与热塑性淀粉共混物中加入适量的 PCL-*g*-MAH，共混物的拉伸强度、断裂伸长率、湿强度、耐水性和熔体流动速率均有显著的提高，但吸水率下降。

Lorenza 等（2014）将 PCL 与 MAH 进行接枝，获得的接枝材料的力学性能增加，断裂伸长率提高，并且不降低杨氏模量，热稳定性显著提高。

陈向标等（2012）采用溶液浇铸法将聚乙烯吡咯烷酮和 PCL 制成共混膜复合材料，结果表明：复合材料的生物相容性、生物降解性以及亲水性均提高，且对于结晶性能无影响。

严满清（2013）用催化剂膦腈碱将碳酸乙烯酯或 *N*, *N*-二甲基丙烯酸二甲氨基乙酯与 ε-CL 共聚制备共聚物，研究发现改性后得到的 PCL 的降解速率明显加快。共聚物的 T_c、T_g、储能模量以及拉伸强度均增加，并且其降解方式均匀。但共聚物的 V_C 有所降低。

Hiep 和 Lee（2010）将聚乳酸-羟基乙酸共聚物（PLGA）与 PCL 进行共混，使用不同百分比的 PLGA 制备 PLGA/PCL 溶液。结果表明：共混后的复合材料的生物相容性、机械性能均有提高。

时翠红等（2012）通过熔融纺丝将 PCL 和 PLA 进行共混，制备 PCL/PLA 初生纤维，进一步再将制得的初生纤维经热拉伸制备 PCL/PLA 纤维。最后采用手工编织法将 PLA/PCL 编织成管道支架。研究发现复合材料具有良好的综合力学性能，包括支撑性、压缩性、弯曲性等优良性能，适合用于支架应用领域。

陈璐等（2013）将 PCL/聚羟基丁酸羟基戊酸共聚酯进行共混制得静电纺纤维膜，再采用氮气和氨气作为处理气氛，对其表面进行改性处理。结果表明：静电纺纤维膜经等离子体处理后，其亲水性有明显的改善。

3. 国内外聚己内酯生产技术水平评价

国外 ε-己内酯生产企业主要有瑞典柏斯托公司、德国巴斯夫公司、日本大赛璐株式会社、美国陶氏化学公司及美国 UCC 公司。柏斯托公司是最大的 ε-己内酯生产企业，预计总生产能力在 40～60 kt/a。1975 年美国苏威公司在英国 Warrington 开始研发和生产己内酯。ε-己内酯装置生产能力已达到 15 kt/a，同时生产热塑性聚己内酯及聚己内酯多元醇，产品销往全球各地。2008 年，柏斯托公司将苏威旗下的 ε-己内酯及聚己内酯业务全部收购。2010 年柏斯托公司对装置进行扩能改造，ε-己内酯装置产能翻番。巴斯夫公司自 2001 年开始生产 ε-己内酯产品，生产基地位于美国的得克萨斯州 Freeport。2008 年巴斯夫开始逐步扩大 ε-己内酯的生产能力，为满足市场增长需求，巴斯夫投入更多的资金用于 ε-己内酯项目及其价值链的扩能。日本大赛璐对 ε-己内酯的研究始于 20 世纪 80 年代，目前是亚洲最大的 ε-己内酯生产商，其生产能力大于 10 kt/a。美国 UCC 公司于 1967 年用环己酮与过氧酸反应制备 ε-己内酯，再用 ε-己内酯与氨水反应制备己内酰胺，装置产能为 25 kt/a，1972 年氨解工序停工，装置依然可生产 ε-己内酯。此外，美国陶氏化学公司曾生产 ε-己内酯产品，后由于产品成本及市场情况等原因于 2008 年宣布退出

ε-己内酯领域。由于ε-己内酯市场的需求量不断增加，近年来，国外ε-己内酯生产企业也不断扩大产能。2011 年全球 ε-己内酯的市场需求量已超过 50 kt/a，并且 ε-己内酯的缺口还在不断增大。国外 ε-己内酯市场需求主要集中在欧洲、北美洲及亚洲。柏斯托公司在欧洲的销售份额约占总份额的 42%，北美洲占 33%，亚洲及其他地区占 25%。目前，亚洲市场对 ε-己内酯需求的年增长率最高，约为 7%，欧洲和北美洲约为 5%。国外 ε-己内酯企业正在调整生产及销售策略，仅有少部分 ε-己内酯产品供应市场，大多数产品用来生产聚己内酯、聚己内酯型聚氨酯等高附加值产品。例如，全球最大的 ε-己内酯生产商柏斯托公司，仅有约 30%的 ε-己内酯产品销往全球各地，其余约 70%用于生产聚己内酯、聚己内酯多元醇等。

从 20 世纪 70 年代开始，国内曾有 4 家企业研发生产 ε-己内酯产品，分别分布在湖南岳阳、江苏盐城、江苏南京、四川成都。目前仅有中石化巴陵石化正常生产，装置生产规模为 200 t/a，产品纯度大于 99.9%。中石化巴陵石化 ε-己内酯生产技术研究始于 2006 年，2007 年小试研究合成出合格的 ε-己内酯产品。2011 年年底中试装置通过中国石油化工集团公司鉴定，还准备建设 10 kt/a 的 ε-己内酯工业装置。随着国内对 ε-己内酯下游产品需求的不断增加，国内 ε-己内酯的市场需求量逐年增加，根据 2009～2011 年中国海关数据分析，2010 年国内 ε-己内酯进口增长率为 41.9%，2011 年为 53.2%。在销售价格方面，2009 年国外 ε-己内酯在中国大陆的销售价格为 33800 元/t，2010 年为 36500 元/t，2011 年为 42000 元/t。2010 年 ε-己内酯价格年增长率为 8.0%，2011 年为 15.1%。

目前全球 ε-己内酯年产量 10 kt，聚己内酯年产量 500 t。主要厂家有：瑞典柏斯托、德国巴斯夫、日本大赛璐、美国陶氏化学及美国 UCC 公司等。中石化巴陵石化环己酮事业部利用把环己酮与过氧化氢作为主要原料于 2009 年建成 2000 t/a 的己内酯生产装置。

全球能够合成 PCL 的企业较少，UCC 公司于 1993 年首先实现了 PCL 的商业化生产，商品名为 TONE，而我国生产 PCL 的企业有湖北孝感市易生新材料有限公司，其年生产量达 2000 t。然而其产能远远达不到市场需求量，导致国内商业化 PCL 价格居高不下（5 万～6 万元/t），从而依靠进口，因此国内亟待技术升级，提高 PCL 产能。

3.3.2　聚对苯二甲酸-己二酸丁二醇酯

PBAT 属于热塑性生物降解塑料，是己二酸丁二醇酯和对苯二甲酸丁二醇酯的共聚物，兼具 PBA 和 PBT 的特性，既有较好的延展性和断裂伸长率，也有较好的耐热性和耐冲击性能；此外，还具有优良的生物降解性，是目前生物降解塑料研究中非常活跃和市场应用最好的降解材料之一。

1. PBAT 的结构与性质

PBAT 由对苯二甲酸丁二醇酯和己二酸丁二醇酯聚合而成，结构具有一定的刚性，分子内与分子间存在较强的氢键，并且熔融温度高于热分解温度，因此不易成型加工。

2. PBAT 的制备方法

PBAT 可由己二酸（AA）、对苯二甲酸（PTA）和 1, 4-丁二醇（BDO），在催化剂的作用下直接酯化后熔融缩聚而成。直接酯化法工艺合理、流程短、生产效率高、投资少、产品品质稳定。原料消耗及能量消耗低，生产过程中 BDO 能够直接回用，减少对环境的污染。

目前国外生产的生物降解塑料主要采用的是两步法，即通过引入扩链剂，增加分子量。而扩链剂的引入将会对产品的品质产生影响，尤其是对食品领域的安全性能有影响。扬州惠通化工科技股份有限公司通过与国内知名科研机构合作，成功开发出直接连续酯化熔融缩聚工艺技术，不使用扩链剂，并且成功实现工业化生产，产品品质优良。

废弃 PET 合成 PBAT 过程如图 3-34 所示。废弃 PET 在催化剂的作用下，部分乙二醇被丁二醇置换，得到 BHBT，而己二酸与丁二醇反应形成酯化物。BHBT 和己二酸与丁二醇反应形成的酯化物进行缩聚，便可得到具有生物降解性能的 PBAT。

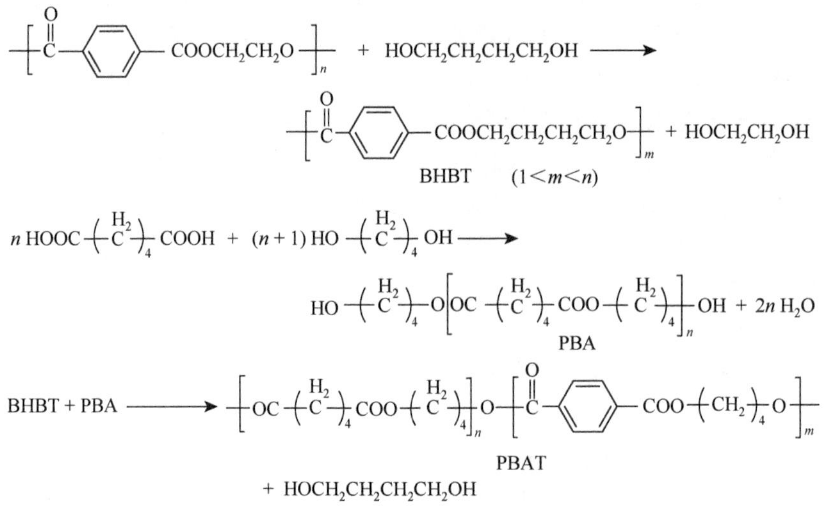

$$\left[\overset{O}{\overset{\|}{C}}-C_6H_4-COOCH_2CH_2O\right]_n + HOCH_2CH_2CH_2CH_2OH \longrightarrow$$

$$\left[\overset{O}{\overset{\|}{C}}-C_6H_4-COOCH_2CH_2CH_2CH_2O\right]_m + HOCH_2CH_2OH$$

$$\text{BHBT}\quad (1<m<n)$$

$$n\,HOOC\left(\overset{H_2}{C}\right)_4COOH + (n+1)\,HO\left(\overset{H_2}{C}\right)_4OH \longrightarrow$$

$$HO\left(\overset{H_2}{C}\right)_4O\left[OC\left(\overset{H_2}{C}\right)_4COO\left(\overset{H_2}{C}\right)_4\right]_n OH + 2n\,H_2O$$

$$\text{PBA}$$

$$\text{BHBT} + \text{PBA} \longrightarrow \left[OC\left(\overset{H_2}{C}\right)_4COO\left(\overset{H_2}{C}\right)_4\right]_n O\left[\overset{O}{\overset{\|}{C}}-C_6H_4-COO\left(CH_2\right)_4O\right]_m$$

$$\text{PBAT}$$

$$+ HOCH_2CH_2CH_2CH_2OH$$

图 3-34　PBAT 的合成原理

聚乳酸（PLA）具有优良的生物相容性、生物可降解性，最终的降解产物是二氧化碳和水，不会对环境造成污染，这使之在以环境和发展为主题的今天越来越受到人们的重视，并对其在工业、农业、生物医药、食品包装等领域的应用展开了广泛的研究。聚乳酸具有较高的拉伸强度、压缩模量，但质硬而韧性较差，缺乏柔性和弹性，极易弯曲变形，这些局限限制了它的实际应用。对苯二甲酸、己二酸和 1, 4-丁二醇的三元共聚酯（PBAT），同样是一种可完全生物降解的材料。PBAT 具有良好的拉伸性能和柔韧性，利用 PBAT 来对 PLA 进行增韧不失为一种行之有效的方法。顾书英等（2006）用熔融挤出法制备了 PLA/PBAT 共混物。共混物的冲击强度及断裂伸长率随着 PBAT 含量的增加而增大，在 PBAT 含量为 30%时，断裂伸长率最大，达到 9%，PBAT 的加入降低了共混物的拉伸、弯曲性能，但在添加量较少的情况下（如 5%和 10%），拉伸、弯曲性能下降幅度不大。

PBS 具有良好的生物降解性能，同时主链中大量亚甲基结构又使其具有与通用聚乙烯材料相近的力学性能。然而通常 PBS 的加工温度较低、黏度低、熔体强度差，难以采用吹塑和流延的方式进行加工，另外 PBS 是结晶聚合物，其制品往往呈一定脆性，因此需要对其进行共混改性研究。PBAT 既具有长亚甲基链的柔顺性，又有芳环的韧性，能够改善 PBS 的脆性并提高其加工性能。吕怀兴等（2009）发现 PBAT 的加入能够降低共混物的熔体流动性，提高了熔体黏度，这有利于吹塑和流延加工工艺的实现。研究发现 PBAT 含量为 20%时，与纯 PBS 相比，断裂伸长率提高了 10 倍，冲击强度提高了 82%，而拉伸强度仅降低 6%。

二氧化碳共聚物（PPC）可以直接通过二氧化碳和环氧乙烷（EO）、环氧丙烷（PO）、环氧异丁烷（BO）和环氧庚烷（CHO）等环氧化物共聚合得到。脂肪族的聚碳酸酯具有较好的生物降解性，对水和氧气具有隔绝作用，因此在食品包装、医用材料、复合材料、胶黏剂以及工程塑料等方面有很大的潜力。但是由于其为非晶结构，分子链柔性大且相互作用力小，使得材料热性能差，导致制品高温尺寸稳定性差，低温下脆性大，故其大规模应用仍没有取得突破性进展。将 PBAT 与 PPC 共混是改性 PPC 的有效方法之一。王秋艳等（2011）将 PBAT 与 PPC 共混后，显著改善了 PPC 的拉伸性能，该共混物属于软而韧的聚合物材料。当 PBAT 含量为 40%时，共混片材的拉伸强度最高提高了 236.4%。

王淑芳等（2007）研究发现，PPC/PLA 共混体系的熔融温度（T_m）逐渐降低，表明 PPC 与 PLA 之间存在着一定的相容性。土壤环境中，PPC 的降解速率比 PLA 快。共混不仅可以改善材料的力学性能，还可以改善材料的生物降解性。

PHBV 是一类通过微生物合成、用于碳源和能量储存的热塑性材料，因其良好的生物降解性和生物相容性，引起了人们的极大关注。但 PHBV 脆性大、价格高的缺点严重制约着其应用。将 PHBV 与 PBAT 共混改性，不仅可以提高 PHBV 的韧性，还保证了共混材料的完全生物降解性。欧阳春发等（2008）研究发现 PHBV

与 50%的 PBAT 共混后，共混物缺口冲击强度和无缺口冲击强度分别由 24 J/m、6.5 kJ/m^2 提高到 542 J/m、63.9 kJ/m^2。

3. 国内 PBAT 的生产技术水平

杭州亿帆鑫富药业股份有限公司已建成年产能 1.3 万 t PBS、PBAT 生产线。广州金发科技股份有限公司，已建成年产能 3 万 t PBAT 生产线。山东悦泰生物新材料有限公司(原山东汇盈新材料科技有限公司)已建成年产能 2.5 万 t PBS、PBAT 生产线。新疆蓝山屯河聚酯有限公司拥有年产能 5000 t 薄膜级 PBS 及 PBAT 生产装置，目前正在建设 3 万 t/a 生产线。金晖兆隆高新科技股份有限公司已建成年产能 2 万 t PBS、PBAT 生产线。

3.4 小　结

在上述基于不同原料的生物降解塑料中，淀粉基生物降解塑料、聚乳酸、聚丁二酸丁二醇酯是当前国内外研究和开发最多、技术相对成熟、产业化规模最大的生物降解塑料品种，也是目前市场消费的主要品种，可以认为是当前国际生物降解塑料的三大主流技术。

经过一段时间的发展，淀粉基、聚乳酸和聚丁二酸丁二醇酯等生物降解塑料都实现了工业化生产，但目前还处于市场推广阶段，还需要在改进产业化技术、降低生产成本、下游产品应用开发等方面进一步努力。目前还存在一些尚待解决的问题。

1. 成本

成本问题一直是困扰生物降解塑料产业发展的核心。降低成本的主要措施有：降低原料成本，通过技术进步降低成本，还可以随着产量的增加而降低成本。未来的发展趋势是进一步扩大生产规模，提高产品性能，以规模效应降低成本，提高性价比，满足市场需求。

2. 性能

目前市场上已有的生物降解塑料品种众多，生物降解塑料虽然在环保方面具有优势，但每种材料本身的机械和加工性能只是某一方面有突出的特性，综合性能还存在些许不足，这也是制约其市场应用推广的瓶颈之一。应进一步改进技术，提高产品的加工和使用性能。

3. 资源消耗

尽管生物降解塑料作为石油资源的替代，可有效地节约资源，保护环境，然而一些反对的声音指出，利用土豆或者玉米制造生物塑料将造成粮食作物作为食品消费价格的提升。为了避免这个问题的出现，其办法之一是开发微生物发酵和转基因生物塑料；办法之二是开发利用作物秸秆、树枝、植物油等来自自然界的高分子物质开发生物降解塑料，同样可以达到节约资源、保护环境的目的，而且还将带来巨大的经济效益。

4. 加强自主创新和知识产权保护

国外对生物降解塑料制品的研发和生产应用相对较早，已经申请了许多专利，从而给国内企业开发新产品时造成了一定的技术壁垒。目前，我国还有相当数量的生物降解塑料企业缺乏自主开发的产品和专利技术；同时，拥有自主开发的产品和专利技术的企业对专利技术和专利产品的开发也还不够，还需要大幅度提高自主知识产权和原创性发明专利的数量和质量。鉴于目前国内外生物降解塑料技术水平基本同步，也都处于不同程度的市场开发阶段，我国的生物降解塑料企业尤应注意尽早申请专利，未雨绸缪，保护好自己的知识产权，防范未来可能产生的知识产权纠纷。

在低碳经济时代，随着石油产品的价格上涨、人们环保意识的提高及各政策的支持与贯彻实施，淀粉基生物降解塑料、PLA、PBS 等降解塑料产品因其环保性、经济性优势，必将成为新一代最具有发展前景的生物材料之一，也必将占据更多的市场份额。而包装领域仍将是生物降解塑料最大的应用市场，生物降解塑料产业将迎来新的发展契机。

第 4 章　国内外生物降解塑料的产业化状况与市场格局

第 3 章对生物降解塑料的原料来源进行了理论分析与系统研究，并深入地对生物降解塑料的转化路径与技术水平展开探讨与梳理。本章在第 3 章分析的基础上，首先对生物降解塑料的产能发展、生产现状、消费需求进行深入分析，同时对生物降解塑料的市场总概做出描述。然后构建生物降解塑料形成要素的市场格局分析框架，对每类生物降解塑料的产业机制进行深入探讨。

4.1　生物降解塑料市场情况分析

4.1.1　基本概况

近年来，随着国际原油价格的一度攀升和资源的日渐趋紧，石油供给压力增大，生物能源产业、生物制造产业已成为全世界的发展热点，其经济性和环保意义日渐显现，产业发展的内在动力不断增强。生物基材料由于其绿色、环境友好、资源节约等特点，正逐步成为引领当代世界科技创新和经济发展的又一个新的主导产业。

生物降解塑料的主要品种如表 4-1 所示。目前在众多的生物材料中，聚羟基脂肪酸酯（PHA）、聚乳酸（PLA）、聚己内酯（PCL）和聚丁二酸丁二醇酯（PBS）技术相对成熟、产业化规模较大，也是市场消费的主要品种。

表 4-1　生物降解塑料的主要品种简介

降解塑料	生产方式	主要种类	性能	降解途径	主要用途
PHA	由微生物通过各种碳源发酵而合成的不同结构的脂肪族共聚聚酯	聚 3-羟基丁酸酯(PHB)、聚羟基戊酸酯（PHV）及 PHB 和 PHV 的共聚物（PHBV）	物理性能和机械性能与聚丙烯塑料接近，高强度、高模量、耐热性能好	在生物体内可完全降解成 β-羟基丁酸、二氧化碳和水	药物释放系统、植入体及一些痊愈后在人体中无害分解的器件
PLA	以微生物发酵产物乳酸为单体化学合成的聚酯	不同立构规整性产品，如 L-PLA、D-PLA 和 DL-PLA	良好的防潮、耐油脂和密闭性，在常温下性能稳定，模量高，光泽性较好	在温度高于 55℃或富氧及微生物的作用下会自动降解生成二氧化碳和水	一般塑料领域如薄膜、饭盒、杯子等

续表

降解塑料	生产方式	主要种类	性能	降解途径	主要用途
PCL	ε-己内酯经开环聚合得到的低熔点聚合物	PCL 与合成塑料、橡胶、纤维素及淀粉具有很好的相容性，通过共混及共聚可得到性能优良的材料	与 PLA 相比，PCL 具有更好的疏水性	在厌氧和需氧的环境中，PCL 都可以被微生物完全分解，但降解速率较慢	加工性能优良，制成薄膜及其他制品
PBS	以脂肪族丁二酸、丁二醇为原料，有石化路线，也可经生物发酵途径生产	PBS、PBSA、PBAT	力学性能优异，耐热性能好，加工性能最好，可共混大量碳酸钙、淀粉等填充物，成本低；模量不高，光泽性一般	在堆肥等接触特定微生物条件下才发生降解，降解速率尤其是崩解速率稍差	用于包装、餐具、化妆品瓶及药品瓶、一次性医疗用品、农用薄膜、农药及化肥缓释材料、生物医用高分子材料等领域

生物基化学品和材料产业已逐步从实验室走向市场实现产业化。国际上，1, 3-丙二醇、丁二酸等重要生物基材料单体的生物制造路线已经实现中试生产。2014 年，全球生物基材料产能已达 3000 万 t 以上，生物基塑料表现尤为突出。据当时产业情报机构“Lux Research”报道，受美国和巴西市场增长带动，全球生物基塑料产能在 2018 年跃升至 740 万 t 以上。

我国的生物基材料产业发展迅猛，关键技术不断突破，产品种类速增，产品经济性增强，生物基材料正在成为产业投资的热点，显示出了强劲的发展势头。2014 年，我国生物基材料总产量约 580 万 t，其中再生生物质制造生物基纤维产品约 360 万 t，有机酸、化工醇、氨基酸等化工原料生物基化学品约 140 万 t，生物基塑料约 80 万 t，同比 2013 年增长约 20%（图 4-1），其中生物降解塑料产量呈逐年上升趋势（图 4-2）。

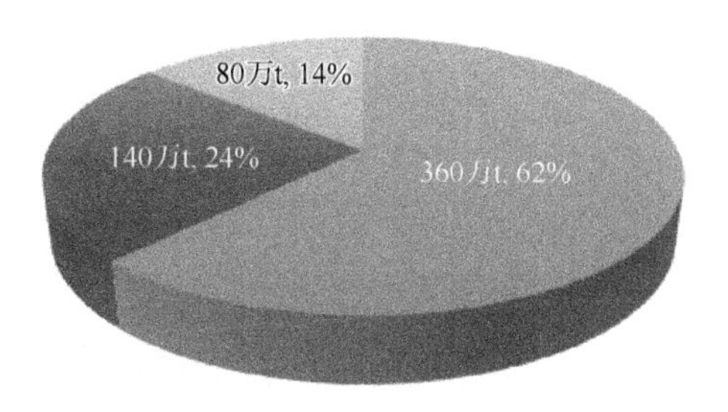

图 4-1　我国生物基材料构成

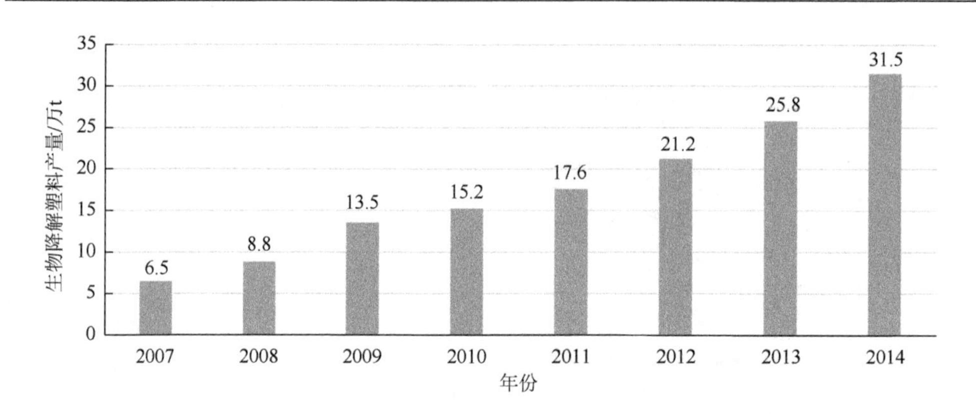

图 4-2　2007～2014 年我国生物降解塑料行业产量情况

4.1.2　产能分析

目前，塑料产能每年约 3.2 亿 t，生物塑料约占 1%，其中生物降解塑料市场约为 57.6 万 t。随着需求的增加和更复杂的生物聚合物应用和产品的出现，市场不断增长。根据欧洲生物塑料协会的预测，全球生物塑料生产能力将从 2017 年的 205 万 t 增加到 2022 年的约 244 万 t。

在生物塑料的应用中，包装是生物塑料的主要应用领域，此外纺织品和汽车领域的应用增速快，从透气性好的功能性运动服到汽车燃油管，生物塑料正在不断拓展新市场。

4.1.3　生产现状

亚洲是生物塑料主要生产中心（多在泰国、印度、中国实施），生产能力占比超 60%；欧洲生物塑料产能占比约 8%；日本塑料的生产量每年约 1300 万 t，废弃量每年约 846 万 t，其中 41%掩埋，49%焚烧，塑料的用量和废弃量很大（非降解塑料）。

随着降解塑料研发的不断推进，技术的产业化进程也不断提速。世界主流的可降解塑料是生物降解塑料。美国 NatureWorks 公司、美国杜邦公司、日本昭和高分子株式会社、日本三菱化学公司、德国巴斯夫公司和意大利 Novamont 公司是目前降解塑料的主要供应商（表 4-2）。

表 4-2　全球主要可降解塑料企业简介

国家	公司	主要产品组成
美国	NatureWorks	聚乳酸（PLA）
	UCC	聚己内酯（PCL）
	杜邦	芳香族、脂肪族共聚酯
	AirProducts	聚乙烯醇（PVA）
日本	三井化学	聚 3-羟基丁酸酯（PHB）
	昭和高分子	聚丁二酸丁二醇酯（PBS）
	三菱化学	二羟酸二元醇
德国	InventaFisher	聚乳酸（PLA）
	巴斯夫	脂肪族/芳香烃共聚酯
英国	Zeneca	聚 3-羟基丁酸酯/戊酸酯共聚物（PHBV）
意大利	Novamont	聚乙烯醇/淀粉合胶

4.1.4　需求现状

从全球范围来看，生物降解塑料最主要的需求来自欧洲，主要原因是欧洲国家对完全生物降解塑料的使用具备最强大的政策支持。

欧盟有机垃圾填埋指令要求成员国在 2016 年减少有机垃圾填埋量到 1995 年的 35%，2011 年 5 月 24 日，欧盟委员会筹划在欧盟范围内实施禁塑令，从 2012 年起禁用非生物降解塑料袋，并决定全面降低超薄塑料袋的使用量，目标是：2019 年超薄塑料袋使用量相比 2010 年下降 80%。这一决定将大幅度推动生物降解塑料的市场需求，为生物降解塑料制造商创造巨大的增长机会。传统塑料袋使用量的下降预计将直接促进超市、零售店中生物降解塑料袋的消费量。

意大利从 2011 年 1 月 1 日起超市全面禁售 PE 购物袋（200EUR，1W）；法国、西班牙于 2013 年 1 月 1 日全面禁售 PE 购物袋；德国生产与销售生物降解塑料能豁免回收义务及税收；近年来欧洲各大超市对完全生物降解塑料购物的采购激增，导致严重的供应不足。亚洲也将会成为生物降解塑料的主要增长点，市场份额由 2013 年的 26.1%增长至 2019 年的 32.4%。

2012 年，欧洲对可生物降解塑料的需求占全球的 55%左右，其次是北美洲，占 29%，第三是亚洲，占 16%（图 4-3）。北美洲、欧洲和亚洲对生物降解塑料的需求量为 26.9 万 t，至 2017 年升至 52.5 万 t 左右，年均增长率接近 15%。

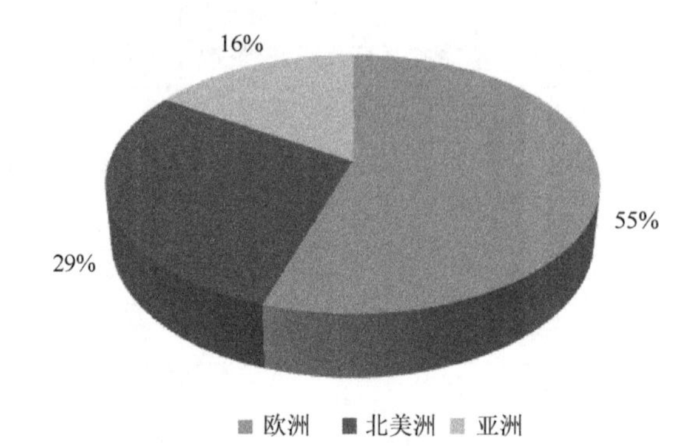

图 4-3　全球生物降解材料需求地域分析

全球生物降解塑料市场容量庞大（图 4-4）。生物降解塑料主要应用于包装、纤维、农业、医疗等领域，其中包装行业应用最为广泛。根据 BCC Research 数据统计，2014 年全球生物降解塑料市场规模为 66.8 万 t，2019 年增长到 138.6 万 t，年复合增长率为 15.72%。

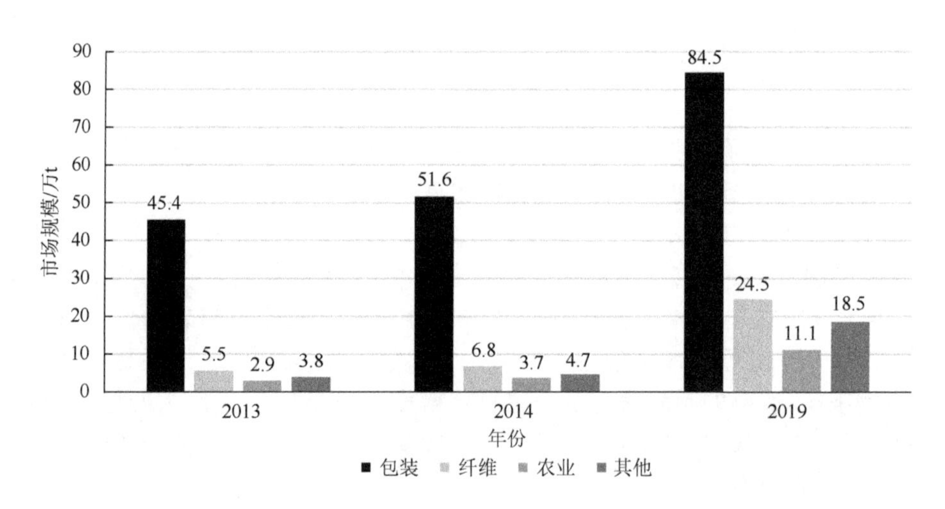

图 4-4　2013 年、2014 年和 2019 年生物降解塑料市场规模

4.1.5　应用现状

从全球范围来看：2013 年欧洲生物降解塑料市场份额占全球的 40.20%；2013 年北美洲生物降解塑料的市场份额占全球的 29.60%；2013 年亚洲生物降解塑料的市场份额占全球的 26.10%（图 4-5）。

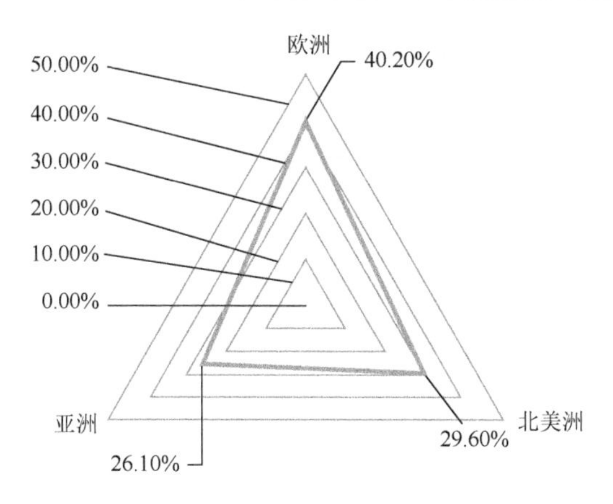

图 4-5　2013 年生物降解塑料应用状况

从市场使用状况来看，大品牌厂商倾向采用生物塑料为主要消费品。随着越来越多的大品牌转向生物塑料解决方案，市场渗透正在顺利进行。品牌和品牌所有者，如宝洁、可口可乐、达能、彪马、三星、宜家、利乐、海因茨、丰田等已经在欧洲推出了第一批大规模产品，包括乐高在内的许多公司已经宣布了相应的计划。

生物降解塑料包括天然基生物降解塑料、生物基生物降解塑料、石油基生物降解塑料和以上塑料共混得到的共混型生物降解塑料。以下对各大类生物降解塑料及其主要品种的产业化情况和市场格局进行详细的介绍。

4.2　天然基生物降解塑料市场情况分析

4.2.1　淀粉基生物降解塑料

天然高分子材料如淀粉、秸秆纤维热塑性加工制作的材料中，规模产业化的主要为热塑性淀粉和植物纤维模塑，其他尚处于基础研究阶段。

德国 Reint Henschel 公司成功开发专用于淀粉基生物降解塑料的新型同向双螺杆挤出配混机。这是该公司在澳大利亚和新西兰正式通过用生物降解材料包装消费品薄膜法规以及法国 2010 年采用的生物降解塑料包装薄膜法规，而针对开发的成果，欧洲将会有更多相应法规，目前已有一家德国公司中试厂试用这种新设备。

美国杜邦公司推销生物基聚合物、可再生包装聚合物材料，截至 2009 年 5 月底，该公司已使其高性能、源于可再生的工程聚合物的几条生产线实现了商业化运转。这些可再生工程聚合物包括热塑性弹性体和树脂，以及应用于汽车和运动器械的长链尼龙。这些聚合物至少含有20%可再生材料，并且与完全石油化工基的材料相比，性能上相同或更好。可再生包装聚合物材料名为Biomax TPS，为可再生来源的热塑性淀粉制造，应用于包装行业，含有85%～90%的可再生成分，适宜于制作热成型托盘和物品、注模部件和容器。Biomax PTT材料含有35%的可再生成分，适用于包装材料、注模容器、化妆品包装和其他聚酯替代产品。

我国国内已产业化或已中试的单位有武汉华丽生物股份有限公司、广东益德环保科技有限公司、苏州汉丰新材料股份有限公司、浙江天禾生态科技有限公司、浙江华发生态科技有限公司、比澳格（南京）环保材料有限公司、广东上九生物降解塑料有限公司、烟台阳光澳洲环保材料有限责任公司、常州龙骏天纯环保科技有限公司、肇庆市华芳降解塑料有限公司等公司。

其中，武汉华丽生物股份有限公司建立了完整的产业链，已建成6万t/a产能规模，以木薯淀粉、秸秆纤维为主要原料的PSM生物塑料及制品研发生产基地。

深圳市虹彩新材料科技有限公司主营业务为热塑性复合生物基改性塑料树脂及制品，生物改性树脂产能1.5万t/a，吸塑、注塑、吹膜等生物基塑料制品产能1万t/a。规划建设二期年产能5万t规模复合热塑性生物基塑料生产线及年产能2万t制品生产线。

苏州汉丰新材料股份有限公司年产能4万t木薯变性淀粉。产品包括变性淀粉、添加母料、专用料、片材、膜袋类、注塑与吸塑类等，规模化年产3万t级粒料及制品。

浙江天禾生态科技有限公司拥有3.5万t年产量生物基全系列材料与产品（包括吹膜/吸塑/注塑产品）。广东益德环保科技有限公司以“淀粉降解材料挤出片材机组”成套设备的核心技术为依托，研发全生物降解一次性消费品、婴童系列产品和地膜。烟台阳光澳洲环保材料有限责任公司生产的淀粉基塑料一次性餐具主要供铁路部门使用。热塑性淀粉基塑料企业还有浙江华发生态科技有限公司（8000 t/a）、常州龙骏天纯环保科技有限公司（8000 t/a）等。

另外，四川普什集团（隶属于五粮液集团）拟以木浆粕、棉浆粕等天然纤维为主要原料，建设年产能3万t级新型热塑性纤维素合成生产线，建设年产能万吨级生物基三乙酸纤维素光学材料专用料生产线、万吨级生物基热塑性纤维素包装制品生产线。

江苏锦禾高新科技股份有限公司主营天然秸秆塑料、玉米淀粉基塑料以及生物基全降解塑料原料及产品。

合肥恒鑫环保科技有限公司目前年产能3万t PLA包括吹膜/吸塑/注塑产品、一次性包装以及淋膜纸杯与纸餐具，厦门协和环保科技有限公司正拟建年产能2万t生产线等（表4-3）。

表 4-3　国内外淀粉基生物质塑料生产厂家及产能一览表

生产厂家	产品	产量/(kt/a)
武汉华丽生物股份有限公司	改性淀粉（PSM）及制品	60
苏州汉丰新材料股份有限公司	木薯变性淀粉树脂及制品	30
常州龙骏天纯环保科技有限公司	热塑性淀粉基塑料及制品	8
浙江华发生态科技有限公司	热塑性淀粉基塑料及制品	8
广东上九生物降解塑料有限公司	热塑性淀粉基塑料	10
烟台阳光澳洲环保材料有限责任公司	热塑性淀粉基塑料及制品	15
比澳格（南京）环保材料有限公司	热塑性淀粉基塑料	10
广东华芝路生物材料有限公司	热塑性淀粉基塑料制品	5
山东必可成环保实业有限公司	热塑性淀粉基塑料及制品	10
广东益德环保科技有限公司	热塑性淀粉基塑料	10
合肥恒鑫环保科技有限公司	聚乳酸淋膜纸制品及聚乳酸制品	30
厦门协和环保科技有限公司	聚乳酸淋膜纸制品	20
美国 Warner-Lambert 公司	Novon 塑料	45
意大利 Novamont 公司	Mater-Bi 塑料	20
德国 Biotec 公司	Bioplast 塑料	12

4.2.2　纤维素降解塑料

纤维素塑料将植物中纤维素这种天然高分子化合物，通过化学处理，经过化学反应，加入各种助剂后经过物理改性后得到一类热塑性塑料（图 4-6）。纤维素塑料是热塑性塑料中最为强韧的塑料之一，具有良好的光泽、透明度好、硬度大、力学强度高、尺寸稳定性好等优点，还具有优良的耐热性、电绝缘性、耐候性、化学性等。

图 4-6　纤维素

纤维素塑料很多，其性能各异。纤维素酯类塑料主要有硝酸纤维素（cellulose nitrate，CN）、乙酸纤维素（cellulose acetate ，CA）、乙酸-丙酸纤维素（cellulose acetate propionate，CAP）、乙酸-丁酸纤维素（cellulose acetate butyrate，CAB）、丙酸纤维素等；纤维素醚类包括乙基纤维素（ethyl cellulose，EC）、氰乙基纤维素（cyanoethyl cellulose，C-EC）、羟乙基纤维素（hydroxyethyl cellulose，HE-C）等。

以下为几种纤维素塑料的制备方法。

（1）硝酸纤维素是纤维素用硝酸和硫酸的混合酸硝化后，经过除酸、预洗、煮沸、洗净、脱水，以醇除水后就得到含醇的硝酸纤维素。

（2）乙酸纤维素是纤维素经乙酸预处理后，以硫酸催化，用乙酸酐和乙酸乙酰化，沉淀稳定以后（即得三乙酸纤维素）适当地加水分解，再经沉淀稳定，就可得到所需乙酰化度的乙酸纤维素。

（3）乙酸-丙酸纤维素是由纤维素用硫酸催化，经乙酸、丙酸、乙酸酐、丙酸酐酯化后的产物。

（4）乙酸-丁酸纤维素是由纤维素用硫酸催化，经乙酸、丁酸、乙酸酐、丁酸酐酯化后的产物。

（5）乙基纤维素是由纤维素经浓的氢氧化钠溶液处理后生成碱纤维素，再用氯乙烷醚化而成。

（6）氰乙基纤维素是纤维素经氢氧化钠溶液处理后生成碱纤维素，再用丙烯腈醚化而成。

（7）羟乙基纤维素是由纤维素和环氧乙烷反应制得纤维素醚。

纤维素塑料是如上纤维素衍生物加入一系列助剂后加工而成。常用的助剂有：

（1）增塑剂：提高其流动性和改善制品的性能；

（2）稳定剂：预防其热降解、变色和其他光学反应；

（3）润滑剂：可以提高熔融物料的流动性和从模具中快速脱模；

（4）填充剂：改变和提高物理性能、机械性能，降低成本；

（5）着色剂：获得各色塑料制品，并改变其性能；

（6）溶剂：在流延法、压块法等所谓湿式法的加工过程中要使用溶剂。

纤维素塑料用途广泛，可用注射、挤出、模压、吹塑、机械加工等工艺生产。可制成汽车风挡、文具用品、包装薄膜、军用安全玻璃、日用品、照相机零件、收音机外壳、军用品、电绝缘零件和医药卫生用品等。

日本东丽工业公司与昭和高分子株式会社合作开发的以 PLA 和纤维素为主要成分的 PLA 生物塑料耐热温度已经达到 150℃；日本山口大学教授合田公一等开发出一种由天然纤维和生物降解塑料制成的复合材料，新材料的强度高于玻璃纤维强化塑料，这种新材料今后有望应用于汽车和飞机上。原料是生产衣服用的天然苎麻纤维和以玉米为原料生产的生物降解塑料。制作过程为：首先使用高浓度碱性溶液浸泡苎麻，接着把苎麻和生物降解塑料按 6∶4 的比例混合，模压成型制成复合材料，新材料能耐受高达 13.4 J 的冲击能量。美国 NatureWorks 公司用 100%可再生植物资源为原料生产的 Ingeo（英吉尔）天然塑料及纤维，在生产工艺上取得了重大突破。新产品比老产品的二氧化碳排放量减少了 60%，能源消耗也降低了 30%。NatureWorks 称，该产品“既满足了市场对塑料和纤维产品兼具功能性及环保性的需求，也使公司在环保方面又向前迈进了一大步”。

4.2.3　甲壳素降解塑料

甲壳素因其巨大的存量得到广泛的关注和研究，研究发现，甲壳素具有以下特质：

（1）可被酶分解吸收。甲壳素是食物纤维素，不易被消化吸收。若甲壳素与蔬菜、植物性食品、牛奶和鸡蛋一起食用可以被吸收。

（2）溶于酸性溶液。甲壳素分子中含有氨基（$—NH_2$），具有碱性，在胃酸的反应下可生成铵盐，可使肠内 pH 移向碱性侧，改善酸性体质。反应中生成带正电荷的阳离子基团，这是自然界中唯一存在的带正电荷可食性食物纤维。

（3）亲和性强。进入人体内甲壳素被分解成基本单位时就是人体内的成分，壳糖胺的基本单位是葡萄糖胺，葡萄糖胺是人体内存在的；而甲壳素的基本单位是乙酰葡萄糖胺，它是体内透明质酸的基本组成单位。因此，甲壳素对人体细胞有良好的亲和性，不会产生排斥反应。

（4）吸附性强。溶解后的几丁聚糖呈凝胶状态，具有较强的吸附能力。因甲壳素分子中含有羟基、氨基等极性基团，吸湿性很强，可用作化妆品保湿剂。

（5）安全性高。甲壳素是天然纤维素（动物性食物纤维），没有毒性和副作用，其安全性与砂糖近似。

近年来，国外对甲壳素的应用研究十分活跃，应用研究涉及工业、医药、农业及环保等各个方面，日本研究开发的生物降解塑料薄膜主要以掺混了淀粉的甲壳素、海藻酸钠和纤维素制得。由于它是天然产物制得，因此不会污染环境，而且在干、湿环境下的强度都较高。比如用于农业装种子的盒子和苗籽袋。由于甲壳素和纤维素之间加入了淀粉填充，薄膜的吸水性、光滑度、延展性都得到了改善。天然高分子材料具有完全生物降解性，但是它的热学、力学性能差，不能满足工程材料的性能要求，因此目前的研究方向是通过天然高分子改性，得到有使用价值的天然高分子降解塑料。

4.3　生物基生物降解塑料市场情况分析

生物基塑料是生物基材料一个大的品种，按照其降解性能可以分为两类，即生物基生物降解塑料和生物基非生物降解塑料。目前，从我国技术研究及产业化进度来看，主要还是以生物基生物降解塑料为主，包括聚乳酸、聚羟基脂肪酸酯、二氧化碳共聚物、聚丁二酸丁二醇酯、聚丁二酸-己二酸丁二醇酯、聚对苯二甲酸-己二酸丁二醇酯等聚合物以及淀粉基塑料。

4.3.1 聚羟基脂肪酸酯类

我国研究 PHA 较早，处于世界先进水平。国内规模化生产的单位有宁波天安生物材料有限公司，已经达到 2000 t/a 的生产能力。天津国韵生物科技有限公司在天津已建设了 1 万 t/a 产能的 PHA 生产线。从全球进程看，主要发展现状为：

1. 英美的微生物技术

PHA 的开发始于 20 世纪 70 年代，当时，英国 ICI 公司采用天然土壤中微生物通过发酵过程生产 PHA。同时，麻省理工学院（MIT）开始采用工程化微生物生产 PHA，1992 年诞生了 Metabolix 公司。ICI 的技术诀窍转让给了英国 Zeneca 公司，此后此项业务出让给了孟山都公司。Metabolix 公司于 2001 年从孟山都公司收购技术诀窍并与自有成果进行了融合。Metabolix 公司于 2004 年与美国 Archer Daniels Midland（ADM）公司签约，使 PHA 塑料推向大规模工业化，建设 5 万 t 发酵装置以生产这种聚合物。美国 Metabolix 公司推出 PHA 现有与更新产品，尤其是 PE 在价格和性能上具有竞争优势，并可望最终替代 50%的传统塑料。

PHA 的主要优点是可采用生物技术生产工艺，产品性能适用面宽，可用这类聚合物生产硬性塑料，可模塑薄膜，甚至制成弹性体。吹塑和纤维级产品也在开发之中。这类聚合物甚至在热水中也很稳定，但在水中、土壤中和二者兼具的环境中，甚至在厌氧条件下，也可生物降解。将它用于网织品或用作涂层处理的纸杯和纸板具有吸引力，在医疗上的应用如植入也有应用潜力。Metabolix 公司已成立了一家独立的公司 Tepha（美国）公司，来开发相关产品用于市场。在 PLA 生产中，生物技术诀窍贯穿于乳酸单体生产中，而聚合物生产本身基本是常规技术。PLA 性能范围不宽，不能调节到 PHA 那样的宽范围性能。Metabolix 公司现约生产 10 t/月 PHA，与 ADM 合作的工业化装置于 2008 年初投产。采用 Metabolix 公司微生物发酵工艺的生产成本为 1.3～1.5 美元/kg，但工业化装置可望使生产成本低于 1.1 美元/kg。Metabolix 公司的目标是在创新型的改进装置中生产 PHA，这一途径可望使生产费用降低到 0.55 美元/kg 以下。该公司的目标是用农作物生产生物质，也可切换生产乙醇。该工艺生产 PHA 的产率约为 10%。因为生产塑料组分，可提高生物质生产的经济性。

美国 Metabolix 公司与农业加工和发酵技术专业商 ADM 公司组建了各持股50%的合资企业 Teller 公司，建设了 5 万 t/a PHA 生产工厂。该工厂建在美国艾奥瓦州 ADM 公司的谷物加工厂附近，于 2008 年年底投入生产。该工厂用来自谷物的淀粉作为制取 PHA 的原材料。PHA 塑料采用发酵过程生产，它将谷物淀粉转化成可生物降解的塑料，这是单一的一步法工艺。而制取 PLA 涉及两步，先用微生物发酵生产中间体，再通过化学过程转化为聚合物。据称，该工厂是世界上使用全生物工艺生产这类聚合物的第一座，商业化生产于 2008 年开始。PHA 塑料的应用包括纸的涂层、薄膜和模塑的商品。ADM 公司称，世界对石油的需求在持续增长，这座工厂是推进可再生塑料生产，替代传统的由石油生产塑料的重要步骤。

2. 意大利以甜菜为原料

意大利从事生物技术的Bio-On公司与糖类生产商Co. Pro. B公司于2008年4月底宣布，成功开发了用甜菜生产生物塑料 PHA 的可商业化生产技术，生产装置于2009 年投产。Bio-On 公司表示，投资 1500 万欧元建设 1 万 t/a 装置，生产 Minerv 品牌 PHA。该装置是使用甜菜生产生物塑料的工业化装置，并不采用目前该行业常用的甘蔗或谷物淀粉途径。该公司在 PHA 聚合物开发方面，至今已投资约 500 万欧元，并取得了位于比利时的国际认证机构 AIB-Vincotte 有关 OK Biodegradable Water（水中可生物降解）标准的认证。OK Biodegradable Water 认证意味着该材料在室温下在水中可以生物降解，无须在高温下使用复杂的工业化操作。据 Bio-On 公司公布的结果，该树脂在河水中 10 天内可完全被生物降解。该材料适用于生产各种硬性和柔性包装，包括食品包装薄膜和瓶子。与 PLA 相比，热稳定性有改进，从而为用于生产更多的工程上需要的部件打开了大门。该公司的 PHA 生产具有创新性和低的能耗，品牌的 PHA 树脂与 Teller 公司已工业化生产的 Mirel 品牌 PHA 树脂相比，共同竞争国际市场。Bio-On 公司于 2007 年已为其生物塑料生产申请了生物技术专利并拥有技术转让权。Co. Pro. B 公司是合作伙伴，也是意大利最大的糖类生产商，糖类生产能力超过 28 万 t/a。

3. 美国 Metabolix 公司以换季牧草为原料

美国 Metabolix 公司于 2008 年 8 月 15 日宣布，实现了一项试验成果，采用 Metabolix 公司的基因表征技术和 Metabolix 公司的经验，完成了用换季牧草生产生物塑料的工程研究，并生产出大批量 PHA。这一成果是新的功能性多基因路径使换季牧草成功转化的第一次尝试，验证了该公司的路径破解法生物工程能力，它可成为用生物质作物生产生物塑料和生物燃料的有效方法。据称，Metabolix 公司开发换季牧草生产 PHA 聚合物的技术已有 7 年之久。最近的研究结果证实了用换季牧草生产 PHA 聚合物在经济上是合理的，并验证了换季牧草是有附加价值的、重要用途的生物能源作物。换季牧草在美国有大量生长，美国能源部和农业部已确定将它作为生产下一代生物燃料和生物产品的一种主要原料。2007 美国能源独立与安全法案（EISA）要求，到 2022 年通过生物质作物（如换季牧草）生产 160 亿加仑（即 605.66 亿升）乙醇。Metabolix 公司表示，关键的目标是开发有附加价值的工业用农作物，如油菜籽、换季牧草。换季牧草的适用性是该公司植物科学活动中商业化发展策略的重要里程碑。Metabolix 公司“从换季牧草生产聚羟基丁酸酯：木质纤维素生物作物有附加价值的产品”成果已在 2008 年 8 月的《植物生物技术杂志》上发表。

4. 帝斯曼资金支持项目

帝斯曼公司（DSM）旗下从事投资的业务部于 2008 年 3 月 6 日宣布，参与中国从事生物塑料业务的天津国韵绿色生物科技有限公司 2000 万美元（1300 万欧元）的联合投资。这项投资用于在天津经济开发区建设中国最大的 PHA 生产装置。该装置于 2008 年第二季度投入建设，于 2009 年年初建成投产。PHA 生产能力为 1 万 t/a。这种新的生物可再生聚合物在汽车、生物医药和电子行业等领域均有广泛应用，包括可制成纤维、薄膜和泡沫等多种形态。这是帝斯曼公司 2008 年在生物聚合物方面的第二项投资。该公司于 2008 年 1 月投资于美国 Novomer 公司，Novomer 公司为生产包括 PHA 在内的各种材料开发了专有的催化剂技术。PHA 通过微生物发酵生产，该产品也为帝斯曼公司拓展其生物科学和材料科学业务，进入生物聚合物新产品开发提供了发展机遇。帝斯曼公司到 2012 年的风险投资将高达 2 亿欧元（即 3.06 亿美元），该公司表示，中国是这些投资中最具魅力的关键地区。

5. 美国康奈尔大学“纳米杂交”

美国康奈尔大学的一个研究小组在美国化学会出版的《生物大分子》杂志上发文称，他们发明了一种新的可生物降解的“纳米杂交”PHB 塑料，其分解速度比现有的任何塑料都要快。专家称，PHB 塑料纳米复合物的发明，将推动 PHB 塑料在更广泛的范围内得以应用。研究人员对 PHB 塑料进行了改良，将纳米级黏土颗粒掺入 PHB 塑料中，然后与未经改良的 PHB 塑料进行比较。结果发现，改良 PHB 塑料的强度明显高于未改良的 PHB 塑料，尤其是降解速率大大加快。经“纳米杂交”的 PHB 塑料在 7 周后几乎全部分解，而作为其对照物的未改良的 PHB 塑料却没有分解的迹象。研究人员还发现，通过控制 PHB 塑料中的纳米黏土掺杂量，还可对其生物降解速率进行精细调控。PHB 塑料被认为是石化塑料的绿色替代品，可用于包装、农业和生物医药等行业。不过，由于 PHB 塑料易碎和生物降解速率难以预测，尽管在 20 世纪 80 年代就有商业化的产品，但实际应用有限。

6. 美国夏威夷大学以食品废料为原料

夏威夷大学开发了从食品废料制造可生物降解聚合物 PHB 工艺。新方法与 ICI 工艺相比，因原材料费用微不足道，成本大大下降，ICI 工艺过程需利用纯糖类和有机酸才能制取相关聚合物。新工艺采用厌氧细菌分解食品废物，释放出乳酸和丁酸作为副产物，这些酸类从浆液中分离出来，并在含有磷酸盐和硫酸盐的营养液中通过硅酮膜扩散进入含 *Ralstonia eutropha* 细菌的充气悬浮体中，这些细菌将酸转化为聚合物，包括 PHB，PHB 用离心分离得到。如扩散膜由硅酮改为聚酯，被细菌转化的酸的比例可调节，可产生较黏稠的可生物降解的聚合物 PH-BV。采用该工艺，每 100 kg 食品浆液可制取 22 kg 聚合物。

7. 德国巴斯夫公司的新技术

巴斯夫公司正在开发新的可再生聚合物，研究和开发聚羟基脂肪酸酯，特别是 PHBoPHB 作为半结晶状聚酯，是唯一可天然产生的聚合物，适合于熔融温度 180℃以上的聚合物加工。PHB 是巴斯夫公司基于可再生资源的又一聚合物，该公司开发采用各种生物质原料生产 PHB 的技术，将在 2 年内决定建设工业化装置，能力为 7 万 t/a。该产品与其他聚酯相组合，可在许多应用中替代聚烯烃。如果巴斯夫公司决定使用糖类为原料，PHB 装置将建在巴西；如果采用谷物为原料，则 PHB 装置将建在美国。泰国或马来西亚也是建设装置的候选地，将使用棕榈油和木薯淀粉为原料。

巴斯夫公司开发出使用基于氧化硅、钴和氮的特制催化剂系统，由环氧丙烷和一氧化碳制取 PHB 的新方法。这项技术与以前的实验室制取 PHB 途径相比，有更好的经济性，以前的实验室途径采用酶将葡萄糖转化为羟基丁酸酯，然后将羟基丁酸酯再聚合。研究人员称，新技术可克服利用酶法途径生产 PHB 的一些缺陷，生产出的聚合物与 PP 性质相近。采用不同催化剂，可得到软硬不同的 PHB，可用于购物袋甚至是汽车部件等领域。德国大众汽车公司表示，PHB 在汽车应用领域如仪表板、中心支柱、侧面防护板、电池箱和空气导管等具有替代 PP 的潜力。

植物糖，如葡萄糖、淀粉等经过细菌发酵，细菌细胞内逐步积累聚合物，收集这些细胞即可得到聚合物产品。通过这种微生物发酵技术即可得到聚羟基脂肪酸酯。这种全生物降解塑料具有优良的加工性能和生物相容性，可用于开发高强度纤维、热敏胶、水乳胶、纺织工程材料等高附加值产品，可广泛应用于汽车制造、生物医药以及电子等领域。过去，该材料因价格过高而难以得到广泛应用。

8. 中国 PHBV 生产技术

聚羟基丁酸酯戊酸酯（PHBV）属于一种聚羟基脂肪酸酯（PHA）聚合物。宁波天安生物材料有限公司是世界上最大的 PHBV 供应商，生产的生物基聚合物 PHBV 已在欧洲应用于与食品接触的塑料包装，该公司现生产能力为 2000 t/a，旨在使能力扩大到 1 万 t/a。该公司 PHBV 虽然价格比其他的生物基聚合物如 PLA 要贵些，但市场发展很快。其他一些较大的公司如 Teller 公司，以及天津国韵生物科技有限公司到 2009 年都有大的 PHA 能力投运。2008 年 7 月，50 t 起售的球状 PHBV 价格为 5.4 美元/kg。

9. 中国的发展规划

中国国家科技支撑计划提出，通过解决高戊酸酯、聚羟基戊酸酯的规模化生产问题，建立连续化的生产线，并实现实时增韧改性，满足医用和食品包装阻隔材料的要求。计划要求研究提高发酵效率，降低发酵成本，以确定工业化高效生产工艺，研究如何采用适合于大规模工业化生产的固液分离设备高效分离聚合物，形成 1500 t PHB 的生产线和万吨级工艺包。

4.3.2 聚乳酸

聚乳酸（PLA）是脂肪族中最典型的一种生物降解塑料。

2000 年前后，中国开始着手研发 PLA 生产工艺，2006 年，浙江海正生物材料股份有限公司与中国科学院长春应用化学研究所携手建成了 PLA 中试厂，带领中国生物降解塑料产业向前迈出了关键的一步。2009 年，中国科学院长春应用化学研究所在低成本 PLA 关键技术的研究中取得重要突破，在浙江海正生物材料股份有限公司建成 5000 t/a PLA 生产装置，并实现了 PLA 万吨级规模化生产前期技术的积累，产业化前景十分广阔。

近年来，由于 PLA 循环经济产业预期的巨大经济效益和对社会、环境的重大影响，国内掀起了 PLA 项目的开发热潮，国内许多科研机构和企业都致力于 PLA 工业化生产的研究。目前，国内研究重点是通过改进工艺中所使用的催化剂，提高 PLA 的分子量，达到降低成本的目的。开展研究工作的主要有中国科学院长春应用化学研究所、中国科学院成都有机化学研究所、中国科学院上海有机化学研究所、武汉大学等。

2010 年 9 月 3 日，常熟市长江化纤有限公司、华东理工大学国家生化工程技术研究中心与牡丹江市佰佳信生物科技有限公司，在牡丹江就生物新材料 PLA 产业链项目签约投建。

2010 年 11 月 19 日，年产 15 万 t 全生物降解塑料颗粒及制品产业化工程项目在河北省石家庄市正式奠基，该项目是河北省第一家全方位立体低碳经济生产园区示范点，建成了我国第一条玉米发酵生产 PLA 生物降解材料片材生产线。

目前我国 PLA 的生产仍属起步阶段，PLA 产能达到 1.2 万 t/a 左右，大部分企业还处于研发阶段和试生产阶段，建成投产的生产装置数量少，规模小。国内还有很多企业在密切关注 PLA 产业的发展，并着手进行研发。

PLA 国内表观消费总量已达到 2.2 万 t 以上，PLA 的产品主要销往海外，其中浙江海正生物材料股份有限公司在 5000 t/a 产能基础上进行了扩建，达到 1.5 万 t/a 的生产能力，且 5 万 t/a 生产线已于 2014 年年底动工建设。除浙江海正生物材料股份有限公司外，国内 PLA 的原料生产企业还有很多家，具体见表 4-4。

表 4-4　国内聚乳酸原料生产企业及产能一览表

企业	产能/(kt/a)
浙江海正生物材料股份有限公司	15
江苏允友成生物环保材料有限公司	10
江苏仪征化纤纺织有限公司	4
江苏九鼎新材料股份有限公司	10
马鞍山同杰良生物材料有限公司	10
深圳光华伟业股份有限公司	1

由表 4-4 可见，江苏允友成生物环保材料有限公司年产能 1 万 t PLA 生产线已开始调试，江苏仪征化纤纺织有限公司年产能 4 kt PLA 纤维树脂线，江苏九鼎新材料股份有限公司年产能万吨级 PLA 生产线，马鞍山同杰良生物材料有限公司年产能 1 万 t PLA 树脂生产线已于 2014 年验收，深圳光华伟业股份有限公司在湖北孝感的年产能千吨级 PLA 生产线都已投入生产。

在世界范围内，聚乳酸最大的生产商是美国 NatureWorks 公司，年产能为 14 万 t。相比国外，我国 PLA 的产业规模偏小，产业链、产业集群尚未有效形成，使得成本偏高，一些高端设备和丙交酯等原料高度依赖国外；但国内在一些产品方面如一次性包装制品、购物袋、餐具以及纤维制品等方面的加工、生产领域，已经在国际上具有较强的竞争力。

1. 国外聚乳酸的生产现状

早在 1932 年，美国著名化学家 Carothers 等就用丙交酯开环聚合法合成了聚乳酸，但由于合成的聚乳酸分子量低，未能推广应用。20 世纪 60 年代，所开发的聚乳酸因具有良好的生物相容性和生物降解性，逐渐在生物医药领域得到成功应用。1980年以来，人们开始研究聚乳酸的大规模工业化生产，并应用于诸多领域。

国外生产聚乳酸的企业主要集中在美国、日本、荷兰和德国等发达国家。美国嘉吉公司和陶氏化学公司在聚乳酸制生物降解塑料方面做出了突出的贡献。2002年，美国NatureWorks公司（由美国嘉吉公司和陶氏化学公司在1997年合资成立）在美国内布拉斯加州建成年产1万t乳酸和聚乳酸生产线，2005年陶氏化学公司退出，NatureWorks公司原有的18万t乳酸生产线由嘉吉公司全资控股，成为全球最大的聚乳酸生产商，其生产技术也一直处于世界领先地位。NatureWorks公司将该产品应用到包装和纺织行业，其性能已经可以与石油生产的聚酯产品相媲美。他们的宗旨是进行有关降解材料合成、加工工艺、降解试验、测试技术和方法标准体系的建立。这一实际效果大大地推动了世界范围的聚乳酸技术开发和应用研究。

美国CerePlast公司于2006年将1.23万t的聚乳酸加工生产线扩能至1.81万t，该公司用聚乳酸、淀粉和纳米组分添加剂来生产100%的生物基塑料。荷兰Hycail建成了产能为1000 t的聚乳酸中试生产线，但于2006年停运，并由英国一家以糖和发酵为主业的公司Tate & Lyle公司接管。

日本通产省已将生物降解塑料作为继金属材料、无机材料、高分子材料之后的“第四类新材料”，并拨专款支持生物降解塑料的开发。日本岛津公司建设了1000 t的聚乳酸中试装置，随后将装置卖给了日本丰田公司，经过数年的运行后，转让给日本帝人公司，2007年，日本帝人公司与美国嘉吉公司成为聚乳酸生产项目的控股伙伴，各自控股50%，并将聚乳酸生产线由7万t扩能至14万t，这套装置以玉米为原料，通过生物发酵得到乳酸，再以乳酸为原料聚合生产聚乳酸，所生产的聚乳酸主要供应包装和纤维市场。

比利时乳酸企业格拉特（Galactic）公司和法国道达尔（Total）石化公司于2007年宣布成立合资公司，并建成了1500 t的聚乳酸生产线。

欧洲Bhre-Eurae对生物降解塑料投资200万美元，用于跨国研究和开发，并曾计划建立完善的降解评价体系。德国伍德公司建有一套聚乳酸中试装置，2009年宣布为其客户Pyramid技术公司在德国建设6万t的聚乳酸生产厂。荷兰Synbra也曾计划建设5万t聚乳酸发泡树脂来替代发泡聚苯乙烯。

2. 国内聚乳酸的生产现状

国内对聚乳酸的生产技术研究起步较晚，但发展速度较快。中国有多家科研单位进行PLA的研发与生产，中国科学院长春应用化学研究所从20世纪90年代末便开始了研究，在PLA纤维、包装材料等领域均有突破，2008年由浙江海正生物材料股份有限公司与中国科学院长春应用化学研究所合作建成了5000 t的聚乳酸生产线，并实现了批量生产，60%产品出口欧洲和日本等地区和国家。

这标志着我国继美国之后，成为第二个聚乳酸产业化规模达 5000 t 以上的国家。2012 年该公司聚乳酸产业化股份有限公司项目通过验收，并计划 2013 年年底建成 3 万 t 聚乳酸生产线。另外，深圳光华伟业股份有限公司、江苏九鼎新材料股份有限公司和江苏长江化纤有限公司等已经进入聚乳酸中试阶段。

3. 聚乳酸全球市场概况

在产能方面，根据中国产业信息网发布的报告，2015 年以前，全球（除中国）聚乳酸的年生产能力约 15.06 万 t，年产量约 12 万 t，主要的生产企业包括美国 NatureWorks 公司、德国巴斯夫公司、美国 CerePlast 公司、比利时格拉特公司与法国道达尔石化公司合资的 Futerro 公司等。

在市场方面，据 MarketsandMarkets 统计，2015～2020 年，全球聚乳酸市场以 20.9%的年复合增长率快速增长；2020 年，全球聚乳酸消费市场达到 51.6 亿美元。

在细分市场方面，据 MarketsandMarkets 报告，在 2015 年，欧洲和北美洲是聚乳酸最大的消费市场，而亚太地区预计会在今后成为聚乳酸消费增长最快的市场。日本、印度、中国和泰国对聚乳酸的需求还会持续增长，从而推动聚乳酸在亚太市场的增长（表 4-5）。

表 4-5　国外主要聚乳酸企业生产能力情况

企业名称	产品用途	2014 年生产能力/(t/a)	2018 年预计产能/(t/a)	工厂地点
美国 NatureWorks 公司	注塑、包装	150000	225000	美国及东南亚地区
荷兰 Synbra 公司	纤维、发泡（代 EPS）	5000	5000	荷兰
荷兰 Carbion Purac 公司	—	L-丙交酯 75000 D-丙交酯 5000	PLA 75000	泰国 西班牙
日本帝人公司	汽车内饰	1200	1200	日本

截至 2014 年年底，中国 PLA 年生产能力约 46 kt，但产量不足 6 kt，随着国家政策的重视以及日益紧迫的环境要求，以及聚乳酸树脂生产、加工技术的发展和产品性能的改进，聚乳酸作为生物新材料的应用前景被一致看好。在消费市场方面，我国自 2007 年以来，聚乳酸贸易日趋频繁。由于国外聚乳酸下游应用领域发展成熟且应用范围广泛、市场消费量大，因此在产业化初期，我国聚乳酸贸易主要以出口为主。然而，随着我国国内应用市场的不断扩大，以及需求量的快速提升，我国聚乳酸的进口量增加，同时出口量有所下降。根据中国产业信息网的报告，2015 年，我国聚乳酸的表观消费量达到 2.91 万 t，2011～2015 年，我国聚

乳酸市场以 32%的年复合增长率快速增长。未来几年内，我国聚乳酸的市场需求将保持 22%的年复合增长率，到 2021 年全国市场总需求量将接近 10 万 t。

聚乳酸的发展已经成为热点问题，但也存在一些急需解决的问题。

（1）聚乳酸成本高，售价低，聚乳酸产业取得了一定的发展，但是始终没能大规模工业化生产，其生产成本远远高于石油基高分子聚合物制品，降低成本是行业发展面临的突出问题。

（2）进一步规范细化产品标准，针对聚乳酸在不同应用领域制订不同的产品质量标准，让聚乳酸应用领域有章可循，利于行业发展。

（3）在环境中不能生物降解的一次性使用的塑料制品要限制或禁止生产和应用，绿色环保的聚乳酸就会有现实的市场。建议国家实施禁塑令，鼓励和支持聚乳酸产业发展。

（4）建议建立可降解材料聚乳酸的研发基地、产业示范区以及产品推广应用示范区；给予研发、生产推广、应用单位一定的政策和资金支持，鼓励产业快速发展。

4.3.3　聚丁二酸丁二醇酯

聚丁二酸丁二醇酯（PBS）是生物降解塑料材料中的佼佼者，用途极为广泛。PBS 综合性能优异，性价比合理，具有良好的应用前景。

PBS 只有在堆肥、水体等接触特定微生物条件下才发生降解，在正常储存和使用过程中性能非常稳定。PBS 的原料既可以通过石油化工产品生产，也可以通过纤维素、奶业副产物、葡萄糖、果糖、乳糖等可再生农作物产物，经生物发酵途径生产，从而实现来自自然、回归自然的绿色循环生产。而且采用生物发酵工艺生产的原料，还可大幅降低原料成本，从而进一步降低 PBS 成本。

国内研究单位主要有中国科学院理化技术研究所、清华大学、四川大学等。中国科学院理化技术研究所工程塑料国家工程研究中心针对传统丁二酸和丁二醇缩聚得到的 PBS 分子量低的不足，开发了特种纳米微孔载体材料负载 Ti-Sn 的复合高效催化体系，大大改善了催化剂的催化活性。在此基础上，通过采用预缩聚和真空缩聚两釜分步聚合的新工艺。直接聚合得到了高分子量的 PBS。该创新性工艺不仅可以与扩链法一样得到分子量超过 200000 的 PBS，而且在工艺流程和卫生等方面具有明显优势，因为产品中不含异氰酸酯扩链剂，卫生性能得到明显改善。中国科学院理化技术研究所工程塑料国家工程研究中心和扬州市邗江佳美高分子材料有限公司，合资组建扬州市邗江格雷丝高分子材料有限公司，投资 5000 万元建设世界最大规模 2 万 t/a PBS 生产线。

此次在江苏扬州邗江建设的高分子量 PBS 生产线规模居世界之首，标志着中国生物降解塑料产业将开创大规模产业化的新纪元。PBS 在热性能、加工性能和性价比方面在降解塑料中具有独特的优势。与国际常用的扩链法生产 PBS 相比，工程塑料国家工程研究中心开发的 PBS 在健康、卫生及应用于食品、药品、化妆品包装等方面具有显著的优势。该项目于 2005 年入围国家中长期科技规划指南，被列为环境友好材料重点攻关内容之一，成为国家层面重点推动产业化的生物降解塑料，赢得了产业化先机，成为国内生物降解塑料产业化的领跑者。

国际上 PBS 的生产企业主要集中在日本、美国、德国和韩国。日本昭和高分子株式会社采用异氰酸酯作为扩链剂，与传统缩聚合成的低分子量 PBS 反应，制备出分子量可达 2×10^5 的高分子量 PBS，其年产规模为 5000 t。美国的伊士曼（Eastmam）公司的 PBS 及其共聚物的年产能可达到 1.5 万 t。德国主要是巴斯夫公司，其年产能达到 1.4 万 t。国内在 PBS 领域的产业化相对较晚，但近来发展迅速，专利申请量增加迅速（图 4-7）。

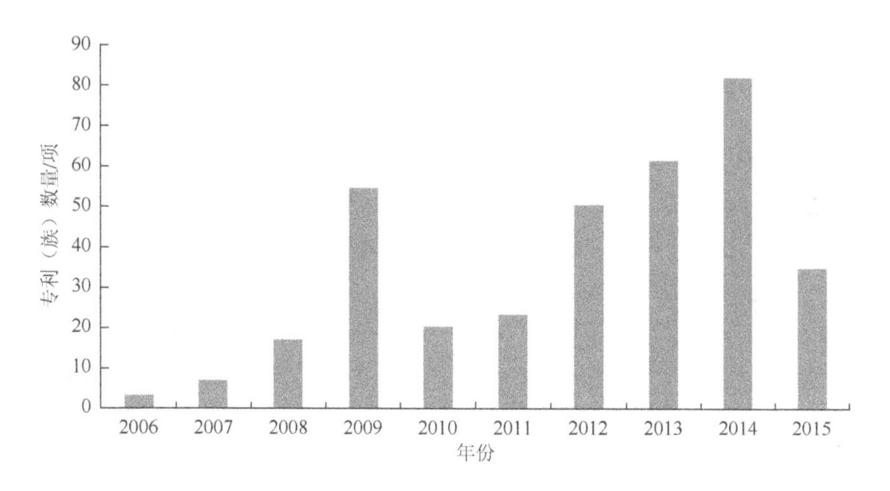

图 4-7　我国 2006～2015 年在 PBS 领域申请的专利数量优先权年分布

在我国，中国科学院理化技术研究所和清华大学都有与相关企业合作开发建设 PBS 的生产装置。与中国科学院理化技术研究所合作的浙江杭州鑫富药业股份有限公司计划建设年产能 2 万 t 的 PBS 生产装置。山东汇盈新材料科技有限公司与中国科学院理化技术研究所合作，采用中国科学院的“一步聚合法”专利建成第一套 500 L 中试装置，并于 2012 年建成了年产能达到 5000 t 的 PBS 生产装置，2013 年 5 月又建成年产能 2 万 t 的 PBS 生产装置，并计划扩建到 10 万 t，成为全球最大的 PBS 产业化基地。另外，安庆和兴化工有限责任公司目前有 100 t 的生产规模，可以快速扩大成千吨规模的生产能力。

4.3.4 聚对苯二甲酸丙二醇酯

1. 概述

聚对苯二甲酸丙二醇酯（PTT）纤维是 Shell 公司开发的一种性能优异的聚酯类新型纤维，它是由对苯二甲酸（PTA）和 1, 3-丙二醇（PDO）缩聚而成。PTT 纤维综合了尼龙的柔软性、腈纶的蓬松性、涤纶的抗污性，加上本身固有的弹性，以及能常温染色等特点，把各种纤维的优良性能集于一身，从而成为当前国际上最新开发的热门高分子新材料之一。

由于 PTT 的优异性能，其可以广泛用于衣料、产业、装饰和工程塑料等各个领域。目前，PTT 纤维的需求量大约 55%来自地毯领域，其余的 45%为其他纺织品领域。PTT 的性能条件确定了它的广阔应用领域，目前 PTT 的市场价格偏高，因而限制它只能在成本消化能力较强的产品和品种方面取得有限的发展成果。一旦能降到合适的价位水平，PTT 的市场开拓便将以人们难以预料的态势顺利发展。

目前工业生产 PTT 的方法主要有 DMT 法（酯交换法）和 PTA 法（直接酯化法），无论是酯化反应还是酯交换反应，得到的都是中间产物 BHPT。BHPT 在随后的阶段缩聚为 PTT，PTA 法和 DMT 法在缩聚阶段是完全相同的。

PTA 法的优点是由于 PTA 价格比 DMT 便宜，使聚酯生产成本降低，而且 PTA 法不副产甲醇，可以省去回收甲醇的工序，节约投资，减少污染，有利于安全生产，工业生产中适宜采用 PTA 法。但缺点在于反应体系为固相 PTA 与液相 PDO 共存的非均相体系，反应控制难度大，随着 PTT 聚合过程中分子链的增长，一些副反应如生成环状低聚物、链端降解、链间降解等会影响聚合物的分子量。而且 PTT 端基反应生成的烯丙基与烯丙醇是可逆转变，端基稳定，从而抑制了分子链的继续增长。因此，PTT 纤维的力学性能有待进一步提高。

2. 聚对苯二甲酸丙二醇酯的研发

1, 3-丙二醇（PDO）是生产 PTT 的重要原料，因制备 PDO 的费用较高，曾影响了 PTT 的发展。

1995 年后，Shell 公司、杜邦公司研发的新技术已使 PDO 生产成本大幅下降，接近现有乙二醇的水平，推动了 PTT 的发展。PTT 现占 PDO 需求量约 80%。

韩国三星先进技术研究院（SAIT）和英国戴维过程技术公司（DPT）近来对生产 PDO 进行了工艺研究，该技术先采用 SAIT 开发的将环氧乙烷均相加氢酯化生成羟基酯中间体工艺，再采用DPT的加氢、精制工艺将该中间体进一步转化成PDO，产品纯度足以满足聚酯生产的需要。DPT 公司在建成示范装置后，于 2004 年年初设计了一套工业化规模装置。

PTT 是纺织工业中的一种新型聚酯化学纤维，性能明显优于传统的 PET 和 PBT，具有非常广阔的市场空间。作为 PTT 生产的基本原料，1, 3-丙二醇的潜在需求巨大。如果 PTT 全部替代 PET 等合成纤维，每年仅中国就需要 80 万 t 1, 3-丙二醇。然而，目前 1, 3-丙二醇的规模化生产技术主要掌握在德国 Degussa 公司、Shell 公司和杜邦公司三家公司手里。自主 1, 3-丙二醇工业化技术缺乏已成为严重制约我国 PTT 产业发展的瓶颈。

长期制约我国 PTT 产业发展的 1, 3-丙二醇工业化生产技术有了突破性进展。黑龙江省科学院石油化学研究院（简称黑龙江省石化院）承担的中国石油化工集团公司科技攻关项目 50 t/a 丙烯醛水合加氢法制 1, 3-丙二醇中试，于 2006 年 3 月底通过中石化组织的专家验收，这意味着 1, 3-丙二醇实现国产化已具有坚实的技术基础。黑龙江省石化院以小试成果为基础，于 2001 年展开 50 t/a 丙烯醛水合加氢法合成 1, 3-丙二醇的中试研究，建立了包括水合反应催化剂和加氢反应催化剂的生产、丙烯醛水合反应、丙烯醛回收 1, 3-羟基丙醛加氢反应以及 1, 3-丙二醇产品脱羰、精制等诸多工序的一套完整的中试装置。几年来，经过大量的催化剂配方筛选实验，以及对中试生产装置、工艺路线的不断调整和改进，核心技术取得突破性进展。2006 年 1 月，该项目完成了中试装置 1000 h 运行考核，得到的 1, 3-丙二醇中试产品各项指标均达到国外同类技术和产品水平，完全满足 PTT 生产的要求。迄今，黑龙江省石化院在丙烯醛水合加氢法生产 1, 3-丙二醇工艺的关键技术上，已获得“丙烯醛水合制备 3-羟基丙醛的方法”“丙烯醛的回收方法”“醇盐法制备 3-羟基丙醛加氢催化剂”“1, 3-丙二醇的分离与提纯方法”“1, 3-丙二醇中微量羰基的脱除方法”等 5 项国家发明专利，为 1, 3-丙二醇生产的国产化奠定了基础。

另外，中国科学院兰州化学物理研究所在探索环氧乙烷羰基化法合成 1, 3-丙二醇的过程中，已开发成功环氧乙烷经氢酯基化反应生成 3-羟基丙酸甲酯中间体，再进一步合成 1, 3-丙二醇的新工艺路线，所申请的相关催化剂专利现已得到授权。中国科学院兰州化学物理研究所的这一研究结果引起了中国石油天然气集团有限公司等大型企业的兴趣，并已达成初步合作意向，有望加快该项目的开发，取得突破性进展。

当今世界上 1, 3-丙二醇大多采用化学合成法生产，随着石油价格的步步攀升及石油资源短缺，生物合成法生产 1, 3-丙二醇备受全球关注。与传统化学合成法相比，发酵法生产 1, 3-丙二醇技术具有原料来源可再生、反应条件温和、选择性好、副产物少、环境污染少等优点。

Shell 公司现在美国拥有 7.5 万 t/a PDO 装置。杜邦公司生产 PTT 的原料 PDO

来自德国基于石化路线生产的 PDO。新的基于淀粉（糖）发酵生产 PDO 的生物催化法路线业已开发成功，杜邦公司与 Tate & Lyle 公司（英国）、Genencor 国际公司（美国）合作，投产了从谷物（而不是从石油）生产 1, 3-丙二醇（PDO）的中型装置。由谷物用生物法制造 PTT 的总费用比现在由石油化工产品制造要便宜 25%。91 t/a 的中型装置位于美国伊利诺伊州德卡杜尔的 Tate & Lyle 公司谷物加工工厂内。在新的发酵工艺中，由磨碎的潮湿谷物得到的葡萄糖经两步法转化成 PDO。第一步由细菌发酵转化成丙三醇，第二步将丙三醇发酵转化成 PDO。产品从细胞质中分离出来，并进行蒸馏提纯。2001 年 2 月，杜邦公司已将美国金斯顿市的 1.2 万 t/a PTT 装置转变为由谷物生产的 PDO 来生产 PTT，该公司于 2004 年投产 4.5 万 t/a 的生物法 PDO 装置。

杜邦 Tate & Lyle 生物产品公司在美国田纳西州投资 1 亿美元的装置于 2006 年 11 月底开始工业化生产生物基 1, 3-丙二醇（bio-PDO）。首批产品供给两家工业客户，包括杜邦公司用于生产其 sorona 品牌聚酯（sorona PTT）。该公司于 2007 年年初全部规模化地采用 bio-PDO 生产 sorona PTT，使该聚合物中可再生原料含量达到 40%。从谷物糖利用专有的发酵工艺生产 bio-PDO。该生产过程与从石化途径生产丙二醇相比，能耗减少 40%，温室气体排放减少 20%。bio-PDO 可应用于生产许多产品，包括特种聚合物如 sorona PTT，也可生产化妆品、液体洗涤剂和工业应用如抗冻。新的 bio-PDO 以 Zemea 商品名称出售到个人护理与液体洗涤剂市场，以 Susterra 商品名称出售到工业应用市场。

我国河南天冠企业集团有限公司与清华大学等单位联合攻关的发酵法生产 1, 3-丙二醇技术，在通过教育部组织的成果鉴定后，又成功进行了 500 t/a 工业性试验，为微生物法 1, 3-丙二醇的工业化提供了经济可行的发酵工艺路线。河南天冠企业集团有限公司筹建了千吨级的 1, 3-丙二醇生产装置。发酵法生产 1, 3-丙二醇项目已完成了菌种的培养筛选工作、5 m^3 和 50 m^3 发酵罐中试等技术研究。与国内其他工艺相比，发酵法 1, 3-丙二醇技术菌种耐受性好、发酵浓度高、发酵周期短、生产强度高，生产成本也相对降低，原料转化率已达到 50%。同时，研究人员针对 1, 3-丙二醇发酵过程中副产大量有机酸（盐）的特点，在国际上率先将电渗析脱盐技术引入提取工艺，并通过膜过滤、浓缩和精馏等工序，解决了后提取过程中发酵液黏度大、不易处理的难题，生产出的产品经国家化学试剂质量监督检验中心检测，纯度达 99.9%，各项理化指标均达到国际水平。

位于美国哥伦比亚的密苏里大学化学工程教授和可再生替代资源办公室首席科学家 Galen Suppes 与 Senergy 化学公司合作，将其开发的生物基丙二醇（PG）技术建设工业规模级装置。Suppes 开发了可从生产生物柴油的副产物甘油生产 PG 的工艺。该 PG 装置建在美国东南部某地，初期生产 2.7 万 t/a PG，并很快扩大到超过 4.5 万 t/a。随着更多的生物柴油装置投产，Suppes 工艺可利用市场上大量过剩的甘油，这是传统 PG 工艺使用的高成本石油基原材料的替代原料。据当时估计，2009～2010 年甘油市场将超过 45.4 万 t/a。当今甘油价格已很低迷，如果生物柴油生产商加大投资将其加工成有用产品，将突破这一瓶颈。据称，Suppes 工艺不同于其他工艺，这是因为：该工艺对 PG 的选择性高；可在低压和低温下操作；投资费用低于其他工艺，约 110 美分/kg。Suppes 工艺由两步构成，第一步在常压下生成中间体丙酮醇，然后丙酮醇在铬酸铜催化剂存在下通过加氢生成 PG。据报道，PG 产率可达到高于 73%。在两步法工艺中，丙酮醇快速从反应器中除去，以驱使反应向接近纯的丙酮醇方向进行，丙酮醇为选择性生成 PG 的中间体。据称，已有几家生物柴油公司接受该技术的技术转让。

3. 聚对苯二甲酸丙二醇酯的生产

2009 年，世界 PTT 市场约为 32 万 t/a，2019 年增加到 100 万 t/a。

杜邦公司和 Shell 公司看好 PTT 在工程聚合物和薄膜领域的应用前景，分析 PTT 纤维占 70%，PTT 树脂和薄膜占 30%。

德国 Zimmer 公司采用与 Shell 公司联合开发的技术建造第一套世界规模级工业化 PTT 装置，该装置建在加拿大蒙特利尔，于 2004 年第四季度投产，生产 9.5 万 t/a PTT。由 5 段连续熔融过程（240～270℃）组成。PTA 与丙二醇（PDO）在前两段内被酯化，过剩的 PDO 从第二段除去。第三和第四段为预缩聚反应器，第五段为缩聚反应器。前三个反应器为搅拌釜式反应器，第四和第五段采用盘环式反应器。

杜邦和 Shell 公司在帕拉圣特角建有 1.8 万 t/a 生产装置。新建的 9.5 万 t/a 装置生产特性黏度大于 0.9 dL/g 的 PTT，其生产费用可与聚酰胺相竞争。

杜邦和 Shell 公司将加快 PTT 发展步伐，两家公司预计在今后 10 年内 PTT 销售量将达到 45 万 t。杜邦公司在美国金斯顿市拥有 1.2 万 t/a sorona PTT 纤维生产装置，另外，5.9 万 t/a 闲置的 PET 聚酯装置也改产 PTT。最近，杜邦公司又使其美国金斯顿 sorona PTT 装置扩能 3.5 万 t/a。

韩国 Huvis 公司将位于全州的一套 PET 聚酯生产线，采用杜邦技术改为生产 1 万 t/a PTT。

日本旭化成和帝人公司签并其各自的 PTT 纤维业务，成立 50/50 的合资企业 Solotex 公司，新公司销售额达 10 亿日元/年（800 万美元/年），2006 年提高到 100 亿日元/年。

日本东丽工业公司与杜邦公司签约，由东丽使用杜邦的 sorona PTT 聚合物生产技术生产和销售 PTT，在日本三岛建成 1000 t/a PTT 纤维装置，由于需求增长，东丽于 2004 年年初将其在三岛的 PTT 纤维的产能由 1000 t/a 扩大到 1500 t/a，在 2004 年年底将产能再进一步提高到 2000 t/a，2005 年年底又扩建至 3000 t/a。

加拿大第一个世界级 PTT 生产企业于 2005 年年初在蒙特利尔启动。加拿大新建的这家工厂年生产能力约 9.5 万 t。这个项目由 Shall 公司和魁北克政府合资设立的公司建设。

目前国内生产 PTT 树脂的企业主要有张家港美景荣化学工业有限公司，年产能达到 3 万 t，其原料 PDO 主要来源于杜邦公司。2012 年，国内的盛虹集团研发设计了年产能 3 万 t 的 PTT 生产装置（表 4-6）。

表 4-6 国内外主要 PTT 企业生产能力情况

企业名称	生产能力/(t/a)
美国杜邦公司和 Shall 公司	95000
韩国 Huvis 公司	10000
日本旭化成和帝人公司	—
日本东丽工业公司	3000
Shall 公司	95000
张家港美景荣化学工业有限公司	30000
盛虹集团	30000

4.3.5 聚碳酸酯

1. 概述

聚碳酸酯（PC）是分子链中含有碳酸酯基的高分子聚合物，最早由德国科学家 Alfred Einhorn 在 1898 年首次合成。根据酯基的结构可分为脂肪族、芳香族、脂肪族-芳香族等多种类型。其中由于脂肪族和脂肪族-芳香族聚碳酸酯的机械性能较低，从而限制了其在工程塑料方面的应用。

仅有芳香族聚碳酸酯获得了工业化生产。由于聚碳酸酯结构上的特殊性，已成为五大工程塑料中增长速度最快的通用工程塑料。

PC 工程塑料的三大应用领域是玻璃装配业、汽车工业和电子、电气工业，其次还有工业机械零件、光盘、包装、计算机等办公室设备、医疗及保健、薄膜、休闲和防护器材等。

2. 聚碳酸酯的研发

聚碳酸酯工业化生产工艺已先后发展出了溶液光气法、界面缩聚光气法、酯交换熔融缩聚法（酯交换法）和非光气酯交换熔融缩聚法（非光气法）。经过多年发展，我国的聚碳酸酯工艺技术开发也取得突破。

宁波浙铁大风化工有限公司 10 万 t/a 聚碳酸酯项目采用了“中外联合设计、系统集成，关键设备国际采购，逐步提升设备国产化率”的发展模式，在优化组合国内外先进工艺技术的基础上，自制工艺路线，实现集成创新。这一独创的非光气法工艺技术路线的先进性在于，三套联合装置通过“碳酸二甲酯—碳酸二苯酯—聚碳酸酯”的生产路线，可以实现物料全过程的循环利用，废水排放基本为“零”，并可消耗 3.6 万 t/a 的二氧化碳。宁波浙铁大风化工有限公司已申报 12 项专利，其中 6 项实用新型专利已授权，5 项发明专利进入实质审查阶段。

中国科学院长春应用化学研究所与中国兵器集团甘肃银光聚银化工有限公司合作开发了具有自主知识产权的“500 t/a 聚碳酸酯中试研发技术”，并于 2008 年 8 月建成中试装置，10 月投料试车成功，生产出合格的聚碳酸酯粉料产品，填补了我国一步光气界面法聚碳酸酯生产技术的空白。2013 年 10 月，甘肃银光化学工业集团有限公司与青岛科技大学合作开发了 2 万 t/a 光气法聚碳酸酯工程化设计工艺软件包。

万华化学集团股份有限公司开发了具有自主知识产权界面缩聚光气法聚碳酸酯技术，并投资 14.6 亿元建设 20 万 t/a 聚碳酸酯项目，以双酚 A、光气等为主要原料，经过光气反应、合成反应、精制干燥等工艺过程生产聚碳酸酯。

四川泸天化中蓝新材料有限公司 210 万 t/a 聚碳酸酯项目采用了中国科学院成都有机化学研究所和中蓝晨光化工研究院有限公司开发的具有自主知识产权的非光气酯交换法工艺，一期 10 万 t/a 装置于 2018 年 5 月投产。

3. 聚碳酸酯的生产

受汽车行业发展、消费性电子产品领域新应用需求增长的拉动，世界聚碳酸酯的需求量稳步增长，中国成为最大的聚碳酸酯消费国。但是，我国的聚碳酸酯生产技术仍处于起步阶段，产品也以通货为主，亟待在高附加值产品领域进一步增强竞争能力。

1958 年，德国拜耳（Bayer）公司开始量产并商业化。1960 年，在支付了一笔“保护费”后，GE 公司也开始量产聚碳酸酯，GE 公司的聚碳酸酯商品名是“Lexan”。由于它集良好的光学性能、力学性能及阻燃性能于一体，很快就得到了人们的关注。

美国的陶氏化学公司、日本的三菱化学公司和帝人公司等相继掌握了聚碳酸酯的合成技术，并纷纷建厂，投入到浩浩荡荡的生产大军里来，但终究抵不过两位“前辈”在这个市场上的根深叶茂。2011 年，全球聚碳酸酯的产能大约为 466 万 t，而 Bayer 和 Sabic（原来的 GE 塑料）就分别占了 33%和 22%的份额；日本企业大约占了 17%的产能；韩国企业也占了 8%的产能；其余如俄罗斯、沙特阿拉伯及泰国都有大规模生产聚碳酸酯的能力。

同时，由于亚太区域作为新兴市场的崛起，各大聚碳酸酯供应商纷纷在该区域建立生产基地，使得亚太区域的产能与欧美国家的产能达到旗鼓相当的程度。

而中国是最早开始聚碳酸酯技术开发和工业化生产的国家之一，近年来，国家也出台了多项政策鼓励建设聚碳酸酯项目，科研单位在具有自主知识产权聚碳酸酯生产工艺方面取得突破，国内企业开始上马、扩建聚碳酸酯项目。

宁波浙铁大风化工有限公司是国内第一家商业化规模生产的聚碳酸酯内资企业，一期 10 万 t/a 非光气法聚碳酸酯项目已于 2014 年建成，并于 2015 年 4 月开始稳定生产。2015 年 12 月，浙江江山化工股份有限公司以股份 + 现金的方式，作价 9.8 亿元收购了宁波浙铁大风股份有限公司 100%股权。鲁西化工集团股份有限公司投资 8.5 亿元建设一期 6.5 万 t/a 聚碳酸酯项目已经于 2015 年 7 月打通生产流程，并在 2016 年 12 月宣布投资 36 亿元建设二期 13 万 t/a 聚碳酸酯项目。

截至 2016 年年底，中国聚碳酸酯产能达到了 87 万 t/a，占世界聚碳酸酯总产能（512 万 t/a）的 17%。主要的生产企业包括嘉兴帝人聚碳酸酯有限公司（15 万 t/a）、科思创聚合物（中国）有限公司（40 万 t/a）、中石化三菱化学聚碳酸酯（北京）有限公司（6 万 t/a）、三菱瓦斯化学工程塑料（上海）有限公司（8 万 t/a）、宁波浙铁大风化工有限公司（10 万 t/a）、聊城鲁西聚碳酸酯有限公司（6.5 万 t/a）等（表 4-7）。

表 4-7　国内主要聚碳酸酯企业生产能力情况

企业名称	生产能力/(t/a)
嘉兴帝人聚碳酸酯有限公司	150000
科思创聚合物（中国）有限公司	400000
中石化三菱化学聚碳酸酯（北京）有限公司	60000
三菱瓦斯化学工程塑料（上海）有限公司	80000
宁波浙铁大风化工有限公司	100000
聊城鲁西聚碳酸酯有限公司	65000

随着中国聚碳酸酯产能的不断提高，未来中国聚碳酸酯产品进口量大、对外依存度高的情况将得到缓解，但同时也有可能出现产能结构性过剩局面。到 2020 年，中国聚碳酸酯产能将超过 200 万 t/a，而需求量预计为 230 万 t。世界聚碳酸酯的年产能达到 560 万 t。

4. 聚碳酸酯的消费

世界聚碳酸酯产能这几年稳步发展，截至 2016 年 8 月，全球聚碳酸酯年产能为 492.1 万 t，生产装置主要集中在东亚（及西亚的沙特阿拉伯）、北美和西欧地区。2016 年，这 3 个地区的年产能合计达到 399.1 万 t，占世界总生产能的 81.1%。

2010 年，世界聚碳酸酯的总消费量为 322.8 万 t，2015 年增至 398.3 万 t，年均增长率约为 4.29%。消费主要集中在东亚、北美和西欧地区，2015 年这 3 个地区的消费量占总消费量的 78.2%。其中，东亚地区的消费量占世界总消费量的半壁江山。

美国是世界聚碳酸酯生产和消费最大的国家，约占世界总需求量的 2/5。1995 年需求量约 34 万 t，1998 年增至 45 万 t，年增长率 10%。美国也是 PC 出口大国，1996 年产量 51.9 万 t，其中出口 14.9 万 t，占产量的 28.7%。1997 年以前，美国 PC 主要用于玻璃板材，其次是汽车、光学介质行业。1998 年，汽车 PC 用量跃居首位，占消费总量的 14%。

西欧地区 PC 需求量位居世界第二，约占世界总需求量的 1/3，年均增长 11%。西欧 PC 的出口量较大，1996 年产量 34.5 万 t，其中出口 14.5 万 t，占产量的 42%。

日本是 PC 的生产大国，在亚洲处于垄断地位。日本也是 PC 出口大国，产量一半以上用于出口西欧和日本 PC 消费结构相似，均以电子、电气制品用量为最大，其次是玻璃板材和汽车工业。

在中国，2016 年中国聚碳酸酯表观消费量达到了 172.5 万 t。虽然中国聚碳酸酯产能和产量增长较快，但对外依存度却一直居高不下。2016 年，中国聚碳酸酯产能仅 60 多万 t，而进口量高达 131.9 万 t（净进口量 109.6 万 t），对外依存度高达 63.5%。

由于目前欧美发达国家和地区的聚碳酸酯市场已基本饱和，需求量增速放缓，未来世界聚碳酸酯的需求增长主要靠以中国为首的亚洲，以及中南美、中东欧等发展中地区来拉动。中国将是聚碳酸酯最大的消费国，消费量约占世界总消费量的 40%。其次将是美国，消费量占总消费量的 9.8%。

由于我国聚碳酸酯产不足需，每年都大量进口。2005～2010 年我国聚碳酸酯进口量的年均增长率为 11.59%。随着国内产能的增长，我国聚碳酸酯逐渐实现自给自足，2010～2015 年进口量的年均增长率降为 2.46%。

2015～2020 年，世界聚碳酸酯的消费量以年均 2.9%的速度增长，到 2020 年总消费量将达到 460 万 t。除了光学媒介方面的消费量以年均 4.4%的速度减少外，其他领域的消费量有不同程度的增长。增长最快的是电子/电气领域，其消费量年均增长率有望达到 4.8%，电气/家庭用品领域的消费量则以年均增长率 4.6%紧跟其后。

就我国聚碳酸酯消费领域来看，今后几年，随着大型公共建筑设施及高速公路隔音墙的建设，预计聚碳酸酯在板材领域的应用将进一步加强，研制与开发高强度、高透明、高耐候板材是未来聚碳酸酯板材发展的重要方向。

4.3.6　γ-聚谷氨酸

1. 概述

聚谷氨酸（γ-聚谷氨酸，γ-poly glutamic acid，γ-PGA）是自然界中微生物发酵产生的水溶性多聚氨基酸，其结构为谷氨酸单元通过 α-氨基和 γ-羧基形成肽键的高分子聚合物。在国际化妆品药典上的命名为纳豆胶（natto gum），在欧盟、日本也称为 plant collagen、collagene vegetale、phyto collage，在中国则称为纳豆菌胶或多聚谷氨酸。

γ-聚谷氨酸具有优良的水溶性、超强的吸附性和生物可降解性，降解产物为无公害的谷氨酸，是一种优良的环保型高分子材料，可作为保水剂、重金属离子吸附剂、絮凝剂、缓释剂以及药物载体等，在化妆品、环境保护、食品、医药、农业、沙漠治理等产业均有很大的商业价值和社会价值。

2. γ-聚谷氨酸的研发

从聚谷氨酸的发现至今仅有几十年的历史，聚谷氨酸的研究主要还是处于实验室阶段，主要包括对其性质研究、产生菌的改良和基因研究、发酵过程研究和提取纯化过程研究，以及衍生物的生产和性质的研究。近几年来，由于人们环境意识的增强和国家可持续发展战略的要求，发展对环境友好材料和开发改善环境问题的产品成为一种产业上的趋势，它也推动了聚谷氨酸产业化研究和探索的进程。进入 21 世纪，个别国际知名公司开始进行聚谷氨酸的生产和应用的研究，国内部分大学和研究所也积极开展了相关的研究，国内更有数家企业开始计划聚谷氨酸的大规模生产。由于这些产业化研究的跟进，聚谷氨酸成为现阶段最受关注的生物制品之一。

目前发现多种微生物能合成 γ-PGA，包括芽孢杆菌、古生菌和一种真核生物。γ-PGA 合成基因可分为 *capB*、*capC*、*capA*、*capE* 和 *pgsB*、*pgsC*、*pgsA* 和 *pgsE*，其表达产物组成的 γ-PGA 合成酶复合体与细胞膜结合，并消耗 ATP 及底物谷氨酸进而合成 γ-PGA，其中 CapB-CapC（或者 PgsB-PgsC）主要负责 γ-PGA 的聚合作用，而 CapA-CapE（或者 PgsA-PgsE）则作用于 γ-PGA 的转运。

英国的 Courtaulds 公司是最早对其进行研究的。他们在 20 世纪 50 年代到 60 年代的时候曾对聚谷氨酸-γ-甲酯的纤维进行过研究。在 20 世纪 60 年代的初期，日本对这种聚合物的研究也是十分盛行。他们利用聚谷氨酸-γ-甲酯的主链结构与蛋白质相同这一特性，在合成皮革方面，经过加工，得到性能上更接近天然皮革的合成皮革，所以日本在进行聚谷氨酸-γ-甲酯纤维化的同时也开始了聚谷氨酸-γ-甲酯合成皮革的应用研究，但在生物降解塑料领域的研发较少。

3. γ-聚谷氨酸的生产

γ-聚谷氨酸是利用纳豆菌对谷氨酸进行聚合而生成的。据资料介绍，γ-聚谷氨酸是一种出色的绿色塑料，可广泛用于从食品包装到一次性餐具（快餐饭盒）和其他各种工业用途，它在自然界中可迅速降解，不会造成环境污染。日本味之素公司已成功开发并投产。

20 世纪 90 年代以来，日本、美国等一些发达国家对它的制备与应用的研究十分活跃，开展了微生物发酵法生产 γ-PGA 的研究。如今已有不少企业进行了商业化生产，如日本明治制果株式会社、中国台湾味丹企业股份有限公司等，中国大陆也已经有了相应的 γ-PGA 产品（海宁和田龙生物科技有限公司生产的紫金港牌 γ-PGA），但尚未出现 γ-聚谷氨酸的生物降解塑料等生产和产业化发展。

我国在该领域的研究起步相对较晚，与其他国家与机构相比还是存在一定的差距。目前主要是对 γ-PGA 生产方面尤其是菌种选育及发酵条件的研究，而且大多还处于实验室阶段，实现其产业化还有一定距离。国外对其应用研究则比较多，尤其是在附加值比较高的医药领域。在今后的研究中，一方面是在提高 γ-PGA 产量的同时建立一种生产成本低廉、生产工艺简单、生产条件温和的工艺，为大规模生产奠定基础；另一方面是根据不同用途的需要，开发不同规格（高分子量、低分子量）和等级（饲料级、食品级和化妆品级）的 γ-PGA 成品，研究 γ-PGA 用作高附加值产品（如化妆品、医药与医用材料等）的开发与应用。国内 γ-PGA 主要生产企业及产量见表 4-8。

表 4-8　国内 γ-聚谷氨酸的生产公司及产量一览表

公司	生产规模/(t/a)	产品级别
南京轩凯生物科技有限公司	3000	农业级、日化级
武汉光华时代生物科技有限公司	800	农业级
台湾味丹企业股份有限公司	1500	农业级、日化级
山东福瑞达生物科技有限公司	2	日化级

4.3.7　ε-聚赖氨酸

1. 概述

1977 年日本学者 S. Shima 和 H. Sakai 在从微生物中筛选 Dragendo-Positive（DP）物质的过程中，发现一株放线菌 No.346 能产生大量且稳定的 DP 物质，通过对酸水解产物的分析及结构分析，证实该DP物质是一种含有25～30个赖氨酸残基的同型单体聚合物，称为ε-聚赖氨酸（ε-PL）。

ε-聚赖氨酸是一种具有抑菌功效的多肽，这种生物防腐剂在20世纪80年代就首次应用于食品防腐。ε-聚赖氨酸能在人体内分解为赖氨酸，而赖氨酸是人体必需的8种氨基酸之一，也是世界各国允许在食品中强化的氨基酸。因此ε-聚赖氨酸是一种营养型抑菌剂，安全性高于其他化学防腐剂，其急性口服毒性为5 g/kg。

ε-聚赖氨酸富含阳离子，与带有阴离子的物质有强的静电作用力并且对生物膜有良好的穿透力，基于这一特性，多聚赖氨酸可用作某些药物的载体，因此在医疗和制药方面得到广泛应用。ε-聚赖氨酸与氨甲嘌呤（治疗白血病、肿瘤的药物）聚合，能提高药物的疗效。根据电脉冲对不同分子量聚赖氨酸修饰的细胞膜的破坏程度，发现细胞膜吸附高分子量聚赖氨酸会降低其破损临界电压。另外，ε-PL的另一个重要用途是作为高吸水性聚合物，用于妇女卫生巾、婴儿纸尿裤和其他各种工业产品中。

2. ε-聚赖氨酸的生产

美国ADM公司，总生产能力达12万t，新建的cedarRapils 4.5万t，迪凯16万t，合计32.5万t，并将继续扩大。德国赢创工业集团已建成一套年产7.5万t的生产装置。日本在世界各地建有多家赖氨酸合资生产企业，日本味之素公司在美国、法国、巴西、意大利、泰国、中国有6家企业年产量扩至27万t，还计划提高在美国和欧洲的生产能力，争取成为世界上最大的赖氨酸生产商。

过去每年国内需要自上述公司进口聚赖氨酸7万～8万t用于饲料工业。国内赖氨酸产业起步于20世纪90年代初，江南大学陶文沂教授选育出了当时国内产酸率及转化率最高的赖氨酸生产菌种并投入工业化应用。近年赖氨酸的生产发展迅猛，但如果没有先进的技术和更低的成本还是难以在国内外的激烈竞争中取胜，加上进口聚赖氨酸价格低廉，将直接影响和制约我国赖氨酸产业的持续发展（表4-9）。

表4-9　ε-聚赖氨酸生产公司及产量一览表

公司	生产规模/(t/a)
樟树市狮王生物科技有限公司	500
日本窒素（Chisso）公司	1000

目前对ε-聚赖氨酸塑料的研发进展寥若晨星，也未出现其生产及产业化进度的相关概况，因此ε-聚赖氨酸生物降解塑料的研发生产及产业化、消费者体验还有很大发展空间。

4.4　石油基生物降解塑料市场情况分析

4.4.1　聚己内酯

1. 概述

聚己内酯（PCL）是通过 ε-己内酯单体在金属阴离子络合催化剂催化下开环聚合而成的高分子有机聚合物。在自然界中酯基结构易被微生物或酶分解，最终产物为 CO_2 和 H_2O。通过控制聚合条件，可以获得不同的分子量。PCL 的结构如图 4-8 所示。

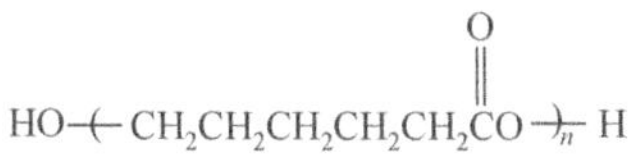

$$HO\!\left(\!CH_2CH_2CH_2CH_2CH_2\overset{\overset{\displaystyle O}{\|}}{C}O\right)_{\!n}\!H$$

图 4-8　PCL 的结构

PCL 外观为白色固体粉末，无毒，不溶于水，易溶于多种极性有机溶剂。PCL 具有良好的生物相容性、良好的有机高聚物相容性，以及良好的生物降解性，可用作细胞生长支持材料，可与多种常规塑料互相兼容，自然环境下 6～12 个月即可完全降解。此外，PCL 还具有良好的形状记忆温控性质，被广泛应用于药物载体、增塑剂、可降解塑料、纳米纤维纺丝、塑形材料的生产与加工领域。

2. 聚己内酯的研发

国际上，从 20 世纪 90 年代开始，PCL 以其优越的可生物降解性和生物相容性，开始得到广泛关注，并成为研究热点，获得了美国 FDA 的批准。自 20 世纪 60 年代以来，PCL 就开始被使用，实验表明，PCL 埋入土壤 12 个月后可降解 95%。

PCL 的熔融黏度很低，具有很好的热塑性和加工性，易成型加工，可用传统的加工技术如挤出、注塑、拉丝及吹膜等成型，可制成薄膜和其他包装材料。

由于 PCL 的熔点低，加之价格又高，因此很少单独使用。PCL 常与其他降解塑料共混使用，用作改性材料，以降低其成本和改善性能，如淀粉与 PCL 共混可以提高 PCL 的强度，PCL 和 PEC 共聚可以提高共聚物的亲水性，破坏 PCL 的结晶性，加快降解速率。同时，PCL 与通用树脂如聚烯烃类有较好的相容性，可与之共混，以提高其耐热性，如 P-HB02、P-HB05 就是其共混品种，耐热性、机械性能和加工性都得到改善，只是生物降解性稍差（表 3-13）。

1980 年以后，PCL 以其优越的可生物降解性和记忆性，开始受到广泛关注，相关研究也得到迅速发展。PCL 的改性目的主要包括：提高 PCL 的生物降解速率或控制其生物降解性能；在保证 PCL 的生物降解性能及形状记忆性能的前提下，提高其他方面的性能；降低 PCL 的成本。

1）PCL 与聚合物共混或共聚改性

PCL 与天然高分子共混或共聚淀粉、木质素、纤维素、壳聚糖等天然高分子材料均可自然降解，而且资源丰富，价格低廉，可以作为 PCL 的改性原料，其中以淀粉的应用最为广泛。一般将淀粉以 40%～80%的高配比与 PCL 均匀共混，此类复合材料在生物降解性能、耐水性能、力学性能等方面均高于纯 PCL。Averous 和 Fringant（2001）对多种聚酯与热塑性淀粉（TPS）的共混物（其中 TPS 占主要比例）的拉伸模量和冲击强度进行了测试，结果发现：当 TPS 含量一定，随着 PCL 含量增加，TPS/PCL 共混物的拉伸模量缓慢上升，而冲击强度显著提高。

Averous 等（2000）还通过测量 TPS/PCL 共混物的接触角对材料的亲水性进行了研究，结果发现：将 PCL 与 TPS 混合后，共混物的初始接触角大于纯 TPS，说明 PCL 的加入提高了 TPS 的疏水性，当 PCL 质量分数为 10%时，共混物的耐水性有明显改善。对淀粉/PCL 共混体系的研究表明：淀粉与 PCL 两相之间黏结较差，相容性不好，不利于该体系力学、热学等性能的进一步提高。

Choi 等（1999）研究了以淀粉接枝己内酯（SGCL）为增容剂的 PCL/淀粉（60/40）共混体系的结构与性能之间的关系，结果发现：随着共混体系中 SGCL 含量的增大，共混物的拉伸强度和拉伸模量降低，但是断裂伸长率显著上升；扫描电子显微镜观察发现，加入 SGCL 可以有效减小淀粉相尺寸并增强相界面黏结，从而使共混物获得优异的综合性能。

Avella 等在分子量较低的 PCL 上引入一个具有反应活性的基团——均苯四酸二酐，使 PCL 的极性增加并可以与淀粉上的羟基反应，从而达到增强 PCL 与淀粉之间黏结性的目的。Choi 和 Park（2000）研究发现：分子量适中的聚乙二醇（PEG）可以有效地使淀粉/PCL 共混物的界面稳定性增强。其中，当分子量降低时，PEG 亲水性较强，主要分布在淀粉相中；而当分子量较高时，PEG 将与淀粉发生相分离，从而只分布于 PCL 相中；只有分子量约为 3400 时，PEG 可以有效黏结共混物的两相。为了提高 PCL 的亲水性，可以选用某些活性材料对其进行改性。谷胱甘肽（GSH）是生物体内一种重要的三肽，具有多种生物功能和药理作用，在药物释放体系、水凝胶等领域都具有应用价值。选用这种简单的三肽作为两亲性 PCL 的亲水端，可以同时提高 PCL 的亲水性和环境响应性。许宁等（2007）用开环聚合法合成了端基分别为巯基和马来酰亚胺基团的 PCL，利用马来酰亚胺与巯基的迈克尔加成反应和巯基之间的偶联反应，合成了两种端基为 GSH 的 PCL（GS2PCL 和 GSS2PCL），并利用核磁共振氢谱和凝胶渗透色谱表征了两亲性 PCL 的结构。杨安乐等（2002）用短切甲壳素纤维增强 PCL 制备出新型生物可吸收复合材料，通过高级流变扩展系统对不同纤维含量的复合材料熔体进行了动态流变特性的研究。结果表明：纤维含量的增加可以明显提高复合材料熔体的复数模量和复数黏度，当纤维含量从 45%增加到 55%时，复合材料熔体在低频区出现了明显的类似于力学性能的“屈服行为”，即复数模量不再随频率的改变而变化，同时材料的弹性要明显高于黏性，这种行为可能与纤维在熔体内形成刚性的粒子网络有关，对材料的加工成型不利。而且纤维的加入明显提高了熔体的弹性，延长了熔体的主松弛时间。

王彩旗等（2002）通过透射电子显微镜和广角 X 射线衍射对两亲性接枝共聚物羟丙基纤维素接枝聚己内酯（HPC-*g*-PCL）的微观相分离和结晶性能进行了研究。结果表明：在己内酯投料量少于 50%时，接枝共聚物中 PCL 段以微区的形式存在，难以形成晶区，使得强度和弹性模量显著下降，而断裂伸长率明显提高；当己内酯投料量大于 50%时，接枝共聚物的微相分离表现为 HPC 以微区的形态存在，PCL 段可以形成结晶，且随含量的增加，结晶能力逐渐增强，接枝共聚物的强度提高，而断裂伸长率明显下降。同时对接枝共聚物吸水性能的测试结果表明：水溶性的 HPC 接枝 PCL 后，不能再溶于水，但具有一定的吸水能力，且 PCL 段含量越多，吸水能力越弱。

2）PCL 与聚乳酸共混或共聚

PLA 具有良好的生物相容性和生物降解性，被广泛应用于生物、医药等领域，而且分子链规整、结晶性强，综合力学性能较好，但降解速率较慢。PCL 虽然降解速率较快，但其线形结构僵硬，力学性能较差。因此，可以选择乳酸（LA）与己内酯（CL）单体共聚，以改善聚合物的力学性能，调节降解速率。宋存先等用 Al/Zn 双金属氧桥烷氧化物$[(RO)_2OAlO]_2Zn$ 作催化剂，合成了 PCL 与外消旋聚乳酸（DL-PLA）的嵌段共聚物，并证明了共聚物的降解性能和药物释放性能的可控性：当 CL∶LA＝60∶40 时，药物释放性能可以达到稳定的零级释放。赵耀明等（2006）以 LA、CL 为单体，通过直接熔融共聚法合成可生物降解材料聚（己内酯-乳酸）[P(CL-*co*-LA)]。研究表明：以氯化亚锡（用量为 15%）为催化剂，当外消旋乳酸（DL-LA）与 CL 物质的量之比为 3∶7 时，在 180℃、70Pa 下直接熔融共聚 12 h，可获得特性黏数为 0.4733 dL/g 的 P(CL-*co*-LA)；将左旋乳酸（L-LA）和 CL 在同样条件下直接熔融共聚 16 h，可获得特性黏数为 0.4121 dL/g 的 P(CL-*co*-LA)。聚乙二醇（PEG）具有良好的生物相容性和亲水性，并能较快地生物降解，将其同 PCL 共混或共聚，可以降低 PCL 的结晶性，提高其亲水性。

苟马玲等（2007）采用开环聚合法合成了 PCL-PEG-PCL 三嵌段共聚物，再采用溶剂扩散法将纳米 Fe_3O_4 磁粉包埋在 PCL-PEG-PCL 高分子微球中，同时使用 PEG 作为致孔剂制成了磁性多孔聚合物微球。结果表明：微球为多孔结构，孔与孔相连，同时微球具有超顺磁性。Bogdanov 等（1998）用辛酸亚锡为催化剂，在 130℃下将 PEG 与 CL 反应 24 h，根据 PEG 高分子引发剂的不同可以得到两种嵌段共聚物。邓联东等（2004）以甲苯二异氰酸酯（TDI）为偶联剂，合成了 PEG/PCL 两亲性三嵌段共聚物（PECL），研究结果表明：PECL 的结晶度和熔点均低于均聚物，且随着 PECL 中 PCL 嵌段含量的增加，PCL 嵌段熔点升高。除了 PEG 外，PCL 也可以与其他的聚醚类高分子共聚来调整 PCL 的生物降解性、结晶性和亲水性。王身国和邱波（1993）将 CL 单体与分子量为 6000 的聚乙二醇醚在钛酸丁酯催化下得到 PCL-PEG 的嵌段共聚物。与 PCL 相比，该共聚物的浇铸膜的拉伸强度、断裂伸长率提高，吸水率由 19.3%增大到 54.2%，结晶度则由 49.2%下降至 39.1%。蒙延峰等（2007）采用溶液共混法，在室温下将不同质量比的 PCL 和聚乙烯基甲基醚（PVME）溶于一定量的甲苯中，制得 2%共混物的甲苯溶液，待溶剂完全挥发后，把样品放入真空烘箱中室温条件下至恒量，等温结晶样品，把所得样品在 100℃下加热 5 min，冷却到 50℃等温结晶 1 周，制得 PCL/PVME 共混物。结果表明：共混物中 PCL 的结晶度几乎不随体系的组成而发生变化，共混物中 PVME 的存在没有改变 PCL 的晶体结构，但是随着 PVME 含量的增加，片晶之间的距离增大，这主要是由非晶层增厚引起的。

3）PCL 与聚氨酯、聚酰胺共混或共聚

PCL 同聚氨酯的共聚改性原理为共聚物分子链间可能产生的氢键作用或有可能带入的芳香环会造成聚合物链的刚性增大，由此来提升 PCL 的熔点，但 PCL 的生物降解性能也会随之下降。Ryoichi 等（1992）采用聚 β-羟基丁酸酯与聚（6-羟基己酸）的共混物与 CL 反应后，再与二异氰酸酯反应可以得到力学性能良好的嵌段聚合物，再与六甲撑二异氰酸酯进一步反应，产物可制得拉伸强度为 16.7 MPa、断裂伸长率为 450%的薄膜。Tanne 等将丙交酯与 CL 用两步法聚合，即先在辛酸亚锡的作用下开环聚合，再与氨基甲酸乙酯交联，可得到一种热塑性的聚酯型聚氨酯，其热性能和力学性能受到单体比的影响，玻璃化转变温度在 42～53℃之间，带有少量 CL 单体的共聚物最大应力为 36～47 MPa，最大应变为 4%～7%，当 CL 含量较高时，最大应力则下降为 9 MPa，最大应变为 100%。Kazuya 和 Furuta（1993）对低分子量的 PCL 与酰胺共聚得到的嵌段共聚物的降解实验表明：聚酯型的聚酰胺具有敏感的生物降解性能。由二异氰酸酯作桥键连接的 PCL 和聚酰胺链段的共聚酰胺酯可以在酶的作用下水解，但是随着分子链上苯环的加入，共聚物的生物降解性能明显下降。Tokiwa 和 Komatsu（1994）用 12-氨基十二烷酸、CL 及钛酸丁酯反应合成了一种透明的聚内酯酰胺，相对黏度约为 1.55，含 40%的聚酰胺单元，碎片软化点为 127℃。拉伸强度为 37 MPa，断裂伸长率为 300%，具有较好的耐热性和力学性能。

4）无机粒子填充改性

在聚合物中填充无机粒子，可以提高复合材料的强度、刚度、韧性、耐热性等。PCL是优良的生物降解材料和形状记忆材料，但其冲击性差、熔点较低，与无机粒子共混可以改善PCL的力学性能和耐热性。朱军等（2007）利用聚合物共混技术，采用超细$CaCO_3$改性PCL，制备了PCL/超细$CaCO_3$复合材料。复合材料的拉伸强度在$CaCO_3$含量为10%～30%范围内基本保持不变，在$CaCO_3$含量为40%时，拉伸强度急剧下降，但断裂伸长率没有明显变化，甚至还略有上升。而且随着$CaCO_3$含量的增加，弯曲强度和弯曲模量同步上升，呈现出较好的线性规律。秦瑞丰等（2005）将PCL和乙炔炭黑在双辊筒塑炼机上混炼，制得具有良好的电致形状记忆特性的PCL/炭黑复合导电高分子材料。

聂康明等（2005）采用原位溶胶化法制备PCL/SiO_2杂化材料。研究结果表明：杂化体系中高分子/无机粒子间的微相分离尺度为纳米级，高分子微区的平均相畴尺寸在70 nm左右，无机相形态呈现不规则的颗粒状，两相均匀分布的程度与体系中组分间的氢键键合强度有关。PCL杂化后结晶度减小，对应的微晶尺寸明显改变，平衡熔点随无机组分含量的增加而下降。高分子链在晶核表面折叠形成结晶结构所需的能量增加。这一结果归因于无机非晶粒子SiO_2及氢键键合强度的影响。蒋世春等（2000）通过溶胶-凝胶法合成了PCL/SiO_2杂化材料。结果表明：杂化样品中PCL的结晶度随SiO_2含量增加而减小，当样品中SiO_2含量达到60%时，PCL呈非晶态；结晶态PCL的各种杂化样品中，PCL熔融温度基本相同，但是比纯PCL的熔融温度低；杂化样品中，结晶态PCL的结晶结构和微晶尺寸与纯PCL一致。这说明杂化材料中PCL的结晶行为和结晶度受到了限制，结晶态PCL样品中PCL的结晶结构和微晶尺寸并没有受到影响。

3. 聚己内酯生产及产业化发展

国外ε-己内酯生产企业主要有瑞典柏斯托、德国巴斯夫、日本大赛璐、美国陶氏化学及美国UCC公司。柏斯托公司是最大的ε-己内酯生产企业，总生产能力在40～60 kt/a。

目前全球聚己内酯的产能约为52 kt/a，主要分布在欧洲、美国、日本等国家和地区。国内聚己内酯产业尚属于起步阶段。据不完全统计，目前我国仅有一家企业完全商业化量产聚己内酯（PCL）产品，目前年产能约1500 t，而实际产量仅100 t左右。我国PCL主要从瑞典柏斯托、美国苏威和日本大赛璐公司进口。

PCL可应用于医疗材料、包装材料、涂覆材料、水产和农林资材等，然而，由于受生产效率和生产规模的制约，价格仍大大高于普通塑料，尽管各国均致力于以保护环境为目标开发用后不易回收利用的领域，但高昂的价格（比普通塑料高2～8

倍）仍然成为产品推向市场的壁垒，因此，当前仍以医用材料和高附加值包装材料为主要方向，同时积极开拓其他有利于保护环境和走可持续发展道路的用途。

PCL 因在药物透过和长时间稳定释放药物等方面的优良性能，在临床医学研究中表现出了巨大潜力。其合成方法和改性均是国内外专家的研究热点。深圳光华伟业股份有限公司采用由 ε-己内酯在金属有机化合物（如四苯基锡）作催化剂，二羟基或三羟基作引发剂的条件下开环聚合生产聚己内酯，在 2007 年年底建成了 500 t/a 的聚己内酯中试生产线，并拟建 2000 t/a 的生产线。

深圳意可通环保材料有限公司销售进口瑞典柏斯托热塑性聚己内酯 CAPA 系列产品。瑞典柏斯托精细化学品有限公司是目前世界产能最大、质量最好的热塑性聚己内酯生产商。其生产的热塑性聚己内酯主要用于生物降解塑料制品及改性、骨科用低温热塑板、高档鞋材用定型板材等。

德国 Biotec 公司开发的淀粉/PCL 共混的降解薄膜、餐具及普通塑料与天然材料填充、共混的崩坏性降解塑料，这些降解塑料虽然应用性能和降解性能有一定程度的局限性，但其性价比较适宜，易于推向市场，也有利于减少环境污染。

4.4.2　聚对苯二甲酸-己二酸丁二醇酯

1. 概述

聚对苯二甲酸-己二酸丁二醇酯（PBAT）主要是由己二酸、对苯二甲酸及丁二醇的单体聚合而形成的一种新的生物可降解聚合物。上述三种成分的分子链长度及其分支和互连结构决定了 PBAT 的性质。PBAT 的结构式如图 4-9 所示。PBAT 与纤维素、淀粉等天然生成的聚合物一样，可以回到自然环境中，而且低于 230℃时加工熔体的稳定性较好，其加工设备和 LDPE 一样。PBAT 本身具有良好的拉伸性能，能够制成厚度为 10 μm 的薄膜，对水蒸气和氧气具有良好的阻隔性能。经过生物分解测试实验表明，PBAT 为完全生物可降解聚合物并适用于生产混合肥料，而且 PBAT 及其降解产品对植物均无毒、无害。目前，市场上最成熟的 PBAT 产品是德国巴斯夫生产的 Ecoflex 系列产品，其为白色结晶型树脂，密度为 1.25 g/cm^3，熔点在 120℃左右，可应用于医疗、食品、包装、农用薄膜等领域。

$$\left[OC\left(\overset{H_2}{C}\right)_4 COO\left(\overset{H_2}{C}\right)_4 \right]_n O \left[\overset{O}{\overset{\|}{C}} - C_6H_4 - COO\left(CH_2\right)_4 O \right]_m$$

图 4-9　聚对苯二甲酸-己二酸丁二醇酯分子式

2. 聚对苯二甲酸-己二酸丁二醇酯的研发

PBAT 作为机械性能、加工性能和使用性能优异的新型生物可降解性高分子材料，其具有广泛的应用前景。然而，与普通塑料比起来，PBAT 的价格比较昂贵，这大大限制了 PBAT 的应用。因此，将 PBAT 与价格低廉的材料共混，既可以降低其成本，又不影响材料的使用性能。

Fukushima 等（2012）先将 PBAT 分别与未改性蒙脱石、改性蒙脱石、未改性的海泡石熔融共混，制备出 PBAT 基纳米复合材料。SEM 显示，三种黏土材料基本能均匀地分散在 PBAT 基体中。DSC 测试表明，层状硅酸盐的加入稍微阻碍了 PBAT 的结晶动力学，海泡石颗粒能够促进 PBAT 的结晶。

Guo 等（2015）制备了 PBAT/大豆蛋白（SPI）生物可降解合金，并对其结构和性能进行了研究。研究表明，SPI 作为填料材料加入到 PBAT 基体中，起到了增强材料的作用，TGA 结果表明在 200～400℃时复合合金的热稳定性下降。

邱桥平等（2009）用玉米淀粉与甘油共混制备了热塑性淀粉（TPS），将 TPS 与 PBAT 熔融共混，制备出生物降解性能良好的 TPS/PBAT 复合材料，力学性能测试表明 PBAT 的加入使得复合材料的融体流动率明显提高，吸水率测试表明 PBAT 的加入降低了复合材料的吸水率，XRD 显示 PBAT 的加入抑制了淀粉的结晶。

宁平等（2010）将 PBAT 与聚乙烯醇缩丁醛（PVB）的边角回收料共混，然后加入不同的相容剂，用熔融共混的方法制备出 PBAT/PVB 复合材料，研究表明加入一定量的 PVB 可以提高材料的力学性能，相容剂的加入，可以改善 PBAT 与 PVB 的相容性，使得复合材料的力学性能得到进一步的改善。

3. 聚对苯二甲酸-己二酸丁二醇酯的生产

PLA/PBAT/PHBV 三元共混可生物降解 3D 打印复合材料为线材，设计直径为（1.75 ± 0.01）m。采用单螺杆挤出机拉丝生产，其生产工艺流程：备料→干燥→拉丝→冷却→牵伸→卷绕→成品。首先按表 4-10 配比将 PLA、PBAT、PHBV、GMA、DCP、WNA-108 及三-（2, 4-二叔丁基苯）亚磷酸酯等原料混合均匀，再将混合原料进行烘干，然后将烘干的混合原料加入挤出机的料斗；在挤出机螺杆旋转和加热装置的电加热作用下升温熔融，熔料在螺杆的旋转推动下进入挤出模头挤出线材；挤出后的线材先经过自然冷却，再进入水槽冷却，然后通过吹干机对冷却后的塑料线材进行干燥。最后，冷却干燥后的线材经牵引机构后收卷成盘。

表 4-10　聚对苯二甲酸-己二酸丁二醇酯的生产配比

序号	名称	配比	作用
1	PLA（聚乳酸）	70	基体材料，保证材料基本机械性能
2	PBAT(己二酸-对苯二甲酸-丁二酯共聚物)	20	改善材料韧性，降低材料熔融温度
3	PHBV(聚 3-羟基丁酸酯-*co*-3-羟基戊酸酯)	10	提高降解速率，降低材料熔融温度
4	GMA（甲基丙烯酸缩水甘油酯）	3	改善共混材料的相容性，并起“增塑”作用，降低 PLA 的结晶温度和熔融温度
5	DCP（过氧化二异丙苯）	0.2	引发剂作用，改善共混材料的相容性和增加材料塑化
6	增刚成核剂（WNA-108）	0.2	提高材料强度
7	抗氧化剂［三-(2, 4-二叔丁基苯)亚磷酸酯］	0.2	防止 PHBV 氧化，提高其稳定性

PBAT 主要生产企业相对较少，有德国巴斯夫公司、杭州亿帆鑫富药业股份有限公司、新疆蓝山屯河化工股份有限公司和金晖兆隆高新科技股份有限公司等，掌握 PBAT 制造技术的企业相对较少，行业集中度高，市场竞争相对有序。

21 世纪初，一些国际知名的化学品公司相继推出了脂肪族/芳香族生物降解共聚酯产品，德国巴斯夫公司、美国杜邦公司、日本帝人公司先后开发出 PBAT 产品，新疆蓝山屯河化工股份有限公司、杭州亿帆鑫富药业股份有限公司已建立 PBAT 生产线。

近些年，全球生物降解塑料产需均呈较快增长趋势。其中，2012～2013 年全球生物降解塑料产能为 100 万～150 万 t/a。全球研发的生物降解塑料品种达几十种，但实现批量和工业化生产的仅有聚对苯二甲酸-己二酸丁二醇酯（PBAT）、聚对二氧环己酮（PPDO）、聚乙交酯（PGA）、PBS 塑料等。2013 年，PSM、PLA 和 PBS 三大生物降解塑料产能合计占全球总产能的 87%。

德国巴斯夫公司、美国 NatureWorks 公司（2011 年 12 月，泰国 PTT Chemical 公司出资 1.5 亿美元购买其 50%的股权）、意大利 Novamont 公司以及荷兰 Purac 公司是全球生物降解塑料主要供应商，2013 年其产能分别为 14 万 t/a、14 万 t/a、8 万 t/a、8 万 t/a。

目前，国内二元酸与二元醇酯聚合物总产能已达到 10 万 t，规模化生产厂家有 7 家，分别是：杭州亿帆鑫富药业股份有限公司，已建成年产能 1.3 万 t PBS、PBAT 生产线；广州金发科技股份有限公司，已建成年产能 3 万 t PBSA 生产线；山东悦泰生物新材料有限公司（原山东汇盈新材料科技有限公司），已建成年产能 2.5 万 t PBS、PBAT 生产线；金晖兆隆高新科技股份有限公司，产能 2.5 万 t/a；新疆蓝山屯河聚酯有限公司，拥有年产能 5000 t 薄膜级 PBS 及 PBAT 生产装置，目前正在建设3万t/a生产线；深圳光华伟业股份有限公司，产能1000 t/a；山东兰典生物科技股份有限公司非粮原料生物法50万t/a琥珀酸及生物基产品PBS产业化，项目总设计规模为生物基丁二酸50万t/a，生物基PBS可降解塑料20万t/a。

4. 聚对苯二甲酸-己二酸丁二醇酯的消费

根据BCC Research数据统计，2013年石油基生物降解塑料约占生物降解塑料的28%左右，市场容量约为16万t，石油基主要产品为PBS/PBSA和PBAT。

PBAT主要市场是塑料包装薄膜、农用薄膜、一次性塑料袋和一次性塑料餐具。2014年中国塑料薄膜产量已达到1261.77万t，农用薄膜产量219.17万t，并处于高速增长阶段。中国塑料加工能力占全球的40%，按此估算，全球塑料薄膜需求量保守估计为3000万t，而生物降解塑料2014年全球市场容量仅为66.8万t。随着各国政策推进、大众环保意识增强及技术进步和成本降低，PBAT市场空间巨大。

以PBAT为主要原料的全生物降解地膜在玉米农田覆盖过程中组成、结构、形态和性能发生演变。通过测定PBAT降解过程中抗张强度和断裂伸长率的变化，并采用傅里叶红外光谱、X射线光电子能谱、X射线衍射分析、扫描电子显微镜，探究了PBAT地膜在降解过程中物理和化学性质的变化。结果表明，随着降解时间的延长，PBAT地膜的抗张强度和断裂伸长率同步下降，在前4周时抗张强度和断裂伸长率分别下降了59.3%和68.8%，后期下降缓慢。从傅里叶红外光谱图中可以看出，在光氧化、水解、酶解等的作用下，PBAT分子链中酯键发生了断裂。从X射线光电子能谱中可以看出，碳与氧的原子个数比从降解前的4.07降低为降解后的1.06，降解后PBAT中的氧元素含量增多，说明PBAT降解也是一个氧化过程，并且C和O元素的结合能均下降。降解过程中，PBAT的结晶区逐渐被破坏，无定形区相对增多。扫描电子显微镜图中，PBAT降解过程不均一。由于PBAT在降解初期水解不是主要作用，因此，在中国的南方雨水多的地方也可以使用，在使用初期也具有良好的保温保墒效果。

5. 聚对苯二甲酸-己二酸丁二醇酯的用户体验

目前PBAT连续直接酯化缩聚生产工艺已经成功用于工业化生产，产品品质优良。该项技术成功开发具有重大意义。

（1）针对PBAT的特性，采用惠通独家专有液相增黏技术，解决熔体增黏的难题，同时此技术也可推广至其他高分子聚合工艺。

（2）针对 PBAT 的工艺生产的特点，特别设计了低聚物收集捕捉系统，解决了真空管道堵塞问题，保证了生产的稳定。

（3）由于 PBAT 生物降解特性，其应用于日常生活，将大大降低“塑料”对环境的污染，可实现土地连续性使用问题。

4.4.3 聚对二氧环己酮

1. 概念

聚对二氧环己酮（PPDO）是一种脂肪族聚醚酯，其分子结构中既有酯键又有醚键，其化学结构式如图 4-10 所示。

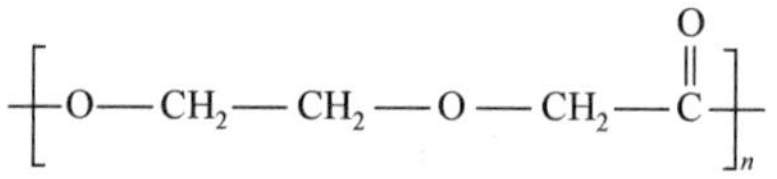

$$\left[O-CH_2-CH_2-O-CH_2-\overset{\overset{\large O}{\|}}{C} \right]_n$$

图 4-10　PPDO 化学结构式

目前，随着单体对二氧环己酮（PDO）合成成本的大幅度降低，PPDO 还有望作为传统塑料使用。

2. 聚对二氧环己酮的研发

PEG 与 PPDO 的共聚改性早在 1998 年就有报道，以辛酸亚锡为催化剂，选用 PEG 与对二氧环己酮（PDO）单体为原料开环聚合得到了 PPDO-*b*-PEC-*b*-PPDO 三嵌段共聚物。广角 X 射线衍射（WAXD）分析发现由于 PEG 的存在，PPDO 的结晶度有了很大提高，这是由于 PEG 链段起到了内增塑与诱导成核的作用。对这种 ABA 型共聚物的非等温结晶与熔融行为进行讨论时发现，共聚物中 PPDO 链段的相对结晶度与结晶速率均高于 PPDO 均聚物；同时发现单纯使用 Ozawa 公式已无法正确描述共聚物的整个结晶过程，必须建立一个新的动力学模型才可以解决这个问题。由于这种嵌段共聚物的纳米粒子在水中的分散性很好，随后对 PPDO-*b*-PEG-*b*-PPDO 共聚物的吸水率进行研究发现，随着 PEG 含量的增加，嵌段共聚物的吸水率也随之提高。这是由于 PEG 属于亲水性的聚合物，共聚物无定形区中 PEG 链段的存在导致水分子更加容易地进入到共聚物内部，同时发现共聚物的热失重率与结晶行为受 PEG 分子量的影响，其热失重率与 PEG 分子量成反比。

德国科学家 Lendlein 及其同事们成功地合成了一种类似于前者的三嵌段

共聚物，采用乙二醇（EG）直接与 PDO 单体反应，得到了 PPDO-*b*-EG-*b*-PPDO 三嵌段共聚物。研究发现，在没有催化剂存在的情况下，聚合反应同样可以进行。

将 PEG 与丁二酸酐偶联后，再与以丁二醇引发的 PPDO 的预聚物聚合，得到了一种对温度敏感的水凝胶，在 37℃以下时该聚合物为固态；而加热至 46℃时，胶体完全液化，由于该水凝胶的转换温度接近于人体温度，在药物缓释领域具有很强的应用前景。

3. 聚对二氧环己酮的生产

用实验室自制的对二氧环己酮聚合物和对二氧环己酮乙交酯无规共聚物为原料，使用小型柱塞式纺丝机，利用氮气压实物料，在 160℃下进行熔融纺丝。丝条从喷丝孔挤出后经过一段空气浴进入水凝固浴中凝固成型。在空气浴中进行一步牵伸，牵伸倍数在 4～6 倍之间。牵伸后样品在室温、65%相对湿度下平衡 12 h 后，再于 70℃真空烘箱中热定型，得到 2-0（美国药典规定 2-0 缝合线的直径范围为 0.254～0.330 mm）的单丝缝合线。

4. 聚对二氧环己酮的消费

（1）可吸收缝合线能在身体组织内降解成可溶性产物，通常在 6 个月后从植入点消失。目前常用的人工可吸收缝合线主要有聚对二氧环己酮（聚乳酸）等。PPDO 缝合线的一个重要缺点是形状记忆特性，它总是保持卷轴形状。此外，它表面摩擦力小，易于穿过组织，但加上形状记忆特性使得打结更加困难。早在 1976 年，其由美国 Ethicon 公司开发，商品名为 PDS。其为单丝缝合线，其强度大，且降解过程中强度保留率大。

（2）PPDO 用于骨折内固定材料，其刚性为 1.0 GPa，与面骨中的扁骨或不规则骨的固有刚性（0.01～1.7 GPa）相匹配，作为骨折内固定物能有效地避免应力遮挡，其强度也能支持受肌肉牵拉力量不大的面骨骨折的内固定。

（3）目前的医用内支架可由多种材料制成，金属体内支架是由不锈钢丝、钮丝或记忆合金丝编织而成。生物可降解内支架则主要是由生物高分子材料如聚乙交酯（PGA）、聚丙交酯（PLA）、聚乙交酯丙交酯（PGLA）、聚己内酯、聚对二氧六环酮和天然高分子聚合物如胶原、甲壳胺等复合而成，通常是将高分子聚合物采用纺织的方法制成圆筒形骨架，外涂胶原或甲壳胺以定型并增加其强力，内层可根据具体情况而定，比如涂聚氨酯或其他药物。据报道，经 PPDO 编织成的食管支架能够广泛应用于支架体，实验中观察周围组织不产生不良刺激和异物反应，3 周后机械强度保持 50%，可满足植入食道材料的要求。

5. 聚对二氧环已酮的用户体验

目前医疗领域与 3D 打印技术的结合愈加紧密。随着 3D 技术的成熟和植入物个体化需求增加，3D 打印医疗器械需求必将明显增加，而示踪性是多数可吸收材料并不具备的性能，本实验采用 PPDO 共混碘海醇方式，从血液、细胞和组织 3 个层面对混合物进行研究，证实其具有良好的生物相容性，并可使支架具有良好示踪性，适用于作为 3D 打印支架的原料，为 3D 打印可显影聚合物医疗器械提供了解决方案。

4.4.4 聚乙交酯

1. 概述

聚乙交酯（PGA），或称为聚羟基乙酸，初始单体特征官能团为羧基和处于 α 位的羟基，属于聚羟基酸酯，其降解产物为人体代谢物乳酸和羟基乙酸。乳酸在人体内最终以二氧化碳和水的形式排出体外，而羟基乙酸可参与三羧酸循环或以尿等形式排出体外。这类聚合物都具有可降解性和良好的生物相容性，在一定条件下都可被制成纤维，在医疗领域中得到广泛的应用。

2. 聚乙交酯的研发

1）PGA 的热性能

图 4-11 分别为聚乙交酯的 DSC 图和 TGA 图。从图中可知，PGA 的玻璃化转变温度为 38℃，熔融温度为 22.2℃，熔融热焓为 92.05 J/g，255.6℃开始热降解，370.5℃时热降解最快。因此，PGA 是一种结晶型聚合物，其开始分解温度高于熔点 33.4℃，因此可以采用熔融纺丝的方法成纤。

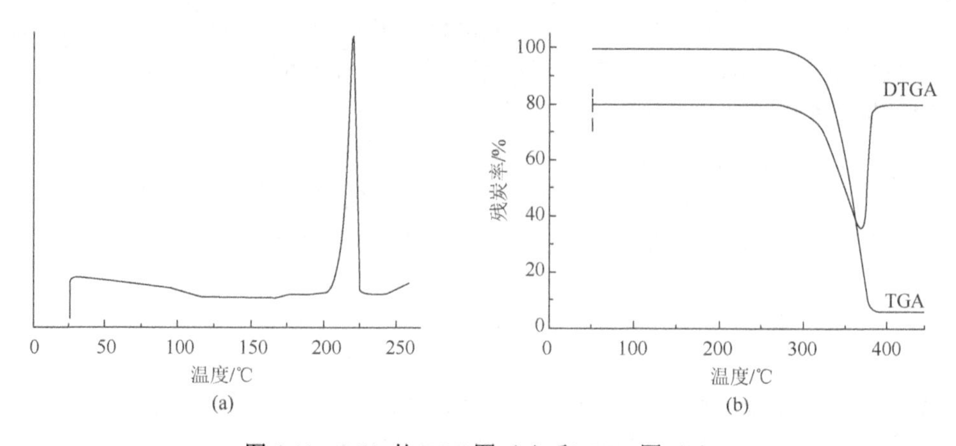

图 4-11　PGA 的 DSC 图（a）和 TGA 图（b）

2）PGA 的流变性能

从图 4-12 的流变曲线可看出，PGA 与大多数高聚物熔体一样，随着剪切速率的增加，它们的表观黏度明显减小，呈现出剪切变稀现象，表现出典型的非牛顿型假塑性流体特征。因高聚物分子链间相互缠结或范德瓦耳斯力相互作用形成链间物理交联点，这些交联点在分子热运动作用下处于不断解体和重建的动态平衡，此时流体具有瞬变的空间网络结构。剪切速率增大时，动态平衡发生移动，链间的部分缠结点被解除，使得熔体的表观黏度下降。

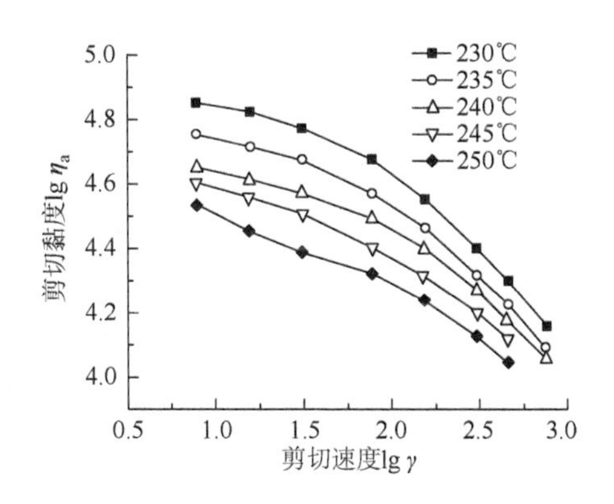

图 4-12　PGA 的流变性能

从图 4-12 还可以看出，随着温度的提高，它们的表观黏度明显降低，并受剪切速率的影响逐渐减小。这是由于随着温度的升高，熔体的自由体积增加，链段的活动能力增加，分子间的相互作用力减弱，链间的缠结点减少，高聚物的流动性增大，表现为黏度下降。

3. 聚乙交酯的生产

可以由相应的 α-羟基羧酸直接脱水缩合而成，但是由这种方法得到的聚合物分子量通常较低，高分子量聚合物可采用开环聚合法制得。合成聚羟基乙酸的主要原料为羟基乙酸，广泛存在于自然界中，特别是在甘蔗和甜菜以及未成熟的葡萄汁中。合成聚乳酸高分子材料的基本原料为乳酸。乳酸的生产工艺路线有两种，一种是以石油为原料的合成法，另一种是以天然材料为原料的发酵法。目前纤维用乳酸多用发酵法。乳酸是一种简单的手性分子，具有两种不同的旋光异构体：L-乳酸和 D-乳酸。相应的聚乳酸也存在四种具有不同旋光性的聚合物：左旋聚乳酸（PLLA）、右旋聚乳酸（PDLA）、外消旋聚乳酸（PDLLA）和非旋光性聚乳酸（meso-PLA），其性能也存在着一定差异。用来制备聚乳酸纤维的一般为左旋聚乳酸（PLLA）。聚乙交酯丙交酯（PGLA）是由乙交酯和丙交酯按不同比例共聚所得的聚合物。PGLA 的合成方法、合成时丙交酯或乳酸的构型、投料比例等因素都会造成其性能的差异。

据估计，全球可吸收缝合线的需求量在 6.0 亿～6.5 亿 m，其中，PGA 类缝合线约在 3.5 亿 m 以上。仅北美市场，PGA 类缝合线销售额有 100～120 亿元/a。我国可吸收缝合线的需求量为 1.5 亿～2.0 亿 m，PGA 类缝合线占 50%左右且持续增加。我国近 60%的 PGA 类缝合线需要依赖进口，国内企业未掌握 PGA 原料合成、纺丝、涂胶和编织等核心技术，这造成 PGA 类缝合线售价过高。一般一根长 1 m 的 PGA 类缝合线，售价为 40～50 元，大大增加了国家和手术患者的经济负担。国外 PGA 类缝合线企业多掌握从原料合成到丝线编织等核心技术，主要厂家有：美国的 United States Surgical Company、Deknatel；德国的 B. Braun Company、Resorba Company；韩国的三阳公司、Meta Biomed Co.，Ltd；土耳其的 Sterile Health Products Inc；日本的 Alfresa Pharma Corporation、JMS 株式会社；法国的 Peters Surgical 等。国内有 PGA 缝合线企业数十家，多为购买国外成品 PGA 线经简单的裁剪、分装和贴牌后销售，未涉及核心技术，PGA 缝合线制造成本较高，竞争力不强。目前，仅有南通华利康医疗器械有限公司和上海天清生物材料有限公司两家国内企业实现了缝合线的自主纺制，而纺丝原料 PGA 仍需从国外购买。目前，国际上工业化生产医用 PGA 的企业不多，主要有：瑞典的 Purac（Purasorb）、德国的 Boeringher Ingelheim（Resomer）、美国的 Bermingham Polymers Inc.、Alkerme 和日本的 BMG Inc.，不过这些企业的生产规模均不大。我国的 PGA 生产仍处于中试阶段，只有济南岱罡生物科技有限公司、桐乡市龙亿化工有限公司、四川琢新生物材料研究有限公司和北京康安高分子开发中心等几家公司能够生产乙交酯单体。

4. 聚乙交酯的消费

PGA、PLA、PGLA 是具有良好的生物相容性和生物可吸收性的聚合物，已经美国 FDA 批准广泛应用于医疗领域，被认为是最有前途的可降解高分子材料，国内外对它的研究开发也极为活跃。以这类纤维为原料制备的可吸收缝合线已经产业化，如 Dexon、Vicryl 等已广泛应用于外科手术中。另外，这类纤维在近年来开始作为医用支架材料使用，主要有以下几类。

（1）组织工程肌腱支架。Cao 等（2006）曾用 PGA 纤维构成的支架作为肌腱支架，研究了组织工程肌腱体外构建的可行性；Goh 等（2003）曾以 PGLA 纤维为原料制备的针织物作为肌腱支架，接种细胞后植入白兔体内 12 周后，拉伸模量可达到正常肌腱的 62.6%。

（2）组织工程韧带支架。Cooper 等（2005）曾以 PGLA 纤维为原料制备的编织物作为前交叉韧带支架，与人体韧带组织的应力-应变曲线相似。在支架上分别接种老鼠纤维原细胞和新西兰白兔前交叉韧带纤维原细胞，发现两者在支架上都能黏附、增殖。Lu等（2005）曾分别以PGA、PGLA、PLA纤维为原料制备的编织物作为前交叉韧带支架，进行细胞接种后，发现细胞能在所有支架上黏附增殖，只是形态和生长方式有所不同。

（3）人工气管。Li等（2004）曾以PGLA和聚丙烯纤维为原料制备的针织物作为人工气管，并指出该工艺的优点是使可降解的生物材料便于和人体组织接触，可以促进人体组织向支架内部生长，利于人体气管的再生。

5. 聚乙交酯的用户体验

PGA、PLA、PGLA纤维不仅具有良好的力学性能，还具有良好的生物相容性、可降解性和可吸收性，已经在医疗领域得到了广泛应用，并仍具有巨大的发展空间。其中PLA纤维作为一种新型绿色环保纤维，在服装、家纺等传统纺织品领域也具有极大的潜力，但在目前尚未能降低成本，如何有效解决工艺技术问题实现工业化生产是今后研发的方向。

4.5 小　　结

生物基化学品方面，2015年丁二酸的表观消费量约为10万t，丁二酸市场需求量在2018年达到8亿美元。2014年全球乳酸表观消费量约40万t，国内的乳酸产能已达到20万t以上，但其实际表观消费量只有6万t左右。虽然国内供求之间已大大失衡，但仍有企业准备投入乳酸生产项目，须加以关注。

近几年生物基塑料产业方面发展迅猛，关键技术不断突破，产品种类速增，产品经济性增强，正在成为产业投资的热点，显示了强劲的发展势头，有数十条万吨以上的生产线已经建成或正在建设中。从短期看，一些具有功能性的应用品种会发展较快，如生物降解塑料由于具备了生物降解性能而符合欧美发达国家禁塑令的要求，即使成本高也有较大的市场空间。从长远看，除了具有生物降解功能的生物基塑料发展外，一些生物基尼龙、生物基聚乙烯、生物基聚对苯二甲酸乙二醇酯等非生物降解功能的生物基塑料可能会在国际上有较大规模的应用。但在我国，因为这些材料目前尚没有中试规模，因此在短期内不会有很大规模的发展。

国产PLA虽然产能有所上升，但仍面临美国NatureWorks公司强有力的竞争。目前NatureWorks公司PLA产品价格远远低于国产原料，年产能达18万t，占全球30%以上的聚乳酸产能。

聚丁二酸丁二醇酯（PBS）、聚对苯二甲酸-己二酸丁二醇酯（PBAT）的总产能达到 10 万 t/a，规模化生产厂家有 6 家，但实际表观消费量约 1.5 万 t，总体来看此类材料的产能已出现过剩现象。除了国内的竞争风险外，国际竞争风险也不可小觑，如德国巴斯夫公司目前已有 7.4 万 t 的二元酸二元醇共聚酯（PXT）生产装置。

二元酸二元醇共聚酯包括了 PTT 等聚合物，虽然有中试规模工厂，但在生物基化工原料方面仍缺乏有竞争力的供给商，产品大规模生产成本及其应用性能尚具有不确定性。

综上所述，生物基材料产业正处于实验室研发阶段迈向工业化生产和规模应用阶段，逐渐成为工业化大宗材料，但是在微生物合成菌种、原材料研发、产品成型加工技术及装备、规模化应用示范等方面仍需不断进步。

第5章　生物降解塑料的发展趋势与建议

第4章对生物降解塑料的产业情况与市场格局进行了内涵界定与发展分析，建立了不同形成要素下的生物降解塑料市场格局分析框架。本章在第4章的理论框架下，同时结合前面各章的研究内容，对生物降解塑料的发展趋势与技术前沿进行探索，并在此基础上提出生物降解塑料未来应重点发展的原料品种，以期为生物降解塑料的广泛应用和攻克技术难关做出有益贡献。

5.1　生物降解塑料总体发展趋势

生物降解塑料的特点是储存运输方便、要保持干燥、需避光、应用范围广，不但可以用于农用地膜、包装袋，还可用于医药领域。生物降解塑料的降解机理，即生物降解塑料被细菌、霉菌等作用消化吸收的过程，是生物物理和生物化学反应。

生物基材料作为材料领域的新型方向，在材料性能、制造成本、资源替代方面已显示了诸多优势，已成为材料领域新的经济增长点和研究热点，其预期产业规模可达千亿元/年，具有巨大的经济效益和社会效应。同时，生物基材料国内外的研发工作基本一致、进度相仿，国内在生物基聚氨酯等部分生物基材料的开发工作方面甚至领先于国际；而传统石化高分子材料方面，国内的技术和产业化水平与国外相差较大，短期突破难度高。因此，进行生物基材料开发，无论是在技术水平，还是产业化进展方面，都较易产生引领国际的标志性突破。

现阶段，塑料通过生物技术进行降解的研究和应用都得到了广泛的发展，但是其在发展过程中还存在着或多或少的问题。总体而言，塑料通过生物技术进行降解的发展还是朝前的，其发展趋势归纳起来为以下四个方面。

（1）将可降解塑料广泛运用于回收成本高或者是不便回收的包装品上面。

（2）将重点放在复合型降解塑料的开发上面，在研究的过程中，在材料的比例上尽量采用比例比较高的高性能低廉材，从而有效地解决降解塑料成本高的问题。结合材料的具体用途以及使用环境不断进行技术研究，通过技术创新合成具体特殊性能的可降解材料，提高材料降解的可控性、提高材料降解速率以及降解彻底性。

（3）对降解塑料的生产工艺路线进行简化，提高降解塑料的工业生产化，形成科学合理的产业链，并同时拓展降解塑料的品种和使用范围。研制新设备，优化合成工艺，降低可降解塑料的生产成本，同时规范降解塑料的定义，制定统一的降解塑料检验标准，以促进降解塑料的快速发展。

（4）利用天然高分子材料，如淀粉、甲壳素、纤维素等对完全生物降解塑料进行研究。改良纤维素、淀粉、甲壳素等合成生物降解塑料的功能，扩宽其使用范围，克服可降解材料降解缓慢和不彻底的问题。塑料利用微生物技术进行降解是未来解决“白色污染”问题的有效措施之一。因此，相关的研究部门应该着重于研究降解塑料的降解原理、可控性以及完全降解的性质，并建议相关权威部门制定出相应的降解塑料标准使降解技术和降解成果有一定的依据和标准，并同时为塑料的回收和循环利用提供一个适宜的外部环境。从长远来看，塑料利用生物技术形成可降解塑料是今后生物降解技术的一个重要发展方向，特别对于一次性的包装物，对我国的环境和资源等方面发挥出巨大的作用。

（5）规范生物降解塑料市场秩序，严格管理可降解塑料的质量、价格，同时加大环保宣传，提高群众环保意识，推广可降解塑料的应用。

5.2　生物降解塑料技术和政策发展建议

5.2.1　可降解塑料发展面临的问题

就目前发展现状而言，可降解塑料的研究面临以下多方面问题。

首先是技术方面的问题。对于光降解塑料，通过对稳定剂、分解剂、光敏剂等添加剂的应用来实现降解功能，材料的可控性取决于各种添加剂的分配比例，然而由于自然环境的影响，光降解塑料的降解时间和降解速率都比较难控制，整体降解性能不高。对于生物降解塑料，其降解性能是通过微生物将大分子降解为小分子来实现的，而这个降解过程是非常缓慢的，尤其是树脂分子类材料需要的时间更长，给废弃塑料的回收处理带来极大的难度，而且降解后的各种产物是否真的不会对环境造成污染还有待进一步研究。

其次是成本方面的问题。相比普通塑料，生产可降解塑料的材料价格比较高，技术工艺比较复杂，因此最终的产品价格也远高于普通塑料材料。

最后是检验方法和标准的问题。虽然可降解塑料的生产经营已经初具规模，但目前国际上还没有对可降解塑料进行统一定义，没有形成统一的可降解塑料检验方法以及产品检测标准，以至于目前相应的技术和产品市场混乱。就我国的研究现状而言，与一些发达国家相比，可降解塑料的相关技术研究还存在一定的滞后性。

5.2.2 可降解塑料发展对策建议

1. *政府层面*

1）专项资金支持

对生物降解塑料制品的应用和发展采取补贴政策，包括中央政府补贴和地方政府补贴。中央财政可通过科技攻关资金、贴息等进行补贴。国家可以考虑对利用生物质原料生产生物降解塑料的企业采用低息贷款政策、技术改造专项贷款、信用担保政策等来鼓励产业发展。

2）税收政策

目前没有关于生物降解塑料的产品进口采用低税率的明文规定，为促进行业发展建议制定关税优惠税率。为鼓励和扶持一些企业的发展，可以按照新的企业所得税条例规定减免优惠政策。例如，民族区域自治地的企业需要照顾和鼓励的，经省级人民政府批准，可以实行定期减税或免税；法律、行政法规和国务院有关规定给予减税免税的企业依照规定执行。

3）对传统塑料加强回收再利用，增收回收税

国外对塑料制品使用后的回收再利用非常重视，如根据欧盟委员会修订过的指导性法律，欧盟成员国应在2008～2015年间将本国包装垃圾的再利用率提高到55%以上，其中玻璃包装再利用率达到60%，金属包装达到50%，塑料包装达到22.5%，木制包装达到15%。欧盟委员会指出，2001年，仅包装垃圾再利用一项就使欧盟二氧化碳气体排放减少了0.6%，这表明提高包装垃圾再利用率不但可以减少包装材料对能源的消耗，节约建设焚烧处理场的费用，而且可以降低包装材料生产过程对环境的污染，对减少温室气体排放、保护环境是一个非常切实有效的措施。因此必须加强传统塑料强制回收工作。而对回收成本较高的一次性的塑料包装制品，加收10%～100%的回收税。对不能回收的一次性塑料包装制品，规定必须使用可生物降解塑料。国外很早就有对传统塑料一次性用品进行征税的先例。2002年3月，爱尔兰政府开始征收塑料袋增值税，根据爱尔兰政府的规定，顾客在市场上购物时，每使用一个塑料袋将征收15欧分的税款。以往爱尔兰使用塑料袋的数量是惊人的，每年免费发放给购物者的塑料袋高达12亿个，加起来重达1.4万t。平均下来，每人平均一年大约要消费325个塑料袋。塑料袋增值税生效后一个月内，塑料袋的消费就骤减90%以上。

4）适当限制某些传统塑料制作的一次性非降解包装产品

适当限制甚至分期分批禁止某些传统塑料制作的一次性非降解包装产品，如

一次性垃圾袋、购物袋、日用品外包装、一次性快餐具、一次性塑料杯、一次性食品包装容器、一次性食品包装膜、一次性工业包装等。

5）分期分批推广降解塑料

按照行业生产能力和制品生产技术，逐步推进降解塑料的推广进度。在2010年以前，以推动生物降解塑料为主线，辅以淀粉等天然材料共混传统塑料的产品，对这两类产品分别给予政策支持，但前者力度要大于后者。在2010年以后，全面推广生物降解塑料，对淀粉添加传统塑料类型制品不再享受优惠政策。

6）加强行业协会桥梁作用

加强中国塑料加工工业协会降解塑料专业委员会的行业桥梁作用，给予行业协会资金支持，利用行业协会加强对企业投资、生产方向、产品定位等的引导，促进行业内外交流，促进国内外交流和贸易，以及充分的政策调研和行业统计工作等。

2. 企业层面

1）加快产品应用研发和产业化

目前，生物降解塑料制品的性能还无法完全满足消费者需求，尽管目前市场上已有的品种众多，但每种材料本身的机械和加工性能只是某一方面有突出的特性，综合性能还存在这样或那样的不足，这一点将是制约其市场应用推广的瓶颈之一。在开发生物降解塑料制品的同时，国内企业应该注意加快有自主知识产权、创新型产品和用途的开发。由于国外对生物降解塑料制品研发和生产应用相对较早，已经申请了许多专利，从而给国内企业开发新产品时，造成了一定的技术壁垒。以聚乳酸的专利为例，2005年，国外有关聚乳酸专利有1700多项，而我国公开的专利只有145项，而其中还有一半以上是国外公司的专利。因此，国内企业应该加强有自主知识产权的产品的开发。

2）加强制品加工开发研究

目前国内从事制品加工研究的力量尚显薄弱，大部分企业将关注的重点集中在材料合成上，而忽略了制品加工开发，一些生物降解塑料做成的餐饮用具在耐热、耐水及机械强度方面与传统塑料制品相差较远，而这一点恰恰是生物降解塑料能否大规模市场化的关键。

3）完善垃圾回收处理体系，促进生物降解塑料再利用进程

缺乏配套完善的回收处理体系也制约着产品进一步推广。因此一定要对降解塑料进行明确标识，再加以回收。能再利用的，收集后再进行成型加工成制品；对不能再利用的要考虑合理处理的办法。针对传统塑料添加淀粉等再生资源的降解塑料，可以采用热能回收的垃圾处理系统。对生物降解塑料，应着重考虑堆肥的处理办法。

5.2.3 可降解塑料技术发展趋势

生物降解塑料的技术发展着重于以下三个方面。

1. 通过合成生物学等高效生物技术——解决单体制造成本及品质问题

针对传统生物催化过程效率较低等问题，应大力发展合成生物学等高效生物技术，利用廉价非粮原料，提高微生物合成生物基产品的效率，降低生物制造成本、提升相关产品品质（特别是材料单体）。

2. 微化工技术等过程强化技术——解决材料聚合及制备的过程强化问题

针对生物基材料及其单体制造过程中原料组分极为复杂、非均相体系、反应条件苛刻等问题，应大力发展微化工技术等过程强化技术，提升传质传热效率，加快反应速率，提高过程的安全性和反应的选择性。

3. 仿生催化等绿色反应技术——解决功能性材料的功能保障问题

针对一些生物基材料具备生物安全、可降解等特定功能，应大力发展发生催化等绿色反应技术，提高催化转化效率的同时，降低催化剂残留所造成的毒性，实现降解速率的可控调节，以保障功能性材料的特定功能。

5.3 生物降解塑料未来各重点发展品种的产业现状与前景

5.3.1 天然基生物降解塑料

利用可生物降解的天然高分子物质为基材制造的生物降解塑料，包括：基于淀粉直接改性的热塑性全淀粉基塑料、纤维素基塑料、木质素基聚氨酯、壳聚糖及其衍生物系抗菌塑料等。

1. 淀粉基生物降解塑料

1）淀粉基生物降解塑料分类

淀粉基生物降解塑料有三类，分别是淀粉填充塑料、淀粉共混塑料和全淀粉塑料。20 世纪 90 年代后，经过反复争论和多年实践，对于淀粉基塑料达成以下共识：①采用淀粉开发具有生物降解塑料的潜在优势在于：淀粉在各种环境中都具备完全的生物降解能力；塑料中的淀粉分子降解或灰化后，形成二氧化碳和水，不对土壤或空气产生毒害；采取适当的工艺使淀粉加热塑化后可达到用于制造塑料材料的机械性能；淀粉是可再生资源，开拓淀粉的利用有利于农村经济发展。②20 世纪 80 年代的填充淀粉塑料（淀粉含量 7%～30%）虽然发展到每年产量几亿千克，但由于不能完全降解，对解决污染意义不大。加上与传统塑料相比填充淀粉塑料在性能/价格比上竞争力相对较差，回收更不利，因而在国外属于淘汰型产品。③所谓降解塑料必须在废弃后短期内能百分之百降解为无害物质（如 CO_2 和 H_2O），否则就无推广意义。

淀粉填充塑料主要是指用淀粉填充通用塑料，如 PE、PP 等。以淀粉填充 PE 为例，其制造过程为淀粉干燥至含水 1%以下，和增容剂及助氧化剂等共混制成淀粉母料（starch masterbatch），然后与 PE 共混，用传统方法加工成膜。其特点是：淀粉添加量不超过 30%，降解速率慢且不能完全降解，会引起二次污染问题，不宜大力推广。

淀粉共混塑料多为凝胶化淀粉与树脂共混而成，如淀粉 PE 共混塑料是凝胶化淀粉与 PE 共混而得。目前主要工作为增加淀粉与树脂的相容性，方法有三：①改性淀粉，如对淀粉接枝改性、用偶联剂表面处理等。加拿大的 St. Lawrence Starch 公司用硅烷偶联剂处理淀粉，再加入玉米油抗氧化剂，以母料方式工业化生产“Ecostar”生物降解母料。日本研究了改性淀粉-乙酸乙烯酯共聚物与 LDPE 共混挤出、以环氧改性的二甲基硅氧烷处理淀粉，再与 LDPE 共混。②PE 改性，如与马来酸酐接枝等。③加入相容剂，如 EAA、EVA、EVOH、淀粉接枝 PMMA、淀粉接枝 PS、淀粉接枝 MAH、淀粉接枝丙烯酸乙酯、淀粉接枝 PAA、SBS 等。

以淀粉为主体，加入适量可降解添加剂，生产生物全降解塑料，从环保角度看，这是一种最有发展前途的产品。目前遇到最大的技术难题是解决制品防水和强度与柔韧性问题。如前所述，淀粉属于碳水化合物，以颗粒形式存在，具有亲水性质，但在冷水中不溶解，在热水中颗粒崩解而糊化变得黏稠。而以淀粉为主体的全降解制品，要求防水、防热，有一定强度和柔韧性，这些使用特性与淀粉原始特性存在尖锐的矛盾，尤其是防热防水性，是国际上悬而未决的难题。目前，解决的办法是对制品表面涂膜“穿衣”，即在制品表面涂覆一层非水深性薄膜，但这样做的结果势必会影响制品的降解性能，同时增加生产成本。因此进一步提高制品使用性能、拓宽其应用领域、降低制品生产成本及实现工业化生产是今后研究的重点。在全淀粉塑料中，添加的其他组分也是能完全降解的。目前已有日本住友商事株式会社、美国 Warner-Lambert 公司、意大利 Ferrizz 公司等宣称研究成功淀粉含量为 90%～100%的全淀粉塑料，在 1～12 个月内完全生物降解而不留任何痕迹，无污染，可用于制造各种容器、瓶罐、薄膜和垃圾袋等。全淀粉塑料的生产原理是使淀粉分子变构而无序化，形成具有热塑性能的淀粉树脂，因此又称为热塑性淀粉塑料。其成型加工可沿用传统的塑料加工设备。预计，全淀粉热塑性塑料是今后发展的重点。

2）淀粉基生物降解塑料特点

淀粉基生物降解塑料是淀粉经过改性、接枝反应后与其他聚合物共混加工而成的一种塑料产品，具有生产成本低、投资少、使用方便、可生物降解的特点。它属于可热塑加工型塑料产品，能用普通的塑料热塑加工机器加工，在工业上可以代替聚乙烯、聚丙烯、聚苯乙烯等塑料，用作包装材料、防震材料、地膜、食品容器、玩具等。淀粉基生物降解塑料的所有组分在自然环境中均可完全降解，其中少量添加助剂也是可降解及无毒无害的。降解生成 CO_2 和 H_2O，CO_2 又可参与自然界的碳循环，降解后对环境无污染。若开发适当的共混助剂及加工工艺，使淀粉基生物降解塑料的使用性能达到传统石油基的塑料水平，则可大规模推广使用。

3）淀粉基生物降解塑料发展问题

近年来，国内外进行了大量淀粉基生物降解塑料相关研究，但仍面临着一些问题。例如，淀粉与部分聚酯相容性差，需要寻找或合成合适的相容剂；共混物本身的某些力学和加工性能已达到或接近传统塑料的水平，但综合性能仍存在不足，难以满足不同用途塑料制品的要求；其他问题还包括如何控制 TPS 基质在长期储存时发生回生，淀粉基塑料的降解速率如何调控以适应不同制品的应用要求，淀粉基生物降解塑料制品的流变及成型加工特性还未得到充分研究等。

4）淀粉基生物降解塑料国内外研究现状

发展淀粉塑料不仅为解决“白色污染”，而且也希望减少对石油的依赖和节省石油资源，并开辟玉米淀粉的应用新途径。在美国每年玉米总产量高达数亿吨，大大超过其国内市场需求量，且玉米淀粉售价低，所以政府拨巨款资助淀粉塑料推广应用计划。

意大利的 Novamont 公司生产了淀粉-聚乙烯醇共混物合金，商品商标为 Mater-Bi，它有三种不同产品系列。A 系列的基本组分是淀粉、乙烯-乙烯醇共聚物和普通的增塑剂，这类材料主要用于注射成型制品；Z 系列的主要组分是淀粉、乙烯-乙烯醇共聚物、生物降解聚酯和普通增塑剂，这类材料主要用于生产薄膜和片材；V 系列的主要组分是淀粉，用于生产泡沫材料。

学者 Loercks 申请了一项热塑性淀粉降解塑料专利，它把疏水性的可生物降解聚合物（脂肪族聚酯、脂肪族与芳香族共聚酯等，充当增塑剂或溶胀剂）加入到淀粉熔体中，均匀混合，制成淀粉母料。使用疏水性的可生物降解聚合物充当增塑剂或溶胀剂的好处是在热塑性淀粉熔体中不会有挥发分或可迁移的增塑剂存在。如果在把天然淀粉转变为热塑性淀粉过程中有低分子量的增塑剂或溶胀剂存在，在以后的脱挥处理中若不能很好地除去，就有产生解体淀粉的危险。该疏水性的可生物降解聚合物最好为共聚酯和聚酰胺，这样可以提高淀粉/聚合物材料的某些性能，如疏水性能。在热塑性淀粉塑料混合过程中，需加入相容剂使亲水、极性的淀粉聚合物相和疏水性、非极性的其他聚合物相混合得更均匀，以提高材料的力学性能。热塑性淀粉挤出过程中，若含水量≥5%，则生成的是解体淀粉而不是热塑性淀粉。需要指出的是，在天然淀粉与疏水性的可生物降解聚合物熔融共混时，天然淀粉的含水量＜1%是非常重要的。这是因为，疏水性聚合物分子链中的酯基在无水情况下与天然淀粉发生酯化反应，形成相容剂，使两相分子发生偶合，从而形成了连续相。如果淀粉比较潮湿，这一反应会受到其他反应的竞争。在水分存在时酯基并不与淀粉反应，而是发生水解，阻止了相容剂的形成并使水解的地方或相容剂形成的地方不可能有良好的分散，从而也就无法把天然淀粉转变为热塑性淀粉。如果含水量太低，淀粉分子会发生降解。因此，在把天然淀粉转变为热塑性淀粉的过程中，一个非常重要的因素是：在与增塑剂混合时应把天然淀粉的熔点降低到能制止淀粉分子分解的程度（增塑剂加入的目的之一就是降低淀粉的熔点），同时淀粉应干燥至足以制止解体淀粉形成的程度，两者必须兼顾。

Sun 等（2004）对淀粉和 PLA 反应共混制备高强度塑料进行了研究，他认为 PLA 具有很好的力学性能，是最有潜力的生物降解材料，但由于 PLA 成本高、降解速率比垃圾积累速率慢、在玻璃化转变温度（60℃）以上时弹性模量降低 85%并变得很软；也由于淀粉作为降解塑料的水溶性以及共混物的热力学不相容性而导致强度较低，从而使其应用领域有限。所以要制造高强度 PLA/淀粉共混物塑料，必须解决相容性问题。在制得的复合材料中，淀粉不再是填料，而是通过与相容剂的作用变成可相容的聚合物，成为复合材料的一部分。

5）淀粉基生物降解塑料发展前景

淀粉基生物降解塑料市场前景广阔，有利于环境保护和实现可持续发展。开发成本较低、使用和储存性能良好的淀粉基生物降解塑料，实现商品化生产及在日常生活中的广泛应用，仍需进行深入研究。作为可降解塑料的一个重要发展分支的全淀粉型塑料的发展优势在于：淀粉在一般环境中就具备完全可生物降解性；降解产物对土壤或空气不产生毒害；开拓淀粉新的利用途径可促进农业发展。但是全淀粉塑料研究的程度不深，显然这方面仍然有巨大的研究空间。在各类生物降解塑料中淀粉基生物降解塑料已有 30 年的研发历史，是研发历史最久、技术最成熟、产业化规模最大、市场占有率最高、价格较低的一种生物降解塑料。国外淀粉基塑料产品生产商主要有意大利的 Novamont 公司、美国的 Warner-Lambert 公司和德国的 Biotec 公司。国内包括中国科学院、北京理工大学、武汉华丽生物股份有限公司、比澳格（南京）环保材料有限公司等多家研究机构和企业实现了淀粉基塑料的产业化。

淀粉作为天然高分子，降解后不但不会造成污染，而且能增加土壤的生物活性。就我国国情而言，淀粉塑料的前景是十分乐观的。我国作为一个农业大国，有丰富的淀粉资源，如玉米、木薯、红薯、马铃薯、山芋等，发展淀粉塑料有利于充分利用资源。随着降解塑料的不断发展，淀粉基生物降解塑料，特别是可完全生物降解、不对环境构成任何危害的热塑性淀粉是近来研究的热点。这一高科技产品必然有着广阔的发展前景。

生物降解塑料尽管存在种种问题和争议，但它正处于蓬勃发展时期，主要发展趋势为：①根据不同用途及环境条件，通过分子设计、改进配方、开发准时可控性环境降解塑料；②积极研究开发高效价廉光敏剂、氧化剂、生物诱发剂、降解促进剂、稳定剂等，进一步提高准时可控性、用后快速降解性和完全降解性；③加强对全淀粉塑料（热塑性淀粉塑料）的研究；④为加速降解塑料的发展，各国正致力于加速研究和建立统一的降解塑料的定义、降解机理、安全性的试验评价方法和标准。

2. 蛋白质基可降解生物塑料

1）蛋白质基生物降解塑料特点

蛋白质生物塑料具有诸多优良的综合使用价值：通过堆肥可完全生物降解；以农副产品蛋白质为原料，增加农副产品的附加值；环境友好型蛋白质生物的推广使用，能够解决部分环境污染问题；可沿用传统高分子合成类塑料的加工工艺和设备，降低生产成本；成本低廉的同时基本符合塑料产品性能要求等。可生物降解材料现在已渗透到许多前沿学科领域，主要应用包括：胶黏剂、食品及工业绿色化包装材料及农用薄膜、药物输送及释放材料、组织工程支架材料、人工骨材料和超强吸水材料纤维素基生物降解塑料。

最近几十年，农副产品植物蛋白质作为一种非石油、可生物降解和可再生的资源逐渐受到关注。现在以农副产品蛋白质为原料生产的生物塑料被称为“第二代生物塑料”产品，是当前世界上重点开发的生物降解塑料之一。目前通常采用动植物废弃蛋白质为生产原料，如动物角蛋白、禽类羽毛蛋白、大豆残渣蛋白、小麦麸质蛋白、棉籽蛋白等。而且蛋白质塑料已经在许多特殊领域显示出其应用价值，如农用薄膜、植物培养塑料盆、塑料花瓶等农业园林领域，医用输液管、组织工程支架、药物载体等生物医用领域，食品包装、一次性环保餐具等食品领域。我国具有巨大的棉籽蛋白资源，每年提油后的棉籽粕年产量超过 400 万 t，约含有棉籽蛋白 160 万 t。但是只有 5%～10%的棉籽蛋白被用在饲料行业，大部分棉籽被用作肥料或者食用菌的培养。然而，棉籽蛋白具有很好的氨基酸组成和加工可塑化效率，类似于大豆蛋白，所以可将其作为一种重要的蛋白质来源用来制备植物蛋白可降解塑料材料。

2）棉籽蛋白可降解塑料国内外研究趋势

目前国内外对植物蛋白质基可降解塑料的研究主要集中在大豆（分离）蛋白、小麦麸质蛋白等，而对棉籽蛋白可降解塑料的研究和利用棉籽蛋白为基体合成可降解高分子材料的研究少有报道。未来可考虑以无腺棉籽蛋白粉为原料，在对棉籽蛋白进行化学改性、交联、增塑、共混等改性基础上，通过热压硫化成型制备无腺棉籽蛋白基可降解生物塑料。在此过程中，研究不同改性手段以及棉籽蛋白与其他组分之间的相互作用对无腺棉籽蛋白塑料相关性能的影响。重点研究无腺棉籽蛋白粉的可加工性能、合成机理及其结构表征；无腺棉籽蛋白塑料的机械性能以及蛋白质大分子链段在受热状态下的流变性能以及微观转变行为；吸水/疏水性能和其与水分子的相互作用，水分子在其中的存在状态。充分利用棉籽榨油后的棉籽蛋白粉资源，拓展棉籽蛋白在非饲料行业的应用；可为无腺棉籽蛋白在可降解塑料领域做一些有益的探索，同时对开发植物蛋白基可降解塑料与高性能化（在潮湿环境中提高机械性能等）提供重要的理论指导。

3）蛋白质基生物降解塑料发展前景

蛋白质生物塑料作为一种新型的环境友好的可生物降解塑料，经过全世界科学界与工业界的不懈努力，目前已经开辟了一个广阔的研究和发展空间。如美国CerePlast公司已经成功地由可再生蛋白资源（玉米蛋白、豆类蛋白、藻类提取蛋白等）生产出高质量的食品包装塑料和塑料餐具等产品。为了进一步提高或改善蛋白质生物塑料的机械性能，采用绿色高效的加工技术，生产出接近传统塑料使用强度的生物塑料产品，未来的研究重点应放在以下方面。

（1）定量可控性研究：定量研究不同改性方法对蛋白质生物塑料机械性能的影响，以此为依据进行机械性能的可控性研究。既要使蛋白质生物塑料能够完全生物降解，又能控制其保持一定的机械强度和使用寿命。在植物蛋白可降解塑料中使用少量添加剂如防腐蚀剂、抗氧化剂、香味剂等可扩大其应用领域。

（2）高性能化研究：为了能够使蛋白质生物塑料适应不同环境或满足某些特殊使用要求（如高温潮湿环境和生物医药领域），必须寻找能够同时提高蛋白质生物塑料机械性能、疏水性能、生物相容性等的改性技术。在寻求改性方法的同时又要考虑许多内在因素，如蛋白质基体与增塑剂或者共混物的结合力和分散性、相对湿度敏感性、醛类交联剂的毒性、物理改性方法引起蛋白质降解等。

（3）降解机理研究：高分子材料的环境降解包括物理降解、化学降解以及生物降解。深入探索基于蛋白质的高分子材料的各种降解机理，对于控制各种基于蛋白质的高分子材料的使用寿命，具有重要的实用价值。

（4）寻找蛋白质新来源：目前用来制备生物塑料的动植物蛋白质资源组分复杂、氨基酸组成固定，不利于蛋白质生物塑料可控性及高性能化深入研究。未来利用基因改良技术培育的转基因农作物，可为蛋白质生物塑料提供特定氨基酸组成的蛋白质来源，进而优化蛋白质塑料的机械性能及产品结构。例如，加拿大Nexia生物技术公司通过转基因技术（将蜘蛛纤维的基因转入到羊体内，然后纺织从羊奶中提取的蛋白质）人工合成超强度蜘蛛丝纤维便是最成功的一例。

（5）绿色高效的生物精炼加工技术：英国约克大学绿色化学卓越中心（Green Chemistry Centre of Excellence，University of York）开发利用环境友好微波技术将各类生物质转化为高附加值产品。微波辐射可以加热整个材料，对于低热导性材料尤其有效。另外，由于可以通过调节电压/电流来控制微波加热，使其在快速加热、精确控制温度、促进一些特殊的化学反应等方面显示出独特的优点。

3. 纤维素基生物降解塑料

1）纤维素基生物降解塑料的特点

纤维素材料本身无毒，可以粉状、片状、膜以及长短丝等不同形式出现，这使得纤维素作为基质材料的潜在使用范围非常广泛。全世界通过光合作用产生的植物物质每年高达 10^{12} t，天然纤维素含量高达 2×10^{11} t，其中89%目前未被人类利用，只有11%用作农作物产品、饲料、造纸和建筑原料，绝大部分天然纤维素原料在自然环境中被各种微生物分解转化，最终形成了 CO_2 和 H_2O，导致了天然资源的巨大浪费。

自20世纪70年代以来，国内外对以纤维素高分子材料为基质制作降解塑料以及降解方式的研究达到了白热化状态，该领域已经成为世界各国竞相开发的热点。以纤维素为基质制造降解塑料的优势主要体现在以下几点。

（1）纤维素来源广泛，数量巨大，本身无毒，被微生物完全降解，与环境同化，现多作为废弃物。

（2）纤维素是地球上一种可再生的绿色材料资源，不仅可有效提高农林生产的经济效益，消除废弃塑料“白色污染”，维护生态平衡，还可以大大减少以石油资源为原料的塑料用量，为塑料工业开辟取之不尽的原料资源。

（3）纤维素分子中含有许多的羟基，具有较强的反应性能和相互作用性能（酯化、醚化、氧化及热效应自身交联反应等），可引入多种功能基团，接枝改性后可制造出不同性能的地膜材料。这类材料加工工艺比较简单、成本低、加工过程无污染。由此可见，开发以纤维素材料为基质的生物降解地膜对建立生态平衡、保护环境、节省资源、发展经济和参与国际市场竞争等方面具有重大的意义。

2）纤维素基生物降解塑料发展问题

纤维素降解地膜主要存在四个方面的问题：一是生产工艺烦琐，成本较高，存在 CS_2 的污染；二是干湿强度、拉伸强度、断裂伸长率、韧性和透光性能不足；三是纤维素基生物降解薄膜配方中用来增强薄膜力学性能及湿强度的助剂，在土壤中降解后，对农作物生长性能的影响还有待进一步的评价；四是纤维素基生物降解塑料薄膜缺乏统一的认识和确切的评价方法，没有统一的识别标志和产品检测标准，使技术市场和产品市场较为混乱。

3）纤维素基生物降解塑料发展前景

纤维素基生物降解塑料今后的发展方向主要集中在以下几个方面。

（1）进一步开发研究植物纤维素物理或化学改性的新方法、新技术和新工艺，提高纤维素材料的功能特性，获得机械性能、使用性能和降解性能等各项性能均较理想的纤维素基复合降解塑料。

（2）通过对具有生物降解性的合成高分子生物降解机理的解析，制取理想的生物降解塑料。同时，对这类高分子与现有通用聚合物、天然高分子和微生物类聚合物等的嵌段共聚进行大力研究开发。应着力探寻控制纤维素基生物降解塑料降解过程的方法，以便根据不同生产与生活需求，制造出降解方式和降解期限可调控的纤维素基生物降解塑料。

（3）研究开发废弃的农作物秸秆资源直接作为制造可降解塑料地膜原料的新方法与新技术，解决纤维素基生物降解塑料生产成本问题，使纤维素基可降解塑料具有更实际的推广应用价值。

（4）利用高分子设计手段，采用生物合成技术、精细化学合成技术以及基因改良技术，研究纤维素及纤维素基生物降解塑料的新品种，为大规模工业化生产及推广应用开辟新的领域。

5.3.2 生物基生物降解塑料

1. 聚乳酸

1）聚乳酸特点

PLA 等降解塑料产品因其环保性、经济性优势，必将成为新一代最具有发展前景的生物材料之一，也必将占据更多的市场份额。而包装领域仍将是生物降解塑料最大的应用市场，生物降解塑料产业将迎来发展新契机。

因为 PLA 具有良好的生物相容性、可降解性和来源于生物原材料等特点，早在 20 世纪 30 年代，美国著名的高分子化学家 Carothers 就曾对 PLA 做过研究，但由于所得聚合物的分子量较低，用途不大。1954 年，杜邦公司由丙交酯（LA）开环聚合制得了相对较高分子量的聚乳酸，并于 1954 年申请了专利。1966 年，Kualkarni 等报道了聚左旋乳酸手术缝合线的合成和生物降解性。1975 年，Yolles 等则报道了聚乳酸可广泛用作药物控释体系的载体。1987 年，Leenslag 和 Pennings 采用四苯基锡为催化剂，制备出高分子量的聚乳酸，其力学性能有了很大改善。

聚乳酸在人体内的降解性和降解产物的高度安全性相继得到确认，其作为一种新型可生物降解的医用高分子材料的研究开始显示出广阔的前景。近年来，研究主要集中在制备超高分子量 PLA，制备具有特定组成和结构、降解速率可控的 PLA 及共聚物，致力于发现高效无毒的催化剂，以及在抗癌化疗用药、多肽、疫苗制剂的应用。目前已经实用化的聚乳酸材料有缝合线纤维、骨折内固定材料、组织缺损修补材料和药物缓释性载体。

与其他生物基或者生物降解塑料相比，PLA 是其中最具代表性和最重要的一种塑料。PLA 合成单体乳酸由可再生的植物资源（玉米、木薯等）通过微生物发酵制得，无需消耗石油资源；PLA 能在自然界中彻底降解，分解为二氧化碳和水，对生态环境没有污染。其领先地位可以由目前 PLA 在包装、纺织、医药卫生等领域的广泛应用，越来越多的 PLA 新型产品，逐渐增加的在建项目，日益扩大的工业生产规模和加工企业数量，以及与 PLA 相关的专利及文章的发表来证明，在当今社会必然有着广阔的研究和应用前景。

2）聚乳酸发展问题

与传统的石化塑料相比，PLA 也存在如下缺点：①聚合产物的分子量分布过宽，PLA 本身为线形聚合物，使得产品强度往往不能满足要求，脆性高、热变形温度低（0.46 MPa 负荷下为 54℃）、抗冲击性差；②降解周期难以控制；③目前价格昂贵。近年来，国内外学者通过改进 PLA 的聚合工艺和改性技术，使其性能日趋提高和完善。

除此之外，PLA 的韧性也比较差，缺少弹性及柔性，质地硬而且脆性大，熔体强度相对较低，结晶速率过慢，上述缺陷限制了其在很多方面的应用。PLA 的化学结构中含有大量的酯键，导致其亲水性差，降解速率需要控制等。生物降解塑料 PLA 还存在力学性能差和加工性能差的问题，很难满足工业化生产要求，还有待进一步提高和完善。目前仍然需要不断研究和开发具有自主知识产权的新方法、新工艺和新技术对其改性，简化合成路线，降低生产成本，增强参与国际竞争的能力。

3）聚乳酸国内外研究现状

近年来随着化石能源的不断减少，人们环保意识的逐渐增强，PLA 已经成为现在世界上公认的在各方面性能均较佳的可降解的生物材料，与此相关的一些研究正在逐步升温。到现在为止，PLA 主要的改性方法有物理（共混）改性和化学共聚改性，使用这两种方法可以得到不同的 PLA 复合材料。物理共混改性的原料很多，并且操作起来非常简单；化学改性能有效设计合成，但其过程烦琐并且成本较物理改性要高出很多，但同时也存在很多问题，例如，是否能找到价格更加便宜、来源更加广泛的填料，研究发现更多的合成路径，找到新的方法使我们得到综合性能更加优良的 PLA 复合材料。随着研究的不断增加，以 PLA 为原料合成的可降解一次性用品和医学生物支架等产品越来越多，再加上 PLA 改性技术在不断发展，并且可采用的来源更多为可再生资源，PLA 作为新型生物材料和功能材料将会有更加突出的价值，以 PLA 为代表的可降解生物材料产业将会迎来新的发展契机，同时实现资源的可持续发展。

a. PLA 的物理改性

物理改性是基于材料共混改性完成的。共混改性是在保持聚合物原有优良性能的前提下，有针对性地对其某些有缺陷的物理机械性能进行改进，同时使生产成本降低。

（1）增塑剂与 PLA 共混。

（2）成核剂与 PLA 共混。在 PLA 中加入成核剂熔融共混，可以加快成核速度，拓宽共聚单体的范围，寻找新型单体以合成具有特殊性能的 PVAC 共聚乳液。

（3）无机填料与 PLA 共混。高岭土和蒙脱土都属于层状硅酸盐，可以将其与 PLA 填料共混制备聚乳酸/层状硅酸盐纳米复合材料。

（4）纤维素与 PLA 共混。在自然界中纤维素是分布范围最广泛、所占比重最大的天然高分子材料，具有可降解、可再生的能力，并且来源丰富、价格低廉。将 PLA 和纤维素进行共混不仅能够提高 PLA 的降解性能，还能增强 PLA 的力学性能。

（5）其他可降解材料与 PLA 共混。

b. PLA 的化学改性

化学改性是将活性基团或单体以共价键的形式与 PLA 结合，结合力相对较强。

（1）共聚改性。羟脯氨酸含有 3 个活性官能团，并且生物相容性良好，与乳酸共聚后仍含有反应活性基团，能有效提高 PLA 材料的亲水性能。

（2）扩链改性。扩链改性后的复合物分子量增大，特征黏度将有所增加。

（3）接枝改性。

（4）交联改性。

随着 PLA 生产成本逼近传统塑料成本，应用市场的大力开拓、普及使用将进入高潮，PLA 工厂的建设也将在全球展开。近年来，PLA 技术和工业化生产取得了突破性进展。1997 年，美国嘉吉公司和陶氏化学公司各占 50%股份的合资公司开发的商品 PLA，当时生产能力仅为 16 kt/a；2001 年 11 月，该公司投资 3 亿美元采用两步聚合技术，在美国建设投产了 136 kt/a 的装置，这是当时世界上最大的 PLA 装置。沃尔玛将全美及邻近国家的沃尔玛超市内所有产品的包装均换成 PLA 制品。据称，该包装可避免出现传统塑料包装袋中水分凝结的现象，使得产品销量有所上升。沃尔玛还把该技术扩大到塑料包装盒，希望能使产品运输更优化，食品更安全。Blue Lake 成为世界上首家采用 PLA 瓶进行全天然有机果汁饮料包装的公司，该瓶无论从透明度还是从保证产品 60 天货架期的良好阻氧性来看都比PE瓶好很多，且PLA的低融化系数使其完全适用于饮料的低温包装。College Farm牌糖果在采用PLA薄膜包装后更好地保留了糖果的香味。Monte新鲜产品公司于2004年年底开始采用PLA包装材料，同年Biota矿泉水公司也开始使用PLA瓶。Avery Dennison公司则采用PLA薄膜作为自黏性标签底膜。另有研究机构将乳酪生产后的废弃土豆转化为葡萄糖糖浆，将其发酵后的酵液经电渗析分离、蒸发后可制得薄膜与涂层的PLA；由其制成的保鲜袋可代替含有PE和防水蜡的包装材料。Gilbreth包装公司制作的低成本PLA生物基收缩标签和防伪带贴到包装上所需的热量和能量更少。罗门哈斯公司研发了多种丙烯酸添加剂以保持PLA加工产品的高透明度。杜邦包装公司推出的新型聚合物添加剂Biomax Strong可增加PLA的韧性、冲击强度、柔韧性和稳定性，同时也符合美国及欧洲制定的关于可应用于食品接触材料所需的标准。

日本是世界PLA重要的开发和应用国家，其中三井化学品公司和NatureWorks公司合作推出了“RACEA”牌PLA包装材料。钟纺合纤公司（Kane-bo）制造了环保型PLA发泡包装材料，废弃后可作堆肥。有学者开发了由结晶型PLA、增塑剂和无机填料组成的包装袋，柔韧性和机械性能优良，适用于自动包装机。NEC公司开发出的新型PLA复合材料，其中含有20%的天然纤维Kenaf(泽麻)，耐热性和刚性良好；富士通电子集团与东丽工业公司合作，将PLA与具有高玻璃化转变温度的聚碳酸酯混配成合金，研制成新型的高抗冲性、抗热性、低可燃性和良好模塑性的材料；尤尼奇卡公司与丰田工业大学合作研发了注塑级PLA纳米复合材料。以上材料均达到电子应用规格，可用于电子设备外壳等工业产品的制造。松下电池公司与三菱树脂公司合作，将一种干性电池的包装全部换成了PLA材料。大阪市工业研究所、新生纸化工业公司和大八化学工业公司共同开发出用于制造食品包装膜袋或容器的PLA材料，该材料中添加了安全易分解的可塑剂，能显著加快包装材料填埋后的分解速率。此外，该材料在米袋、肥料袋、电子微波炉用方便饭盒、冷冻食品用膜等方面的应用也同样被关注和期待。为了扩大市场份额，Carigll-Dow乳酸公司宣布与三井化学品公司合并，进行PLA的应用开发，将与日本针纺、三菱树脂、可乐丽等用户合作开拓新的应用领域。

2011年世界PLA生产商有近20家，主要集中在美国、德国、日本和中国。美国NatureWorks公司是目前世界上最大的PLA生产厂家，年产能达到14万t，其以玉米等谷物为原料，通过发酵得到乳酸，再聚合生产生物降解塑料聚乳酸。该公司2011年在亚洲建设其第二个PLA生产基地，规模同样为14万t/a，并对泰国、马来西亚、中国3个国家的PLA原料来源及市场增长前景进行了评估。

近年来，国内掀起了PLA项目的开发热潮，我国也有越来越多的高校、科研机构和企业参与了 PLA 的研发和生产。中国科学院长春应用化学研究所和浙江海正生物材料股份有限公司已建成国内规模最大、年产 5000 t 的 PLA 树脂工业示范生产线，产品的各项性能指标均全面达到或部分超过美国同类产品水平，跻身世界前列。同济大学任杰发明的“一步法”将玉米发酵成 LA 直接做成 PLA 塑料颗粒，使 PLA 塑料的价格从 3000 美元/t 降到 1000 美元/t，基本接近了石化塑料的价格。上海同杰良生物材料有限公司应用该技术已建成千吨级生产线，并正在筹建万吨级生产线。江苏九鼎集团有限公司承担的项目“生物可降解聚酯材料——PLA 的开发及产业化”已通过验收，中试生产的纤维级 PLA 与 NatureWorks 公司产品指标相当；现已建成年产 1000 t 的生产线，正在扩建 3000 t 生产线。兰州大学开发了“100%全生物分解材料 PLA 共混”技术，基于该技术建成的生产线已在甘肃省临夏州永靖县一家企业投产，将拥有年产 3 万 t PLA 的能力。哈尔滨威力达药业有限公司与 Inventa Fisher 公司合作建设 PLA 项目，可建成年产 1 万 t 的生产线。另外，拟建或扩张的 PLA 生产项目规模大多达万吨级，如吉林粮食集团有限公司拟建 5 万 t/a、济南新合纤拟建 1 万 t/a、中国华源集团有限公司拟建 2 万 t/a 的生产线。2016～2020 年，中粮集团在吉林省投资 100 亿元，建设 1000 t/a 的国家级 PLA 工程示范中心。

在我国，生物降解塑料的研究一度成为热点，但大多数是天然高分子/通常塑料复合体系，或基于天然高分子（主要是淀粉、纤维素）的改性，能工业化的产品不多，对全降解塑料的研究也不够。我国是农业大国，乳酸来源丰富。乳酸除直接用作食品添加剂外，还有乳酸酯、乳酸盐等后续产品，但产量小，难以刺激市场。并且现有乳酸品种都是通常的消旋乳酸，不能满足聚合要求，左旋乳酸年产仅 1 kt 左右。已开发的乳酸研究大多集中于医用材料，且直接乳酸工艺所制得产物的分子量仅能达到 1×10^4～2×10^4 的水平。真正的降解塑料的研究尚未开发，所以这也是一个机遇。PLA 属合成直链脂肪族聚酯，在医用领域是最重要的可降解高分子材料。PLA 树脂替代现有降解材料已成为必然，并具有与烯烃类聚合物竞争的能力。我国由于制备工艺、成本的限制，在降解塑料领域起步较晚，但越来越受到重视，所以发展我国 PLA 工业将显得越来越重要。

4）聚乳酸的发展前景

为了使 PLA 更快更广泛地应用于我国包装领域，今后的研究应从以下方面着手：①建立快速、简便的 PLA 生物降解性评价方法；②深入研究 PLA 的分解速率、分解彻底性、降解过程和机理，开发可控制降解速率的技术；③通过结构和组成的优化、加工技术及形态结构的控制等，开发调控 PLA 材料性能的新手段，以拓展其应用范围；④加大研发投入，加强产、学、研合作，开发具有自主知识产权的新方法、新工艺和新技术，简化 PLA 合成路线、降低生产成本；⑤在加强知识产权保护意识的同时，充分利用国外的失效专利和尚未在国内申请保护的专利，形成自己的技术特色与品牌；⑥欢迎和鼓励风险投资，与国外企业合作开发新型PLA包装产品。

2. 聚丁二酸丁二醇酯

1）聚丁二酸丁二醇酯的特点

聚丁二酸丁二醇酯（PBS）作为一种典型的脂肪族聚酯，也是一种半结晶型热塑性塑料，熔点较高，力学和加工性能优异，在使用和储存过程中较稳定，同时能在酶、微生物等条件下降解为二氧化碳和水等物质，有广泛的应用领域和研究价值。PBS及其共聚物的强度和韧性可与LDPE相媲美。

与天然高分子如淀粉、纤维素等和其他化学合成的可降解高分子相比，PBS的综合性能较佳，这类材料已经广泛应用于一次性包装、餐具、化妆品瓶及药品瓶、农用薄膜、农药及化肥缓释材料等领域。

2）聚丁二酸丁二醇酯国内外研究现状

PBS的合成方法可以分为化学聚合法和酶聚合法两大类。目前，酶聚合法由于受到合成成本较高、产物分子量低等限制而尚未广泛使用。化学聚合法合成成本较低，同时可以根据产品性能需要对聚合物分子链结构进行设计，主要包括熔融缩聚法、溶液缩聚法、酯交换法和扩链法等。其中熔融缩聚法是现在工业上应用最广的PBS聚合方法。

近年来随着石油资源日益短缺，人们环保意识的不断提高，PBS作为现今世界公认的综合性能较好的可替代石油基聚合物的生物降解塑料，相关研究逐渐升温。目前物理共混改性和化学共聚改性是PBS改性的主要方法，通过这两种手段可制备适应不同要求的PBS材料。物理共混改性制备的材料类型丰富，操作简单，化学改性能从分子层面有效改性PBS的性能，但过程繁杂且成本较高。目前PBS的改性面临的问题也很多，比如能否找到价格更加低廉、来源更加广泛的填料，研究新的合成途径，探究新的工艺以得到综合性能优异的生物降解PBS材料。随着研究的深入，近些年PBS在可降解一次性用品和医学生物支架以及塑料、包装领域的地位都越来越突出，PBS改性所采用的原料大多为可再生资源，可以预料的是随着PBS改性技术的不断改进，PBS作为新型生物材料和功能材料将会具有突出的推广价值，可使生物降解塑料产业迎来发展新契机，实现可持续发展。

目前较常见的PBS产品为日本昭和高分子株式会社生产的商品名为Bionole的PBS，Bionole为白色结晶型聚合物，可以制作各种包装材料。德国APACK公司开发了PBS降解塑料薄膜，可用于生产食品包装袋，并且密封性好，有利于食品保质期的延长。日本YKK公司以PBS为主要原料，制成各种具有一定力学强度和耐用性的塑料制品，深受消费者欢迎。随着环保市场的需求以及PBS合成工艺的成熟，PBS 产业化也取得了很大的成果。目前，日本三菱化学公司和昭和高分子株式会社的 Bionole 都已经实现 PBS 的工业化，其产品主要应用于注塑领域，而 Bionole 在食品应用领域受到限制，巴斯夫公司的 Ecoflex 已经形成 7000 t/a 的产能，其除了用在注塑领域外，还在薄膜中使用。在国内，我国山东汇盈新材料科技有限公司已经形成 5000 t/a 的产能，其主要应用在注塑及薄膜领域，而且还筹建了 20000 t/a 的装置。中国科学院理化技术研究所工程塑料国家工程研究中心自主研制开发了特种纳米微孔载体材料负载 Ti-Sn 的复合高效催化体系，成功合成了分子量超过 200000 的 PBS 聚合物，并与扬州市邗江佳美高分子材料有限公司签署协议，合资组建扬州市邗江格雷丝高分子材料有限公司。该公司总投资 5000 万元建设世界最大规模 2 万 t/a PBS 生产线，这标志着中国生物降解塑料产业开始大规模产业化的新纪元。虽然 PBS 产业化已经有了一定的成果，但是现在原料成本较高导致 PBS 价格要高于通用塑料，PBS 的市场推广受到了一定的限制。因此，PBS 的共混改性会进一步受到关注，尤其是与天然可降解高分子材料的共混。而 PBS 良好的力学性能和可加工性则为 PBS 共混改性提供了可行性。

PBS 的物理改性方面包括：无机填料改性、成核剂改性、天然高分子材料改性（淀粉对 PBS 的改性、纤维素对 PBS 的改性、其他天然高分子材料对 PBS 的改性）和生物降解塑料改性等；化学改性方面包括：脂肪族聚酯共聚、芳香族聚酯共聚、扩链改性、交联改性等。

今后 PBS 与天然可降解高分子材料共混改性还会集中在以下三个方面：①开发多品种的天然可降解高分子材料与 PBS 共混，拓宽应用范围；②各种天然纤维的处理以及 PBS 的相关改性来提高两种材料的相容性；③天然可降解高分子材料与 PBS 共混改性加工方法以及工艺的优化。

5.3.3 石油基生物降解塑料

重点发展以石化产业链中所生产的单体通过聚合所制造的可完全生物降解塑料，包括：聚己内酯（PCL）、聚丁二酸丁二醇酯（PBS）、聚对苯二甲酸-己二酸丁二醇酯（PBAT）。

1）聚己内酯的特点

PCL 的良好性能包括：渗透性、低毒性及生物相容性等。但是 PCL 尚有不足之处，其力学性能、降解性等性能不高，可以引入其他大分子与 PCL 共混进行改性。改性一方面可降低 PCL 的应用成本，主要通过与无机粒子和聚合物共混进行改性，这些分子比较廉价易得，有利于其推广应用；另一方面可以改善 PCL 的力学性能不佳、生物降解速率慢以及熔点低等缺点，使其性能更加优异。

2）聚己内酯发展前景

随着国内外研究者对生物降解材料研究的进行，PCL 的需求量越来越多，其应用发展前景甚好。此外，随着国家的经济发展，国家产业政策将会进一步向环保产业倾斜。鉴于我国的降解塑料的巨大市场，研究开发价廉质优的 PCL 改性生物降解塑料已迫在眉睫，其市场前景将十分广阔。

PCL 是可降解塑料的典型代表。它已被用于生物降解性控释载体的研究、微包囊药物制剂、食品包装材料、手术缝合线、医疗器材等，几乎一切非永久性的植入装置都有涉及应用。

将无机材料粒子用于聚合物填充改性，可改变复合材料的稳定性、耐热性、刚度、强度等。

将聚合物如天然高分子材料、PLA、聚酯类和聚酰胺类、PCL 成纤等改性 PCL 也可改变复合材料的各项性能。

5.3.4　共混型生物降解塑料

1. 二氧化碳基降解塑料

1）二氧化碳基降解塑料的特点

CO_2 基降解塑料的性能极佳，能够有效地隔绝氧气和水。同时还具有非常好的物理和化学性能。特别是其具有优异的加工性能。CO_2 基降解塑料可完全替代传统的塑料，用于生产泡沫材料、薄膜、医疗器械和餐饮具等。而且 CO_2 基降解塑料的处理方式很多，它也优于传统的塑料处理。例如，CO_2 基降解塑料在焚烧时仅生成二氧化碳和水，没有二次污染问题。如果将 CO_2 基降解塑料进行填埋处理，其也能在几个月内降解，不会污染土壤和地下水。因此，可以说 CO_2 基降解塑料是一种良好的环境友好型材料。特别是现如今世界各国都强调环保和开发环境友好型材料，又综合考虑 CO_2 基降解塑料优秀的性能，以及容易降解等优点，CO_2 基降解塑料技术将具有广泛的市场前景和竞争力。

2）CO_2 基降解塑料国内外研究现状

我国关于 CO_2 基降解塑料技术的研究开始于 20 世纪 90 年代。我国目前实现工业化生产的，主要是环氧丙烷和环氧乙烷为原材料制成的 CO_2 基降解塑料。我国首套自主生产的工业化 CO_2 基降解塑料装置属于内蒙古蒙西高新技术集团有限公司，该装置的生产能力能达到每年 3000 t；中国海洋石油集团有限公司也建成了年产 3000 t 的 CO_2 基降解塑料生产线；中兴恒和投资集团有限公司投资的生产能力达到每年 5000 t 的 CO_2 基降解塑料装置也在吉林省松原市建成；河南天冠企业集团有限公司等企业也有在与高校和研究所进行合作，共同开发 CO_2 基降解塑料装置。此外，中国科学院长春应用化学研究所也一直致力于CO_2基降解塑料技术的研究和扩大其工业化规模的研究，目前也与很多企业进行合作。

国外关于CO_2基降解塑料技术的研究最早始于美国和日本等发达国家。日本政府和美国能源部一直对开发此项技术投入很大。美国在1994年就已经生产出了可降解的CO_2基聚合物。目前美国已经拥有年产量达到20000 t的CO_2基降解塑料生产装置。俄罗斯和韩国等国家也都加大了对CO_2基降解塑料技术的研发，目前韩国也已经拥有年产量达到万吨级的降解塑料装置。出于对环境保护的需要，现在世界范围内对CO_2基降解塑料的需求量很大，这也为CO_2基降解塑料技术的发展提供了良好的机遇。因此对于我国来说，建立CO_2基降解塑料项目十分必要。根据目前国内外的研究表明，以CO_2和环氧化物共聚生成的脂肪族聚酯具有最佳的工业化生产前景。

2. 淀粉-聚乙烯生物降解塑料薄膜

淀粉-聚乙烯生物降解薄膜的特点如下：

（1）与通用塑料薄膜相比，淀粉-聚乙烯生物降解薄膜是一种降解容易、对环境污染小的环保型塑料。目前，市场上使用的降解薄膜的淀粉含量均在40%以上，有的高达 80%。众所周知，淀粉含量越高，薄膜的降解性能越好。土埋试验表明，试验所用降解薄膜在20～30天内的降解率能达到20%以上。降解效果还是较显著的。

（2）与通用塑料薄膜相比，淀粉-聚乙烯生物降解薄膜的吸水性、渗透性等物理性能指标均高于普通水平。针对这些性能，选择合理的应用尤为重要，如良好的渗透性不适宜阻隔性要求较高的包装，但在气调包装的应用方面可加以研究。若将复合薄膜、通用塑料薄膜替换成降解薄膜，虽在耐水性方面略有下降，但从保护环境、维护生态的角度出发，在满足使用要求的情况下，这种应用还是应该接受的。

（3）与通用塑料薄膜相比，淀粉-聚乙烯生物降解薄膜的力学性能是比较理想的，实际应用中可以承受一定的载荷而不发生损坏，如现在许多大型超市使用的降解塑料袋，已满足使用要求。同时，研究中还发现降解薄膜的热封强度较高、摩擦系数适中，这些均有利于包装领域的生产及使用要求的满足。虽然，淀粉-聚乙烯生物降解薄膜在其生产和使用中仍有一些不尽如人意的地方，如与通用塑料薄膜相比价格偏高，降解控制的时效问题、评价问题有待于规范和统一，降解过程中聚乙烯分子骨架的降解时间仍较长等，但降解塑料经各国科学家的积极开发和应用研究，定会取得更令人满意的效果，在包装等领域的应用也将大放异彩。

3. 二氧化碳基共聚物

1）二氧化碳基共聚物的特点

二氧化碳基聚合物使用后产生的塑料废弃物，可以通过回收利用、焚烧和填埋等多种方式处理，废弃的二氧化碳基聚合物可以像普通塑料一样回收后进行再利用；进行焚烧处理时只生成二氧化碳和水，不产生烟雾，不会造成二次污染；进行填埋处理时，可在数月内降解。二氧化碳降解塑料属完全生物降解塑料类，可在自然环境中完全降解，可用于一次性包装材料、餐具、保鲜材料、一次性医用材料、地膜等方面。

2）二氧化碳基共聚物国内外研究现状

中山大学同河南天冠企业集团有限公司紧密合作，经过多年的努力建成 5000 t/a 生产线，该生产线利用燃料乙醇生产过程中的副产品二氧化碳来合成全降解塑料，已经投产运行并达到了设计要求，产品质量稳定，形成了一定的销售规模。由二氧化碳与环氧丙烷共聚合成的二氧化碳共聚物（PPC）的分子链段柔软，易分解，生物相容性好，且具有极低的氧透过率，可广泛应用于包装材料，如一次性食品包装材料、一次性餐具材料、降解发泡材料、薄膜材料、降解性热熔胶及全塑无压力饮料瓶等。

但是由于 PPC 的加工热稳定性较差，在高温条件下，很容易产生大分子主链的断裂及从端基开始的解拉链式降解；另外，PPC 较低的玻璃化转变温度使其作为通用塑料应用时机械性能略显不足，所以研究 PPC 的物理特性及提高其热稳定性具有重要的科学意义和实际应用价值。总的来说，可以通过化学和物理两种改性手段提高 PPC 的热稳定性和机械性能。化学改性是通过加入特定的第三单体与 CO_2 和环氧丙烷进行共聚，在链段中引入极性或刚性基团，提高 PPC 的热性能和机械性能；物理改性则主要采用填充和共混等方法。PPC 全降解复合材料主要是通过 PPC 与另一种可降解的或天然的组分进行共混改性得到的可完全生物降解的复合体系。第二组分可以是天然的有机或无机填料，如淀粉、天然纤维、木粉、$CaCO_3$、SiO_2 等；也可以是另一种可生物降解的聚合物，如聚丁二酸丁二醇酯（PBS）、聚乙烯醇、乙烯-乙烯醇的共聚物（EVOH）、聚乳酸、聚羟基丁酸酯、聚羟基烷酸酯等。

在国外，现在只有美国的 Empowermaterials 公司有百千克级的二氧化碳塑料销售，主要作为陶瓷和电子产品的牺牲型黏结剂，利用二氧化碳塑料的热分解温度较低（低于 300℃）的特点，降低电子陶瓷产品的能耗。此外，从 2005 年开始，美国 Novomer 公司、韩国 SK 集团、德国巴斯夫公司、日本三菱化学公司等都纷纷筹建二氧化碳塑料的工业化生产线，但没有产品销售的报道。2010 年 8 月上旬美国 Novomer 公司获得美国能源部（DOE）1840 万美元的资助，加快了该公司二氧化碳制塑料生产线实现商业化，Novomer 公司已经在其合作伙伴伊士曼柯达（Eastman Kodak）公司的生产装置中进行二氧化碳制塑料的小规模生产。我国在二氧化碳制塑料方面已经处于世界领先地位，2004 年中国科学院长春应用化学研究所同内蒙古蒙西高新技术集团有限公司建成了世界上第一条年产 3000 t 的二氧化碳基塑料生产线；2007 年江苏中科金龙化工股份有限公司形成了 2.2 万 t/a 的二氧化碳树脂生产能力（一条 2000 t/a 和一条 20000 t/a 的生产线），该项目采用中国科学院广州化学研究所技术，计划在不久后实现 10 万 t/a 的二氧化碳树脂产能；中海油投资 1.522 亿元建设的 3000 t/a 二氧化碳可降解塑料项目也于 2008 年三季度建成投产，该项目采用中国科学院长春应用化学研究所技术，已成功将二氧化碳可降解塑料吹膜并制作成环保塑料袋。

尽管目前我国在二氧化碳制塑料这一领域已经取得突破性进展，但由于种种原因，目前国内二氧化碳降解塑料产业进展迟缓，主要原因包括：

（1）成本压力太大。目前受到市场应用限制，企业只能小批量生产，产量低、价格贵。此外，项目所需主要原料之一环氧丙烷和环氧氯丙烷价格也很高，再加上不菲的新产品推广费用，导致二氧化碳降解塑料的最终成本高达 18000 元/t 以上。在石油基塑料价格随石油价格走低的情况下，二氧化碳降解塑料企业的成本压力越来越大。

（2）投资风险大。就单位产品投资额而言，二氧化碳降解塑料项目的投资额比煤制油还高，一个 1 万 t/a 的二氧化碳降解塑料项目，往往需要 1.4 亿元以上的资金投入，单从经济效益考虑，项目的投资风险是很大的。

（3）需求小、销售难。二氧化碳降解塑料的价格始终高于石油基塑料 1.5～2 倍。加之其热稳定性、阻隔性、加工性与石油基塑料存在一定差距，限制了其只能在食品包装、医疗卫生等有特殊要求的极少数领域使用，无法在需求巨大的薄膜、农地膜等领域推广应用。不仅如此，即便在有限的食品包装、医疗卫生领域，也面临聚乳酸、聚乙烯醇、聚丁二酸丁二醇酯等降解塑料的冲击与竞争，使得二氧化碳降解塑料的消费市场十分狭小，产品销售困难。

4. 淀粉-聚乳酸共混材料

1）淀粉-聚乳酸共混材料国内外研究现状

在可降解材料领域，合成聚酯性能优良，但成本过高，淀粉成本低廉，但性能较差，因此两者的共混复合体系成为人们研究的焦点。人们对聚乳酸（PLA）、聚己内酯（PCL）、聚羟基脂肪酸酯（PHA）、聚丁二酸-己二酸丁二醇酯（PBSA）、聚酯酰胺（PEA）、聚羟基酯醚（PHEE）等多种聚酯与淀粉共混都做了一定的尝试。目前研究较多的是聚己内酯与淀粉的共混物，已有商品化的产品，如 Novamont 公司的“Mater-Bi”的 Z 系列产品，但聚乳酸与淀粉共混尚未有成熟的产品。聚乳酸原料是最具发展潜力的合成类聚酯，业内人士普遍看好其应用于淀粉共混材料的前景，做了大量的研究工作。

（1）淀粉的添加并不会影响聚乳酸的热力学性能，但共混物样品的拉伸强度和断裂伸长率均随淀粉含量的提高而降低。淀粉含量超过 60%，聚乳酸便难以呈连续相，样品的吸水性急剧增强。

（2）淀粉水分含量和淀粉的凝胶化程度对聚乳酸的热力学和结晶性能、淀粉/聚乳酸间的相互作用影响较小，而对体系的微观形态影响很大。水分含量低的淀粉在共混体系中没有发生凝胶化反应，只是嵌入聚乳酸的基体中，起到了填料的作用；水分含量高的淀粉在共混体系中发生凝胶糊化，使共混体系更加均一。

（3）加工条件对淀粉/聚乳酸体系的力学性能也有很大影响。注塑样品与压模样品相比，具有较高的拉伸强度和断裂伸长率、较低的杨氏模量和吸水性。

（4）随着增塑剂乙酰柠檬酸三乙酯（ATEC）、柠檬酸三乙酯（TEC）、聚乙二醇（PEG）、聚醚多元醇（PPG）含量的提高，共混物的拉伸强度和杨氏模量均显著降低，断裂伸长率明显提高；甘油能够起到类似效果，但无法与聚乳酸相融；山梨醇则能够提高体系的拉伸强度和杨氏模量，减少断裂伸长率。

为了改善淀粉/聚乳酸共混体系的两相相容性，提高共混体系的物理性能，国内外科研人员先后研究了二苯基甲烷二异氰酸酯（MDI）、己二异氰酸酯（HDI）和己酸甲酯二异氰酸酯（LDI）等偶联剂通过发生原位聚合反应，形成的共聚物作为一种增容剂的效果。结果表明这种共聚物的存在降低了聚乳酸与淀粉两相之间的界面张力，增强两相间的结合力，从而提高了共混材料的机械性能。涂克华等研究了淀粉接枝共聚物对改善淀粉/聚乳酸共混体系两相相容性的影响，结果表明，淀粉-聚乙酸乙烯酯（S-*g*-PVAc）、淀粉-聚乳酸（S-*g*-PLA）接枝共聚物的引入能够显著降低共混体系的短时吸水性，提高共混体系的拉伸强度。

与上述化学增强相容性的方法相比，物理方法改善淀粉/聚乳酸共混体系性能具有更好的经济性和安全性。Pan 和 Sun（2003）研究了双螺杆挤出技术在淀粉/聚乳酸共混中的应用。结果发现，双螺杆挤压设备具备良好的混合、剪切、捏合作用，能够更好地使淀粉均匀地分散在聚乳酸体系中，在适量温度、压力和水的共同作用下，淀粉更易胶凝化，破坏其颗粒结晶态结构。螺杆转速、机腔温度对共混挤出物的力学性能都有显著影响。

2）淀粉-聚乳酸共混材料存在的问题和发展前景

（1）聚乳酸本身可完全降解，生产原料完全来自于大宗农产品，是一种可再生的绿色材料，但限于目前的技术垄断，其成本较高。淀粉的引入可大大降低产品的整体成本，有助于完全生物降解塑料的推广和应用。只是目前两者共混工艺技术尚不成熟、产品性能较差，不能完全满足实际使用的要求，有待深入研究，以对其进行改善。

（2）淀粉的添加不仅降低了聚乳酸材料产品的成本，更有可能进一步提高其降解速率。从淀粉添加量对产品性能和降解速率的影响方面入手，结合不同应用领域对材料性能的需求，深入研究淀粉/聚乳酸的共混比例、工艺和材料特性，有可能实现在满足使用性能的前提下的成本最小化，甚至能够通过调节淀粉/聚乳酸共混比例来赋予产品可控速率的降解，其经济价值和实用价值更是不可估量。

（3）淀粉是亲水性的天然高分子多糖类物质，而聚乳酸则是亲脂性的合成高分子聚酯，两者在共混过程中相容性差，严重影响了产品的力学性能和稳定性。化学引发接枝或偶联是改善两相共混相容性效果最为理想的方法，但是不可避免地会在原料生产过程中，甚至产品中形成一定的污染，而单纯的物理方法并不能很好地解决淀粉/聚乳酸共混体系均匀分散和自身相容性差的不足。反应挤出技术是 20 世纪 60 年代才兴起的一种新技术。它将挤压机视为一个集物理作用和化学作用于一身的连续化反应器，用于聚合、聚合物改性、多种聚合物的共混增容等工艺过程。将反应挤出技术应用于淀粉/聚乳酸共混可降解材料的制备，在充分利用挤压机物理作用的同时进行一定程度的可控化学反应，甚至可以同时应用物理方法（如辐照）引发共混体系中的接枝或偶联，成本低廉，无污染，具有光明的实用前景。

5.4 小　　结

本章从技术角度和品种类别出发，阐述了生物降解塑料的未来发展趋势。虽然在其发展过程中存在着或多或少的问题，但整体上发展进程是呈螺旋式上升趋势的。根据目前可降解塑料面临的发展状况，主要存在三个问题：一是技术方面问题，二是成本方面问题，三是检验方法和标准问题。针对存在的问题，分别从政府层面和企业层面给出了实现生物降解塑料可持续发展的合理化建议。政府不仅应该大力支持生物降解塑料制品的应用发展，而且在税收政策上应给予相关企业一定的倾斜，同时加强对传统塑料的回收再利用，适当限制某些传统塑料制作的一次性非降解包装产品，分期分批推广降解塑料，注重行业协会在多方之间的引导、交流作用。企业作为生物降解塑料制品的研发方，不仅要加大对制品加工开发的投入，从而加快产品应用的产业化，而且要权衡社会效益与经济效益，完善垃圾回收处理体系，建立配套制度，促进生物降解塑料的再利用进程。

根据生物降解塑料的分类，本章主要对淀粉基生物降解塑料、蛋白基可生物降解塑料、纤维素基生物降解塑料、聚乳酸、聚丁二酸丁二醇酯、聚己内酯、CO_2基降解塑料、淀粉-聚乙烯生物降解薄膜、二氧化碳共聚物和淀粉-聚乳酸共混材料等的发展过程中，存在的具体的优缺点、存在问题及发展前景进行论述，指出目前某些种类产业进展迟缓的原因。鉴于我国拥有的广阔市场空间，生物降解塑料的发展是具有良好的生产前景的。

第6章　总结与研究展望

生物降解塑料由于具有良好的降解性，在日常使用环境下可耐久使用，并且废弃后在工业堆肥的条件下，受到特定生物酶的作用分解为环境友好物质，在90天内降解率可高于60%。因此，本书突破传统塑料降解理论的标准分析框架的约束，将技术路径分析法、对比分析方法应用到生物降解塑料的研究中，并在总结国内外总体生物可降解材料的应用状况后，得出了一些有理论价值和现实意义的结论。

6.1　总　　结

本书在现有文献资料和研究基础上，针对生物降解塑料的环境友好型和可降解性的本质特征，考虑其现有技术、发展趋势与未来应用等因素，运用文献分析法、理论分析法、资料查询法和技术路径研究法探讨了生物降解塑料的生成技术与应用范畴。比如，目前全球产量最大的生物降解塑料种类为PLA类，其次为PBS类（包括PBSA、PBAT等细分产品）。PLA产品强度较高，但成膜性较差，适用于片材、合金、纤维，而PBS类产品成膜性能良好。通常生物降解塑料的终端产品是由PLA类和PBS类树脂共混改性而成，目前主要包括购物袋、垃圾袋、包装膜、农用薄膜等易耗材料。同时，未来需要耐久使用的塑料部件如电子产品外壳等都可以使用完全生物降解塑料。全书包含以下内容：

（1）对生物塑料的分类和发展历程的相关概念和文献研究进行界定与梳理，并对其分类原理进行深入分析。

在对现有生物降解塑料分类研究的文献分析及生物降解塑料概念界定的基础上，考虑生物降解塑料分类的多主体性、多样性和复杂性等，从不同的原料来源将生物降解塑料分为四类：天然基生物降解塑料、生物基生物降解塑料、石油基生物降解塑料、共混型生物降解塑料，并对每个分类的生物降解塑料的概念进行了界定，对形成条件、降解环境进行了深入分析和探讨。

（2）总结国内外生物降解塑料的研究现状与进展，并指出生物降解塑料的科学发展前沿。

针对生物降解塑料的不同特性，运用文献分析法和资料查询法对国内外现有的生物降解塑料的研究现状与研究进展进行了详细分析，按其制备方法的不同分为合成可降解塑料、天然基生物降解塑料、微生物发酵可降解塑料和共混型生物降解塑料。在此基础上，指明了生物降解塑料在二氧化碳基生物、天然高分子化合物、传统生物降解塑料改性三个方面的前沿研究。

（3）对生物降解塑料的生成原料进行划分，探讨了其在不同生成原料特性下的制备方法。

考虑到天然基生物降解塑料、生物基生物降解塑料、石油基生物降解塑料的生成原料和制备方法各不相同，因此依照原料来源将其按结构分类与功能特性进行详细分类，构建了一个生物降解塑料转化路线的技术框架。对天然基生物降解塑料、生物基生物降解塑料、石油基生物降解塑料的制备方法按其原料特性进行归类介绍。另外，再对其制备方法的技术水平开展梳理与评价。

（4）分析生物降解塑料现有产业化状况，并对每个分类下的生物降解塑料的行业状况和市场格局展开探讨。

为了对生物降解塑料的产能和需求现状进行刻画和分析，作者结合生物降解塑料的基本特性与技术特点，以现有的生物降解塑料生产现状与总体产业状况为切入点，分析了天然基生物降解塑料、生物基生物降解塑料、石油基生物降解塑料的具体应用状况和市场产业分布格局。

（5）基于现有生物降解塑料的研究技术与应用市场，构建未来生物降解塑料技术发展蓝图。

从生物降解塑料的现有技术角度和品种类别出发，阐述了生物降解塑料的未来发展趋势。虽然在其发展过程中存在着或多或少的问题，但整体上发展进程是呈螺旋式上升趋势的。根据目前可降解塑料面临的发展状况，主要存在三个问题：一是技术方面问题，二是成本方面问题，三是检验方法和标准方面问题。针对存在的问题，分别从政府层面和企业层面给出了实现生物降解塑料可持续发展的合理化建议。

6.2 研 究 展 望

联合国环境规划署报告称：全球 90 亿吨塑料垃圾中只有 9%被回收利用，大多数堆积在垃圾填埋场或者流入海洋生态圈中，严重危及自然生态系统和物种的生存。“白色污染”已经成为包括中国在内的全球各个国家面临的严重环境问题，寻求绿色环保的新型替代材料解决塑料垃圾污染问题具有重大意义。本书遵循环境保护、资源节约和可持续发展原则，从生物降解塑料的概念界定、原料分类、技术水平、发展前沿等不同角度进行了深入分析和探讨，得到了一些富有理论价值和实践意义的结论。

生物降解塑料因在堆肥环境下可以自然降解为二氧化碳和水，但是现阶段我国生物降解塑料产品国内市场尚未完全打开、消费量少，本书认为主要有四个方面的原因：一是生产成本相对传统塑料高，价格缺乏竞争力；二是针对连续大宗稳定合成的生物可降解材料及改性后广泛应用的生物可降解材料而言，国内技术尚不成熟，产品性能没有传统塑料覆盖范围广，有待进一步提升；三是国内尚缺乏明确的产品评价标准，市场较混乱；四是行业政策和相关法规不够完善，消费者的环保意识不够强。对此，在国家层面上，建议制定法规，鼓励从业者和消费者使用“绿色环保”的生物可降解材料；遴选拥有核心技术、能带动生物可降解材料产业快速发展的龙头企业，加大扶持力度；支持企业通过技术创新、国际合作等方式降低成本，提高产品质量，增强产品竞争力；参照发达国家标准并结合我国国情，制定生物可降解材料产品标准和评价体系，加强市场引导和宣传，完善监管机制。

参 考 文 献

陈克权. 2001. PTT 纤维的结构与性能[J]. 合成纤维工业，24（6）：37-40.

陈立班，林欣欣，陈海生，等. 1988. 二氧化碳和环氧丙烷共聚用的双金属催化体系[J]. 应用化学，（4）：7-11.

陈璐，杨庆，邵梅玲. 2013. PHBV/PCL 静电纺纤维膜的低温等离子处理研究[J]. 合成纤维工业，36（4）：30-34.

陈向标，江凯鹏，陈海宏，等. 2012. PCL/PVP 共混膜的制备及其性能研究[J]. 合成纤维工业，35（4）：45-48.

陈伊凡. 2009. "绿色材料"聚乳酸在包装行业的应用[J]. 印刷质量与标准化，（6）：8-9.

褚喜英. 2017. 聚乳酸的改性及应用性能研究[J]. 中外企业家，（15）：81.

戴君，高毅，刘洋，等. 2011. 一株新型高产 PHB 假单胞菌 SCH17 的分离和特征分析[J]. 微生物学通报，38（5）：635-640.

戴炜枫，何月英，黄浩燕，等. 2009. 官能团化聚己内酯的合成与表征[J]. 高分子学报，4：358-362.

党建宁，梁金钟. 2010. 以玉米为原料产 γ-PGA 的研究[J]. 中国食品添加剂，（2）：156-161.

邓联东，孙多先，霍建中，等. 2004. 聚乙二醇/聚己内酯两亲性三嵌段共聚物纳米胶束[J]. 高分子材料科学与工程，20（2）：217-219.

丁丁. 2014. 淀粉-明胶共混法改性明胶硬胶囊[J]. 明胶科学与技术，（1）：1-8.

董静. 2013. 利用甲烷氧化混合菌生物合成聚 β-羟基丁酸酯[D]. 哈尔滨：哈尔滨商业大学.

付调坤，魏晓奕，李积华，等. 2013. 热带农作物废弃物制备天然纳米纤维素的研究进展[J]. 纤维素科学与技术，21（1）：78-85.

高翠平，孙文凯，袁怀波，等. 2012. 改性淀粉/聚乙烯醇复合膜的制备与性能研究[J]. 安徽农业科学，368（7）：3989-3991.

高素莲，王小飞，张秀真. 2007. 共聚尼龙与乙基纤维素共混物的制备及性能表征[J]. 高分子材料科学与工程，23（2）：190-193.

宫志强，李彦春，祝德义. 2008. 增塑剂对壳聚糖-明胶复合膜物理性能的影响[J]. 食品工业科技，（3）：231-233 .

苟马玲，张德阳，王辉，等. 2007. 一种聚己内酯-聚乙二醇-聚己内酯磁性共聚物微球的制备[J]. 高分子材料科学与工程，23（4）：235-237.

顾书英，詹辉，任杰，等. 2006. 聚乳酸-PBAT 共混物的制备及其性能研究[J]. 中国塑料，20（10）：39-42.

郭琳，吴燕. 2018. 生物基可降解食品包装材料关键技术研究[J]. 食品安全导刊，（3）：29-30.

郭少华. 2007. 柔性聚乳酸薄膜的研制[D]. 成都：四川大学.

郭子耕，苑静. 2010. 完全生物降解塑料的发展[J]. 包装工程，31（9）：126-129.

韩青原. 1998. 淀粉聚合物及其生产工艺[P]. CN：1184127A[1998-06-10].

何春菊，王庆瑞. 2001. 甲壳素黄原酸酯溶液流变性的研究[C]. 中国化学会甲壳素化学与应用研讨会.

赫玉欣，张玉清. 2011. 热塑性淀粉/聚乙烯醇/蒙脱土三元纳米复合材料[J]. 应用化学，28（7）：764-769.

赫玉欣，张玉清，田子俊. 2005. 可降解热塑性淀粉/层状硅酸盐纳米复合材料的研究进展[J]. 广东化工，32（11）：11-14.

胡先文，杜予民，李国祥，等. 2008. 甲壳素/海藻酸钠共混纤维的制备及性能[J]. 武汉大学学报（理学版），54（6）：697-702.

胡芸，谢凯，陈一民，等. 2002. ε-己内酯聚合反应的研究[J]. 高分子材料科学与工程，18（6）：48-54.

黄金，陈宁. 2004. 聚谷氨酸的性质与生产方法[J]. 氨基酸和生物资源，26（4）：44-48.

冀玲芳. 2010. PCL-g-MAH 对 TPS/PCL 共混体系性能的影响[J]. 塑料科技，38（1）：50-53.

姜岷，马江锋，陈可泉，等. 2009. 重组大肠杆菌产琥珀酸研究进展[J]. 微生物学通报，36（1）：120-124.

姜兆辉，李志迎，王婧，等. 2014. 生物法 PTT 纤维及原料研究进展[J]. 高分子通报，(9)：103-109.

蒋里锋，郑化安，马建华，等. 2015. 玻璃纤维增强 PVC 复合材料研究进展[J]. 聚氯乙烯，43（9）：7-10.

蒋世春，姬相玲，安立佳，等. 2000. 聚己内酯在有机/无机杂化体系中的受限结晶性为[J]. 高分子学报，4：452-456.

金和，林煜祥，徐立. 2013. PCL/PLLA 共混物的制备及其形状记忆功能研究[J]. 工程塑料应用，（4）：9-12.

鞠蕾，马霞. 2011. γ-聚谷氨酸的提取方法改进[J]. 现代化工，31（S1）：267-271.

康菲菲，高长云，冷秀江，等. 2017. PP/TPI 共混材料超临界二氧化碳发泡[J]. 塑料，（1）：76-78.

李及珠，谢太和，蔡奕辉. 2002. 可降解植物纤维增强淀粉塑料发泡餐具的研制[J]. 塑料工业，30（5）：45-48.

李建华，谭天伟，缪忠尉，等. 2006. 生物法 PDO 合成 PTT 结构与性能的研究[J]. 塑料工业，34（z1）：103-105，117.

李洋，王哲，张会良，等. 2017. 二氧化碳-环氧丙烷共聚物的改性和应用[J]. 塑料包装，27（3）：10-15.

刘辉. 2003. 生物降解塑料的研究现状及问题[J]. 化工纵横，17（7）：19-21.

刘俊梅，王庆，王丹，等. 2016. PHB 合成方法及改性的研究进展[J]. 广州化工，44（1）：16-18.

刘丽，李红霞. 2009. 聚乳酸纤维的结构性能和应用前景[J]. 天津纺织科技，（189）：4-7.

刘涛，赵正达，顾书英. 2009. AX8900 增容聚乳酸/PBAT 共混体系的研究[J]. 塑料工业，37（3）：75-81.

刘峥. 2017. 生物基化学纤维的研发现状探索[J]. 环境保护与循环经济，37（1）：44-47.

卢伟，李雅明，杨钢，等. 2008. 聚乳酸/PBAT/ATBC 共混物的结晶行为[J]. 胶体与聚合物，26（2）：19-21.

吕怀兴，杨彪，许国志. 2009. PBS/PBAT 共混型全生物降解材料的制备及其性能研究[J]. 中国塑料，23（8）：18-21.

吕莹，郝紫徽，李虹，等. 2005. 聚 γ-谷氨酸的分离提纯[J]. 食品与发酵工业，31（2）：133-134.

蒙延峰，李宏飞，温慧颖，等. 2007. 聚己内酯在聚己内酯/聚乙烯甲基醚共混体系中的结晶研究[J]. 高分子学报，1（2）：198-202.
聂康明，庞文明，王雨松，等. 2005. PCL/SiO_2 杂化纳米相微结构与晶态成核生长特性[J]. 物理化学学报，6：1023-1028.
宁平，陈明月，肖运鹤. 2010. 填充改性 PBAT 的结构与性能研究[J]. 化工新型材料，38（7）：116-119.
宁平，甘典松，肖运鹤. 2010. PBAT/PVB 共混物相容性及性能的研究[J]. 合成材料老化与应用，（39）2：12-17.
欧阳春发，贾润萍，王霞，等. 2008. PHBV/PBAT 共混物形态与性能研究[J]. 中国塑料，22（6）：44-48.
欧阳春平，罗建群，王踽. 2012. 改性多壁碳纳米管/聚乳酸复合材料的研究[J]. 离子交换与吸附，28（4）：343-351.
钱伯章. 2014. 我国开发出 PTT 纤维成套工艺技术[J]. 合成纤维工业，（4）：45.
秦瑞丰，朱光明，杜宗罡，等. 2005. 电致形状记忆聚己内酯/炭黑复合导电高分子材料的研究[J]. 中国塑料，19（5）：23-28.
秦益民. 2005. 间接法生产甲壳素纤维[J]. 合成纤维，34（7）：5-7.
邱礼平，温其标. 2004. 高直链交联变性淀粉结构及糊化性质的研究[J]. 粮食与食品科技，（1）：8-10.
邱桥平，谢新春，谭磊，等. 2009. 可生物降解 TPS/PBAT 复合材料的制备[J]. 合成树脂及塑料，26（3）：13-16.
任宗礼. 2008. 聚乳酸及其共聚物的应用现状[J]. 甘肃科技，（7）：68-71.
邵敬党. 2005. 聚乳酸（PLA）纤维的研究与开发利用[J]. 毛纺科技，（5）：29-32.
盛敏刚，张金花，李延红. 2007a. 环境友好新型聚乳酸复合材料的研究及应用[J]. 资源开发与市场，（11）：1012-1028 .
盛敏刚，张金花，李延红. 2007b. 生物降解材料聚乳酸的合成及应用研究[J]. 资源开发与市场，（9）：775-777 .
石云娇，张华江，李昂，等. 2017. 大豆蛋白基明胶复合膜性能稳定性分析[J]. 食品科学，（1）：134-141.
时翠红，杨庆，赵婧. 2012. PLA/PCL 纤维及其支架的制备与力学性能研究[J]. 合成纤维工业，35（2）：16-19.
宋晓骥. 2010. PBT/ε-PCL 共混物的性能[J]. 塑料，39（5）：34-37.
汪文娟，王华林. 2011. Nano-SiO_2 改性氧化淀粉/PVA 复合薄膜的制备及表征[J]. 安徽化工，37（3）：20-23.
王斌，许斌. 2014. 聚丁二酸丁二醇酯（PBS）的现状及进展[J]. 化工设计，24（3）：3-7.
王彩旗，董宇平，吴彤，等. 2002. 羟丙基纤维素接枝聚己内酯两亲性共聚物性能的研究[J]. 纤维素科学与技术，1：40-44.
王传海，何都良，郑有飞，等. 2004. 保水剂新材料 γ-聚谷氨酸的吸水性能和生物学效应的初步研究[J]. 中国农业气象，25（2）：19-22.
王飞，李特，魏晓奕. 2014. 天然纤维素基生物降解塑料研究进展[J]. 纤维素科学与技术，（3）：66-70.

王吉平. 2015. 年产万吨二氧化碳基降解塑料项目可行性研究[D]. 大连：大连理工大学.
王坤. 2006. 新型生物高分子材料聚乳酸[J]. 山东轻工业学院学报，(4)：85-88.
王立元，王建清. 2005. 淀粉-纤维降解包装材料的性能研究[J]. 包装工程，26（2）：7-9.
王亮，顾书英，詹辉. 2007. 聚己内酯对聚乳酸/PBAT 共混物增容作用的研究[J]. 工程塑料应用，35（8）：5-8.
王秋艳，许国志，翁云宣. 2011. PPC/PBAT 生物降解材料热性能和力学性能的研究[J]. 塑料科技，39（6）：51-54.
王劭妤，杨华，贾晓川. 2013. 碳纳米管/聚乳酸复合材料非等温结晶动力学[J]. 塑料工业，41（5）：83-87.
王身国，邱波. 1993. 生物降解性聚己内酯-聚醚嵌段共聚物的合成及表征[J]. 高分子学报，5：620-623.
王淑芳，陶剑，郭天瑛，等. 2007. 脂肪族聚碳酸酯（PPC）与聚乳酸（PLA）共混型生物降解材料的热学性能、力学性能和生物降解性研究[J]. 离子交换与吸附，23（1）：1-9.
王文涛. 2016. 淀粉基纳米复合膜的制备、成膜机理及应用研究[D]. 泰安：山东农业大学.
王亚娟，蒋岚，袁冰，等. 2012. 氧化壳聚糖/明胶共混膜的制备及性能研究[J]. 中国皮革，41（13）：12-16.
王艳艳，梁书恩，田春蓉，等. 2010. PEG/PCL 基复合软段降解型 PUF 力学与动态力学特性研究[J]. 中国塑料，24（12）：57-62.
王玉华，裴晓林，李岩，等. 2009. 中心组合设计优化基因组改组干酪乳杆菌 Lc-F34 生产 L-乳酸发酵条件研究[J]. 食品科学，(1)：149-152.
王玉鑫. 2018. 建筑工程管理信息化存在的问题及对策[J]. 绿色环保建材，(1)：200.
魏国清，陈泉，康振. 2010. 利用大肠杆菌工程菌廉价高效生产聚羟基丁酸酯[J]. 生物工程学报，26（9）：1257-1262.
吴进喜. 2010. 可降解塑料的研究现状及发展前景[J]. 中国高新技术企业，(24)：6-7.
吴婷婷，赵鹏飞，李乐凡，等. 2016. 明胶/淀粉复合膜的界面相容性[J]. 食品与发酵工业，42（3）：50-54.
武振侠，肖刚，郑帼，等. 2014. 国内外 PTT 现状及发展建议[J]. 聚酯工业，27（5）：1-3.
西山昌史，细川淳，吉原一年. 1991. 纤维素塑料的制造[P]. EP：特开年 3-131636.
夏锟峰，王芬，阮蒙，等. 2014. 生物可降解纤维素/聚乳酸复合薄膜的制备与性能[J]. 高分子材料科学与工程，30（1）：149-152.
向波涛，陈书锋，刘德华. 2001. 发酵液中 1, 3-丙二醇的萃取分离[J]. 清华大学学报（自然科学版），41（12）：53-55.
肖运鹤，宁平，薛继荣. 2009. 超细碳酸钙填充可降解聚酯材料的研究[J]. 塑料，38（3）：69-71.
徐虹，张扬，冯小海，等. 2009. 一种吸附固定化发酵生产 ε-聚赖氨酸的工艺[P]. 中国专利，CN 101509021A[2009-08-19].
许宁，杜福胜，李子臣. 2007. 谷胱甘肽端基修饰聚己内酯的合成及在水溶液中的聚集行为[J]. 高分子学报，7：657-664.
严满清. 2013. 聚己内酯的化学改性及其性能研究[D]. 合肥：中国科学技术大学.
羊依金，李志章，张雪乔. 2006. 微生物降解塑料的研究进展[J]. 化学研究与应用，18（9）：1015-1021.

杨安乐，吴人洁，孙康. 2002. 生物可吸收性甲壳素纤维增强聚（ε-己内酯）复合材料的动态流变特性研究[J]. 复合材料学报，4：101-105.

杨金纯，郭盈. 2004. PTT 纤维的研究现状与应用前景[J]. 天津纺织科技，42（4）：6-10.

尹进，陈国强. 2016. 蓝水生物技术——聚羟基脂肪酸酯的产业发展[J]. 新材料产业，(2)：16-20.

游庆红，张新民，陈国广，等 2002. γ-聚谷氨酸的生物合成及应用[J]. 现代化工，22（12）：56-59.

于慧敏，张延平，史悦，等. 2002. 重组大肠杆菌 VG1（pTU14）产 PHB 的补料分批培养[J]. 化工学报，53（7）：742-746.

袁华，杨军伟，刘万强，等. 2008a. 熔融扩链反应制备 PLA/PBAT 多嵌段共聚物[J]. 工程塑料应用，36（10）：46-50.

袁华，杨军伟，张乃文. 2008b. 生物可降解聚乳酸/Ecoflex 共混薄膜拉伸性能研究[J]. 塑料，37（6）：48-50.

张广志，黄丹，蒋学. 2013. 乙酰化稻草/聚己内酯接枝共聚物的合成及表征[J]. 高分子通报，(3)：71-77.

张瑞峰，黄少斌，吴文清，等. 2012. 纤维素/淀粉基生物可降解塑料膜的制备与表征[J]. 塑料工业，40（8）：23-28.

张田林，张所信，吴剑平，等. 2001. 天然纤维素为基质的生物降解塑料研究进展[J]. 淮海工学院学报，10（3）：25-27.

张伟，姜成英，戴欣，等. 2004. 北京红篓菌聚羟基烷酸合成酶基因的克隆与表达[J]. 微生物学通报，31（1）：26.

张元琴，陈进明，黄勇. 1997. 用木粉制备生物降解塑料的探讨[J]. 广州化学，(3)：31-39.

张元琴，黄勇. 1996. 以木纤维为基质的降解塑料研究[J]. 广州化学，(2)：34.

张元琴，黄勇. 1999. 以纤维素材料为基质的生物降解材料的研究进展[J]. 高分子材料科学与工程，15（5）：25-29.

赵耀明，周玲，汪朝阳. 2006. 聚（己内酯-乳酸）的直接熔融法合成及表征[J]. 华南理工大学学报（自然科学版），34（7）：7-11.

赵义平，陈莉，李鹏. 2005. 可降解塑料 PCL 的活性聚合研究[J]. 天津工业大学学报，24（60）：43-46.

赵正达，刘涛，顾书英. 2008. Joncryl 增容 PLA/PBAT 共混体系结构及性能研究[J]. 材料导报，22：416-421.

周剑，虞龙. 2005. 产 L-乳酸凝结芽孢杆菌发酵条件的初步研究[J]. 氨基酸和生物资源，27（1）：70-73.

周晓东，朱平，张林. 2008. 水溶性甲壳素/纤维素共混液的流变性研究[J]. 印染助剂，25（11）：28-30.

朱继翔，全大萍. 2012. PCL-*b*-PLLA 嵌段共聚物纳米纤维结构支架的制备及体外降解[J]. 中国科技论文，7（6）：447-453.

朱军，倪海鹰，杨万清，等. 2007. 形状记忆材料聚己内酯复合材料性能研究[J]. 塑料工业，35（9）：60-61.

朱李子，马晓军. 2018. 生物可降解塑料 P34HB 的改性研究进展[J]. 上海包装，278（4）：42-45.

朱凌云，王彦平，石宗利. 2012. 纳米羟基磷灰石/聚磷酸钙纤维/聚乳酸骨组织工程复合支架的特性[J]. 中国组织工程研究，16（3）：431-433.

朱兴吉，顾书英，任杰，等. 2007. PEG 对 PLA/Ecoflex 复合材料性能的影响[J]. 塑料工业，35（7）：19-21.

邹新伟，庞成. 1997. 生物降解聚胺酯材料的研究[J]. 广州化学，19（1）：53.

Makoto K. 1992. 降解塑料合成[J]. 合成树脂，38（1）：18.

Adhirajan N，Shanmugasundaram N，Shanmuganathan S，et al. 2009. Functionally modified gelatin microspheres impregnated collagen scaffold as novel wound dressing to attenuate the proteases and bacterial growth[J]. European Journal of Pharmaceutical Sciences，36（2-3）：235-245.

Ahn W S，Park S J，Lee S Y. 2000. Production of poly（3-hydroxybutyrate）by fed-batch culture of recombinant *Escherichia coli* with a highly concentrated whey solution[J]. Applied and Environmental Microbiology，66（8）：3624-3627.

Alemdar A，Sain M. 2008. Biocomposites from wheat straw nanofibers：morphology，thermal and mechanical properties[J]. Composites Science and Technology，68（2）：557-565.

Arbia W，Adour L，Amrane A，et al. 2013. Optimization of medium composition for enhanced chitin extraction from *Parapenaeus longirostris* by *Lactobacillus helveticus* using response surface methodology[J]. Food Hydrocolloids，31（2）：392-403.

Arrieta M P，Fortunati E，Dominici F，et al. 2014. PLA-PHB/cellulose based films：mechanical，barrier and disintegration properties[J]. Polymer Degradation and Stability，107（4）：139-149.

Avela M，Errico M E，Laurienzo P，et al. 2000. Preparation and characterisation of compatibilised polycaprolactone/starch composites[J]. Polymer，41（10）：3875-3881.

Averous L，Fringant C. 2001. Association between plasticized starch and polyester：processing and performance of injected biodegradable systems[J]. Polymer Engineering and Science，41（5）：727-734.

Averous L，Moro L，Dole P. 2000. Properties of thermoplastic blends：starch-polycaprolactone[J]. Polymer，41（11）：4157-4167.

Azzaoui K，Mejdoubi E，Lamhamdi A，et al. 2017. Preparation and characterization of biodegradable nanocom posites derived from carboxymethyl cellulose and hydroxyapatite[J]. Carbohydrate Polymers，167（4）：59-69.

Bertan L C，Fakhouri F M，Siani A C，et al. 2005a. Influence of the addition of lauric acid to films made from gelatin，triacetin and a blend of stearic and palmitic acids[J]. Macromolecular Symposia，229（1）：143-149.

Bertan L C，Tanada-Palmu P S，Siani A C，et al. 2005b. Effect of fatty acids and “Brazilian elemi” on composite films based on gelatin[J]. Food Hydrocolloids，19（1）：73-82.

Binder T P，Hilaly A K. 2002. Method of recovering 1, 3-propanediol from fermentation broth[P]. EP：20010918689[2002-09-19].

Birrer G A，Cromwick A M，Gross R A. 1994. γ-Poly（glutamic acid）formation by *Bacillus licheniformis* 9945a：physiological and biochemical studies[J]. International Journal of Biological Macromolecules，16（5）：265-275.

Bogdanov B，Vidts A，van den Buicke A，et al. 1998. Synthesis and thermal properties of poly（ethylene glycol）-poly（ε-caprolactone）copolymers[J]. Polymer，39（8-9）：1631-1636.

Bueno-Solano C，López-Cervantes J，Campas-Baypoli O N，et al. 2009. Chemical and biological characteristics of protein hydrolysates from fermented shrimp by-products[J]. Food Chemistry，112（3）：671-675.

Cao D，Liu W，Wei X，et al. 2006. *In vitro* tendon engineering with avian tenocytes and polyglycolic acids：a preliminary report[J]. Tissue Engineering Part A，12（5）：1369-1377.

Carmona V B，Correa A C，Marconcini J M，et al. 2015. Properties of a biodegradable ternary blend of thermoplastic starch（TPS），poly（ε-caprolactone）（PCL）and poly（lactic acid）（PLA）[J]. Journal of Polymers and the Environment，23（1）：83-89.

Chambi H，Grosso C. 2006. Edible films produced with gelatin and casein cross-linked with transglutaminase[J]. Food Research International，39（4）：458-466.

Chen D，Li J，Ren J. 2011. Influence of fiber surface-treatment on interfacial property of poly（L-lactic acid）/ramie fabric biocomposites under UV-irradiation hydrothermal aging[J]. Materials Chemistry and Physics，126（3）：524-531.

Chen G Q，Zhang G，Park S J，et al. 2001. Industrial scale production of poly（3-hydroxybutyrate-*co*-3-hydroxyhexanoate）[J]. Applied Microbiology and Biotechnology，57（1-2）：50-55.

Chen X J，Han S P，Wang S M，et al. 2009. Interactions of IL-12A and IL-12B Polymorphisms on the Risk of Cervical Cancer in Chinese Women[M]. Liberalism and the origins of European social theory. California：University of California Press.

Chen Y，Zhang L. 2004. Blend membranes prepared from cellulose and soy protein isolate in NaOH/thiourea aqueous solution[J]. Journal of Applied Polymer Science，94（2）：748-757.

Cheng N C，Chang H H，Tu Y K，et al. 2012. Efficient transfer of human adipose-derived stem cells by chitosan/gelatin blend films[J]. Journal of Biomedical Materials Research Part B：Applied Biomaterials，100B（5）：1369-1377.

Choi E J，Kim C H，Park J K. 1999. Structure-property relationship in PCL/starch blend compatibilized with starch-g-PCL copolymer[J]. Journal of Polymer Science Part B：Polymer Physics，37（17）：2430-2438.

Choi E J，Park J K. 2000. Effect of PEG molecular weight on the tensile toughness of starch/PCL/PEG blends[J]. Journal of Applied Polymer Science，77（9）：2049-2056.

Cira L A，Huerta S，Hall G M. 2002. Pilot scale lactic acid fermentation of shrimp wastes for chitin recovery[J]. Process Biochemistry，37（12）：1359-1366.

Cooper J A，Lu H H，Ko F K，et al. 2005. Fiber-based tissue-engineered scaffold for ligament replacement：design considerations and *in vitro* evaluation[J]. Biomaterials，26（13）：1523-1532.

Da Róz A L，Carvalho A J F，Gandini A，et al. 2006. The effect of plasticizers on thermoplastic starch compositions obtained by melt processing[J]. Carbohydrate Polymers，63（3）：417-424.

Dandurand S P，Perez S，Revol J F，et al. 1979. The crystal structure of poly（trimethylene terephthalate）by X-ray and electron diffraction[J]. Polymer，20（4）：419-426.

Darby R T. 1981. Development of Biodecomposed Plastics[M]. Development in Industrial Microbiology，17：208-216.

Deckwer W D. 1995. Microbial conversion of glycerol to 1, 3-propanediol[J]. FEMS Microbiology Reviews，16（2-3）：143-149.

Desborough I J，Hall I H，Neisser J Z. 1979. The structure of poly（trimethylene terephthalate）[J].

Polymer，20（5）：545-552.

Do J H，Chang H N，Lee S Y. 2001. Efficient recovery of γ-poly（glutamic acid）from highly viscous culture broth[J]. Biotechnology and Bioengineering，76（3）：219-223.

Faludi G，Dora G，Renner K，et al. 2013. Biocomposite from polylactic acid and lignocellulosic fibers：structure-property correlations[J]. Carbohydrate Polymers，92（2）：1767-1775.

Félix M，Romero A，Martín-Alfonso J E，et al. 2015. Development of crayfish protein-PCL biocomposite material processed by injection moulding[J]. Composites Part B：Engineering，78：291-297.

Frone A N，Berlioz S，Chailan J F，et al. 2013. Morphology and thermal properties of PLA-cellulose nanofibers composites[J]. Carbohydrate Polymers，91（1）：377-384.

Frutos G，Prior-Cabanillas A，París R，et al. 2010. A novel controlled drug delivery system based on pH-responsive hydrogels included in soft gelatin capsules[J]. Acta Biomaterialia，6（12）：4650-4656.

Fukushima K，Wu M H，Bocchini S，et al. 2012. PBAT based nanocomposites for medical and industrial applications[J]. Materials Science & Engineering C，32（6）：41-51.

Gardella L，Calabrese M，Monticelli O. 2014. PLA maleation：an easy and effective method to modify the properties of PLA/PCL immiscible blends[J]. Colloid & Polymer Science，292（9）：2391-2398.

Goh C H，Ouyang H W，Teoh S H，et al. 2003. Tissue-engineering approach to the repair and regeneration of tendons and ligaments[J]. Tissue Engineering，9（s1）：31-44.

Gómez-Estaca J，López de Lacey A，Gómez-Guillén M C，et al. 2009. Antimicrobial activity of composite edible films based on fish gelatin and chitosan incorporated with clove essential oil[J]. Journal of Aquatic Food Product Technology，18（1-2）：46-52.

Gómez-Guillén M C，Turnay J，Fernández-Díaz M D，et al. 2002. Structural and physical properties of gelatin extracted from different marine species：a comparative study[J]. Food Hydrocoll，16（1）：25-34.

Guadagno L，Vertuccio L，Sorrentino A，et al. 2009. Mechanical and barrier properties of epoxy resin filled with multi-walled carbon nanotubes[J]. Carbon，47（10）：2419-2430.

Guo G，Zhang C，Du Z，et al. 2015. Structure and property of biodegradable soy protein isolate/PBAT blends[J]. Industrial Crops & Products，74：731-736.

Hahn S K，Chang Y K，Kim B S，et al. 1994. Optimization of microbial poly（3-hydroxybutyrate）recover using dispersions of sodium hypochlorite solution and chloroform[J]. Biotechnology & Bioengineering，44（2）：256-261.

Han X R，Satoh Y，Kuriki Y，et al. 2014. Polyhydroxyalkanoate production by a novel bacterium *Massilia* sp. UMI-21 isolated from seaweed，and molecular cloning of its polyhydroxyalkanoate synthase gene[J]. Journal of Bioscience and Bioengineering，118（5）：514-519.

Hassan M L，El-wakil N A，Sefain M Z. 2001. Thermoplasticization of bagasse by cyanoethylation[J]. Journal of Applied Polymer Science，79（11）：1965-1978.

Hatna S，Raj B，Rudrappa S. 2010. Structure-property relation in polyvinyl acohol/starch composites[J]. Journal of Applied Polymer Science，91（1）：630-635.

Hiep N T，Lee B T. 2010. Electro-spinning of PLGA/PCL blends for tissue engineering and their biocompatibility[J]. Journal of Materials Science Materials in Medicine，21（6）：1969.

Hosseini S F，Rezaei M，Zandi M，et al. 2016. Preparation and characterization of chitosan nanoparticles-loaded fish gelatin-based edible films[J]. Journal of Food Process Engineering，39（5）：521-530.

Huang J M，Ju M Y，ChuP，et al. 1999. Crystallization and melting behaviors of poly（trimethylene terephthalate）[J]. Journal of Polymer Research，6（4）：259-266.

Imre B，Bedő D，Domján A，et al. 2013. Structure，properties and interfacial interactions in poly（lactic acid）/polyurethane blends prepared by reactive processing[J]. European Polymer Journal，49（10）：3104-3113.

Inui M，Murakami S，Okino S，et al. 2004. Metabolic analysis of *Corynebacterium glutamicum* during lactate and succinate productions under oxygen deprivation conditions[J]. Journal of Molecular Microbiology & Biotechnology，7（4）：182-196.

Johnnes S. 1993. The Modeling of Biodegradable Plastic[P]. EP：0164878.（公开日期不详）

Joo M J，Auras R，Almenar E. 2011. Preparation and characterization of blends made of poly（lactic acid）and β-cyclodextrin：improvement of the blend properties by using a masterbatch[J]. Carbohydrate Polymers，86（2）：1022-1030.

Jung W J，Jo G H，Kuk J H，et al. 2005. Demineralization of crab shells by chemical and biological treatments[J]. Biotechnology and Bioprocess Engineering，10（1）：67-72.

Kasankala L M，Xue Y，Weilong Y，et al. 2007. Optimization of gelatine extraction from grass carp（*Catenopharyngodon idella*）fish skin by response surface methodology[J]. Bioresource Technology，98（17）：3338-3343.

Kazuya S，Furuta Y. 1993. Production method of biodegradability polylactone amide resin[P]. JP：1993156010A[1993-06-22].

Ke T，Sun X S. 2001. Thermal and mechanical properties of poly（lactic acid）and starch blends with various lasticizers[J]. Transactions of the ASAE，44（4）：945-953.

Ke T，Sun X. 2010. Melting behavior and crystallization kinetics of starch and poly（lactic acid）composites[J]. Journal of Applied Polymer Science，89（5）：1203-1210.

Khatiwala V K，Shekhar N，Aggarwal S，et al. 2008. Biodegradation of poly（ε-caprolactone）（PCL）film by alcaligenes faecalis[J]. Journal of Polymer Environment，16（1）：61-67.

Kim K F，Bae J H，Kim Y H. 2001. Infraredspectropcopic analysis of poly（trimethylene terephthalate）[J]. Polymer，42（3）：1023-1033.

Kim S，Hong I. 2010. Photovoltaic efficiency on dye-sensitized solar cells（DSSC）assembled using Ga-incorporated TiO_2 materials[J]. Journal of Industrial and Engineering Chemistry，16（6）：901-906.

Kualkarni R K，Pani K C，Neuman C，et al. 1966. Polylactic acid for surgical implants[D]. Acta Crystallographica：Section A，93：839-843.

Kumar M，Mohanty S，Nayak S K，et al. 2010. Effect of glycidyl methacrylate（GMA）on thethermal，mechanical and morphological property of biodegradable PLA/PBAT blend and its nanocomposites[J]. Bioresource Technology，101（21）：8406-8415.

Kweon D K，Kawasaki N，Nakayama A，et al. 2004. Preparation and characterization of starch/polycaprolactone blend[J]. Journal of Applied Polymer Science，92（3）：1716-1723.

Kweon M，Slade L，Levine H，et al. 2010. Application of RVA and time-lapse photography to explore effects of extent of chlorination，milling extraction rate，and particle-size reduction of flour on cake-baking functionality[J]. Cereal Chemistry，87（5）：409-414.

Kylma J，Seppala J V. 1997. Synthesis and characterization of a biodegradable thermoplastic poly（ester-urethane）elastomer[J]. Macromolecules，30：2876-2882.

Lam C X，Hutmacher D W，Schantz J T，et al. 2010. Evaluation of polycaprolactone scaffold degradation for 6 months *in vitro* and *in vivo*[J]. Journal of Biomedical Materials Research Part A，90A（3）：906-919.

Lawrence F R，Sullivan R H. 1972. Process for making dioxane[P]. US：3687981[1972-08-29].

Leenslag J W，Pennings A J. 1987. High-strength poly（L-lactide）fibres by a dry-spinning/hot-drawing process[J]. Polymer，28（10）：1695-1702.

Li Q H，Zhou Q H，Deng D，et al. 2013. Enhanced thermal and electrical properties of poly（D, L-lactide）/multi-walled carbon nanotubes composites by *in-situ* polymerization[J]. Transactions of Nonferrous Metals Society of China，23（5）：1421-1427.

Li T，Chen X B，Chen J C，et al. 2014. Open and continuous fermentation：products，conditions and bioprocess economy[J]. Biotechnology Journal，9（12）：1503-1511.

Li Y，Zhang P H，Feng X W. 2004. Fabrication of a knitted biodegradable stents for tracheal regeneration[J]. Journal of Dong Hua University（English Edition），21（2）：98-101.

Lu H H，Cooper J A，Manuel S L，et al. 2005. Anterior cruciate ligament regeneration using braided biodegradable scaffolds：*in vitro* optimization studies[J]. Biomaterials，26（23）：4805-4816.

Ma X F，Yu J G，Wan J J. 2006. Urea and ethanolamine as a mixed plasticizer for thermoplastic starch[J]. Carbohydrate Polymers，64（2）：267-273.

Mali S，Sakanaka L S，Yamashita F，et al. 2005. Water sorption and mechanical properties of cassava starch films and their relation to plasticizing effect[J]. Carbohydrate Polymers，60（3）：283-289.

Manni L，Ghorbel-Bellaaj O，Jellouli K，et al. 2010. Extraction and characterization of chitin，chitosan，and protein hydrolysates prepared from shrimp waste by treatment with crude protease from *Bacillus cereus* SV1[J]. Applied Biochemistry and Biotechnology，162（2）：345-357.

Mattaa A K，Rao R U，Suman K N，et al. 2014. Preparation and characterization of biodegradable PLA/PCL polymeric blends[J]. Procedia Materials Science，6：1266-1270.

Mendes F，Gonzalez-Pajuelo M，Cordier H，et al. 2007. 1, 3-Propanediol production from renewable resources in a two-step process[J]. Journal of Biotechnology，131：202-203.

Mi H Y，Xin J，Peng J，et al. 2014. Poly（ε-caprolactone）（PCL）/cellulose nano-crystal（CNC）nanocomposites and foams[J]. Cellulose，21（4）：2727-2741.

Myllärinen P，Partanen R，Seppälä J，et al. 2002. Effect of glycerol on behaviour of amylose and amylopectin films[J]. Carbohydrate Polymers，50（4）：355-361.

Nanda R，Sasmal A，Nayak P L. 2011. Preparation and characterization of chitosan-polylactide composites blended with Cloisite 30B for control release of the anticancer drug paclitaxel[J]. Carbohydrate Polymers，83（2）：988-994.

Nawang R，Danjaji I D，Ishiaku U S，et al. 2001. Mechanical properties of sago starch-filled linear low density polyethylene（LLDPE）composites[J]. Polymer Testing，20（2）：167-172.

Nguyen C M，Kim J S，Nguyen T N，et al. 2013. Production of L- and D-lactic acid from waste *Curcuma longa* biomass through simultaneous saccharification and cofermentation[J]. Bioresource Technology，146：35-43.

Nishiyamam M，Kogyo Z. 1990. The Manufacture of Biodegraded Plastics[P]. JP：03418207. （公开日期不详）

Noomhorm C，Tokiwa Y. 2006. Effect of poly（dioxolane）as compatibilizer in poly（ε-caprolactone）/ tapioca starch blends[J]. Journal of Polymers and the Environment，14（2）：149-156.

Noorjahan S E，Sastry T P. 2004. An *in vivo* study of hydrogels based on physiologically clotted fibrin-gelatin composites as wound-dressing materials[J]. Journal of Biomedical Materials Research Part B：Applied Biomaterials，71（2）：305-312.

Oh K T，Kim Y J，Nguyen V N，et al. 2007. Demineralization of crab shell waste by *Pseudomonas aeruginosa* F722[J]. Process Biochemistry，42（7）：1069-1074.

Oyama H T，TanakaY，Hirai S，et al. 2011. Water-disintegrative and biodegradable blends containing poly（L-lactic acid）and poly（butyleneadipate-*co*-terephthalate）[J]. Journal of Polymer Science Part B：Polymer Physics，49（5）：342-354.

Pan H，Sun X S. 2003. Effects of moisture content and extrusion parameters on tensile strength of starch and poly（lactic acid）blends[J]. Applied Engineering in Agriculture，19（5）：573-579.

Park H R，Chough S H，Yun Y H，et al. 2005. Properties of starch/PVA blend films containing citric acid as additive[J]. Journal of Polymers and the Environment，13（4）：375-382.

Patrício T，Domingos M，Gloria A，et al. 2013. Fabrication and characterisation of PCL and PCL/PLA scaffolds for tissue engineering[J]. Procedia CIRP，20（2）：145-156.

Peponi L，Navarro-Baena I，Sonseca A，et al. 2013. Synthesis and characterization of PCL-PLLA polyurethane with shape memory behavior[J]. European Polymer Journal，49（4）：893-903.

Pérez-Mateos M，Montero P，Gómez-Guillén M C. 2009. Formulation and stability of biodegradable films made from cod gelatin and sunflower oil blends[J]. Food Hydrocolloids，23（1）：53-61.

Phosee J，Wittayakun J，Suppakarn N. 2010. Mechanical properties and morphologies of rice husk silica（RHS）/poly（butylene adipate-*co*-terephthalate）（PBAT）composites：effect of silane coupling agent[J]. Advanced Materials Research，123-125：141-144.

Ponnusamy E，Balakrlshnan T. 1985. Preparation and characterization of poly（ethylene/trimethylene terephthalate）copolyesters[J]. Journal of Macromolecular Science，Chemistry，A22（3）：373-378.

Qin J，Zhao B，Wang X，et al. 2009. Non-sterilized fermentative production of polymer-grade L-lactic acid by a newly isolated thermophilic strain *Bacillus* sp. 2～6[J]. PLoS One，4（2）：e4359.

Rajzer I，Menaszek E，Kwiatkowski R，et al. 2014. Electrospun gelatin/poly（ε-caprolactone）fibrous scaffold modified with calcium phosphate for bone tissue engineering[J]. Materials Science & Engineering：C，44：183-190.

Ramaraj B. 2007. Crosslinked poly（vinyl alcohol）and starch composite films：study of their physicomechanical，thermal，and swelling properties[J]. Journal of Applied Polymer Science，103（2）：1127-1132.

Ryoichi H，Shuji K，Katsuhisa F. 1992. Novel copolymer and method for preparing the same[P]. JP：

4189818 A. [1992-07-08].

Saxena R K，Anand P，Saran S，et al. 2009. Microbial production of 1, 3-propanediol：recent developments and emerging opportunities[J]. Biotechnology Advances，27（6）：895-913.

She J，Jiu Z，Yu G，et al. 2008. Synthesis of aliphatic amidediol and used as a novel mixed plasticizer for thermoplastic starch[J]. Chinese Chemical Letters，19（4）：395-398.

Shen Z，Wang J. 2011. Biological denitrification using cross-linked starch/PCL blends as solid carbon source and biofilm carrier[J]. Bioresource Technology，102（19）：8835-8838.

Shen Z，Zhou Y，Liu J，et al. 2015. Enhanced removal of nitrate using starch/PCL blends as solid carbon source in a constructed wetland[J]. Bioresource Technology，175：239-244.

Shi F，Xu Z N，Cen P L. 2007. Microbial production of natural poly amino acid[J]. Science in China Series B：Chemistry，50（3）：291-303.

Siddaramaiah H，Raj B，Somashekar R. 2004. Structure-property relation in polyvinyl alcohol/starch composites[J]. Journal of Applied Polymer Science，91（1）：630-635.

Sin L T，Rahman W A W A，Rahmat A R，et al. 2010. Computational modeling and experimental infrared spectroscopy of hydrogen bonding interactions in polyvinyl alcohol-starch blends[J]. Polymer，51（5）：1206-1211.

Slater S C，Voige W H，Dennis D E. 1988. Cloning and expression in *Escherichia coli* of the *Alcaligeneseutrophus* H16 poly-β-hydroxybutyrate biosynthetic pathway[J]. Journal of Bacteriology，170（10）：4431-4436.

Song C X，Feng X D. 1984. Synthesis of ABA triblock copolymers of iε-caprolactone and DL-lactide[J]. Macromolecules，17（12）：2764-2767.

Sugih A K，Picchioni F，Heeres H J. 2009. Experimental studies on the ring opening polymerization of *p*-dioxanone using an Al（O^iPr）-monosaccharide initiator system[J]. European Polymer Journal，45（1）：155-164.

Sullivan C J. 1993. Propanediols Ullmann's Encyclopedia of Industrial Chemistry[M]. Weinheim：VCH，A22：163-171.

Sun J，Wang Y，Wu B，et al. 2015. Enhanced production of D-lactic acid by *Sporolactobacillus* sp.Y2～8 mutant generated by atmospheric and room temperature plasma[J]. Biotechnology and Applied Biochemistry，62（2）：287-292.

Sun X F，Sun R C，Sun J X. 2004. Oleoylation of sugarcane bagasse hemicelluloses using *N*-bromosuccinimide as a catalyst[J]. Journal of the Science of Food and Agriculture，84（8）：800-810.

Sun X F，Sun R C，Tomkinson J，et al. 2003. Preparation of sugarcane bagasse hemicellulose succinates using NBS as a catalyst[J]. Carbohydrate Polymers，53（4）：483-495.

Tokiwa Y，Komatsu S. 1994. Possess biodegradability resin composition and its production method[P]. JP：1994256506A[1994-09-13].

Tsuge T，Yano K，Imazu S，et al. 2005. Biosynthesis of polyhydroxyalkanoate（PHA）copolymer from fructose using wild-type and laboratory-evolved PHA synthases[J]. Macromolecular Bioscience，5（2）：112-117.

Vemuri G N，Eiteman M A，Altman E. 2002. Succinate production in dual-phase *Escherichia coli* fermentations depends on the time of transition from aerobic to anaerobic conditions[J]. Journal of Industrial Microbiology & Biotechnology，28（6）：325-332.

Vertuccio L，Gorrasi G，Sorrentino A，et al. 2009. Nano clay reinforced PCL/starch blends obtained by high energy ball milling[J]. Carbohydrate Polymers，75（1）：172-179.

Wang W P，Du Y M，Wang X Y. 2008. Physical properties of fungal chitosan[J]. World Journal of Microbiology & Biotechnology，24（11）：2717-2720.

Wang W，Wang A. 2009. Synthesis and swelling properties of Guar gum-*g*-poly（sodium acrylate）/ Na-montmorillonite superabsorbent nanocomposite[J]. Journal of Composite Materials，43（23）：2805-2819.

Wang Z，Ma H，Hsiao B S，et al. 2014. Nanofibrous ultrafiltration membranes containing cross-linked poly（ethylene glycol）and cellulose nanofiber composite barrier layer[J]. Polymer，55（1）：366-372.

Ward I M，Wilding M A，Brody H. 1976. The mechanical properties and structure of poly（*m*-methylene terephthalate）fibers[J]. Journal of Polymer Science：Polymer Physics Edition，14（2）：263-274.

Whinfield J R，Dickson J T. 1946. Improvements relating to the manufacture of highly polymeric substances[P]. GB：578079A[1946-06-14].

Wu C S. 2012. Characterization of cellulose acetate-reinforced aliphatic-aromatic copolyester composites[J]. Carbohydrate Polymers，87（2）：1249-1256.

Wu C S. 2014. Mechanical properties，biocompatibility，and biodegradation of cross-linked cellulose acetate-reinforced polyester composites [J]. Carbohydrate Polymers，105（1）：41-48.

Xiao C，Lu Y，Jing Z，et al. 2002. Study on physical properties of blend films from gelatin and polyacrylamide solutions[J]. Journal of Applied Polymer Science，83（5）：949-955.

Xiong H G，Tang S W，Tang H L，et al. 2008. The structure and properties of a starch-based biodegradable film[J]. Carbohydrate Polymers，71（2）：263-268.

Yasmin R，Shah M，Khan S A，et al. 2017. Gelatin nanoparticles：a potential candidate for medical applications[J]. Nanotechnology Reviews，6（2）：191-207.

Yolles S，Leafe T D，Meyer F J. 1975. Timed-release depot for anticancer agents[J]. Journal of Pharmaceutical Sciences，64（1）：115-116.

Yoon H J，Shin S R，Cha J M，et al. 2016. Cold water fish gelatin methacryloyl hydrogel for tissue engineering application[J]. PLoS One，11（10）：e0163902.

Yu B，Su F，Wang L，et al. 2011. Draft genome sequence of *Sporolactobacillus inulinus* strain CASD，an efficient D-lactic acid-producing bacterium with high-concentration lactate tolerance capability[J]. Journal of Bacteriology，193（20）：5864-5865.

Yue H T，Ling C，Yang T，et al. 2014. A seawater-based open and continuous process for polyhydroxyalkanoates production by recombinant *Halomonas campaniensis* LS21 grown in mixed substrates[J]. Biotechnology for Biofuels，7：108.

Zhang J S，Chang P R，Ying W，et al. 2010. Aliphatic amidediol and glycerol as a mixed plasticizer for the preparation of thermoplastic starch[J]. Starch，60（11）：617-623.

Zhao Q，Yu D，Yang B，et al. 2013. Highly efficient toughening effect of ultrafine full-vulcanized powdered rubber on poly（lactic acid）（PLA）[J]. Polymer Testing，32（2）：299-305.